市場行銷學原理

主　編　何　亮、柳玉壽
副主編　何　苗、池　睿、李　倩、攣　睿

前 言

　　市場行銷學是一門與市場行銷實踐緊密聯繫的應用型學科。當代世界社會經濟的發展充滿不確定性，企業的市場行銷環境日益惡化，企業的市場行銷活動面臨著更多的挑戰和風險；同時，消費者環境意識的強化和自我意識的日益成熟，使企業的市場行銷工作又承擔了更多的道德要求和社會責任。此外，市場行銷的原理和理論也已突破營利性組織的框架，開始被越來越多地應用到非營利性組織當中，甚至越來越多的政府部門也開始採用市場行銷方法來實現自己的目標。市場行銷實踐的新特點和新趨勢，無不牽動著市場行銷學者的思考與探索，影響著市場行銷學的發展與更新。

　　本書共14章，對市場行銷學的基本原理進行了深入、全面的論述，反應了市場行銷學的完整知識結構，並在此基礎上有所創新和發展。本書結構如下：

　　第一部分為市場行銷的基礎理論，包括第一章總論、第二章市場行銷管理概述。這一部分主要介紹市場行銷的含義、市場行銷的學科體系與特點、市場行銷的基本概念和核心理論——行銷組合理論（4Ps）及其最新發展（4Cs、4Rs、4Vs）；市場行銷的基本觀念及其發展演變；市場行銷管理的實質和任務以及基本流程。

　　第二部分為市場行銷的環境與市場研究，包括第三章市場行銷環境、第四章購買者市場與購買者行為分析、第五章行銷信息系統與行銷調研。這一部分主要是研究市場行銷管理的基礎內容——分析市場機會，包括對企業行銷活動的宏觀環境和微觀環境的分析，對各類市場需求和購買行為的分析，對環境變化所帶來的機會和威脅的分析，對市場細分和選擇目標市場的理論和方法的研究，並提供進行市場調查和市場預測的理論和方法。這部分內容具有基礎意義，是企業開展市場行銷活動必須掌握的基本思想和方法。

　　第三部分為市場行銷戰略，包括第六章行銷戰略、第七章目標市場行銷戰略、第八章競爭性行銷戰略。這一部分主要論述了競爭者分析、市場主導者戰略、市場挑戰者戰略、市場跟隨者戰略、市場補缺者戰略、市場細分、目標市場選擇和市場定位等問題。

第四部分為市場行銷組合策略，包括第九章產品策略、第十章品牌策略、第十一章價格策略、第十二章渠道策略、第十三章促銷策略。這一部分是市場行銷學研究的主要內容。

第五部分即第十四章行銷組織與控制，論述了市場行銷計劃、市場行銷組織及其類型、市場行銷執行與控制、市場行銷審計等問題。

本教材的特色和價值有：

（1）知識體系的邏輯結構嚴密，層次清楚，結構合理。教材按照經典的市場行銷理論的邏輯順序展開，其主體內容依次為分析行銷機會、確定市場行銷戰略、設計行銷組合、管理行銷活動。

（2）適當的知識深度和廣度的結合。教材反應了市場行銷學的基本理論和經典內容，由淺入深，分量適中，全面系統地介紹了市場行銷的基本概念、理論和方法，局部領域進行了較為深入的闡述，同時又注意到了市場行銷學的最新發展，拓展了市場行銷學的知識廣度。

本書由何亮、柳玉壽主編，何苗編寫了第一、第二章的內容，池睿編寫了第三、第四、第五章的內容，李倩編寫了第六、第七、第八章的內容，柳玉壽編寫了第九、第十、第十一、第十二、第十三章的內容，欒睿編寫了第十四章的內容。

本書在編寫過程中參閱了較多中外參考書和資料，在此對有關作者表示衷心感謝。

儘管我們付出了很多精力，但由於編者水準有限，書中難免有疏漏和不當之處，懇請廣大讀者批評指正。

編　者

目 錄

第一章　總論 ………………………………………………………（1）
　　第一節　市場行銷概述 ………………………………………（1）
　　第二節　市場行銷學的研究對象與學科特點 ………………（9）

第二章　市場行銷管理 ……………………………………………（11）
　　第一節　市場行銷管理概述 …………………………………（11）
　　第二節　市場行銷管理哲學 …………………………………（22）
　　第三節　顧客價值與顧客滿意 ………………………………（27）
　　第四節　企業市場行銷道德 …………………………………（32）

第三章　市場行銷環境 ……………………………………………（39）
　　第一節　市場行銷環境的含義及特點 ………………………（39）
　　第二節　微觀行銷環境 ………………………………………（42）
　　第三節　宏觀行銷環境 ………………………………………（45）
　　第四節　環境分析與行銷對策 ………………………………（49）

第四章　購買者市場與購買者行為分析 …………………………（53）
　　第一節　消費者購買決策過程和參與者 ……………………（53）
　　第二節　影響消費者購買行為的因素 ………………………（56）
　　第三節　組織市場與購買行為 ………………………………（59）

第五章　行銷信息系統與行銷調研 ………………………………（67）
　　第一節　行銷信息系統 ………………………………………（67）
　　第二節　行銷調研 ……………………………………………（70）
　　第三節　市場需求的測量與預估 ……………………………（74）

第六章　行銷戰略 (82)

第一節　行銷戰略的主要內容和特徵 (82)
第二節　行銷戰略的制定過程 (84)
第三節　市場發展戰略 (92)

第七章　目標市場行銷戰略 (95)

第一節　市場細分 (95)
第二節　目標市場的選擇 (102)
第三節　市場定位 (107)

第八章　競爭性市場行銷戰略 (110)

第一節　競爭者分析 (110)
第二節　企業的一般競爭戰略 (115)
第三節　在市場中處於不同地位的企業的競爭戰略 (120)

第九章　產品策略 (128)

第一節　產品整體概念 (128)
第二節　產品組合 (130)
第三節　產品生命週期 (132)
第四節　新產品開發 (139)

第十章　品牌策略 (148)

第一節　品牌的基本概念 (148)
第二節　品牌決策 (155)
第三節　品牌管理與品牌延伸 (164)
第四節　包裝策略 (167)

第十一章　價格策略 (173)

第一節　企業定價目標與定價程序 (173)
第二節　企業定價方法 (177)

第三節　定價策略 ·· （182）
　　第四節　價格變動和企業對策 ·· （188）

第十二章　渠道策略 ·· （192）
　　第一節　分銷渠道綜述 ·· （192）
　　第二節　中間商在分銷中的作用 ···································· （197）
　　第三節　現代企業銷售渠道的選擇與管理 ······················· （202）

第十三章　促銷策略 ·· （207）
　　第一節　促銷與促銷組合 ··· （207）
　　第二節　人員推銷策略 ·· （210）
　　第三節　廣告策略 ··· （214）
　　第四節　營業推廣策略 ·· （219）
　　第五節　公共關係策略 ·· （223）

第十四章　行銷組織與控制 ·· （228）
　　第一節　行銷計劃 ··· （228）
　　第二節　行銷組織概述 ·· （232）
　　第三節　行銷組織類型 ·· （234）
　　第四節　行銷部門與其他職能部門的關係 ······················· （238）
　　第五節　行銷執行與控制 ··· （241）
　　第六節　行銷審計 ··· （248）

第一章　總論

【學習目標】

　　通過本章的學習，學生應瞭解市場行銷學相關理論的發展與應用，為學習本課程奠定基礎。要求學生從理解市場行銷的概念出發，掌握市場行銷的基本內涵；瞭解市場行銷學的產生、發展及中國引進市場行銷學的過程和發展情況；明確市場行銷學的研究對象和基本內容。

第一節　市場行銷概述

一、市場行銷的定義

　　迄今為止，學術界對市場行銷的定義依然是仁智互見，莫衷一是。著名的行銷大師菲利普・科特勒對市場行銷的定義為：市場行銷是個人和群體通過創造並同他人自由交換產品和價值，以獲得其所需所欲之物的一種社會和管理過程。

　　美國市場行銷協會對市場行銷的定義是：市場行銷（管理）是計劃和執行關於商品、服務和創意的觀念、定價、促銷和分銷，以符合個人和組織目標的一種交換過程。

　　有國內學者認為：市場行銷是創造和滿足消費者生理和心理需求的全過程；市場行銷適用於營利性組織和非營利性組織，市場行銷的目的是識別並滿足顧客的需要，從而使產品得以順利銷售出去；市場行銷是通過市場交換活動滿足現實或潛在需要的綜合性經行銷售活動過程。

　　以上定義概括了市場行銷的目的是滿足消費者的現實或潛在的需要，市場行銷的中心是達成交易，而達成交易的手段是開展綜合性的行銷活動；同時，也表明了市場行銷不同於銷售或促銷。市場行銷活動包括市場行銷研究、市場需求預測、新產品開發、定價、分銷、物流、廣告、人員推銷、售後服務等，而銷售僅僅是現代企業市場行銷活動的一部分，而且不是最重要的部分。

　　這些定義從某種角度而言，或者在特定的歷史發展階段，都是有道理的，但它們似乎更適用於消費品製造企業的市場行銷，而並不適合服務業或者非營利性組織。

　　為了使市場行銷的定義能夠涵蓋非營利性組織，就需要用更普遍化的術語來取代原先過於嚴格的術語。這就引出了市場行銷的廣義定義：

　　市場行銷是個人或組織為了在與其相關的公眾中推動有利於實現它自身目標的行

為而運用的所有手段和方法。

　　這一定義使市場行銷的主體不但包含企業，而且還包括了個人、政黨、社會慈善事業、公共權力機構與行政部門；把「顧客」變為「相關的公眾」，更能根據不同情況包含選民、公民、被管理者或者其他層次的群體；把「出售產品」變為「推動行為」，既包括了公眾的社會和政治行為，也包括了他們的購買和消費行為；把「盈利」改為「實現目標」，既包括盈利的目標也包括非盈利的目標。顯然，這一定義更具有廣泛的實用性。

二、市場行銷對個人的影響

(一) 更新的思維方式

　　思維方式是指人們在看待和思考問題時的一種基本傾向，也是人們大腦活動的內在方程式，它對人們的言行起決定性作用。思維方式不僅影響著人們的日常行為，它更是大智慧，為正確決策起到決定性作用，對企業家來說尤為重要。現代思維方式的主要特徵有「三性」，即系統性、開放性、動態性。按照「三性」來思考問題，就能把握科學思維的基本要求，指導正確決策，實施有效行動，從而走向成功。

　　通常情況下，人的思維可以按照不同的維度和標準分成很多類型，如正向思維與逆向思維、縱向思維與橫向思維、單向思維與多向思維、感性思維與理性思維、慣性思維與創新思維、內斂思維與發散思維等。

　　在行銷實踐中，人們習慣於按照產品的成本、利潤目標、稅收、各種行銷費用等來考慮定價，由廠家來做廣告進行產品宣傳、淡季促銷、產品滯銷就降價等活動，這些都是正向思維；而根據市場需求和消費者的購買能力來定價、反季銷售等則屬於逆向思維。許多企業都依照傳統的行銷順序開展行銷活動，如開辦加油站前期進行選址論證、市場細分、市場定位、開業籌備、正式營業等，屬於縱向思維；而在加油站開辦超市則屬於橫向思維。一旦許多企業都採用類似的行銷模式或促銷方式，或者某一企業一直採取某些行銷方式，則屬於慣性思維。如今某些行業流傳的「促銷是找死，不促銷是等死」就表現為思維陷入慣性，需要進行思維創新。

　　更新思維方式就是通過改變觀察、思考問題的視角、著眼點、途徑、方法，或者改變事物的元素、功能等，進而形成新的思維成果。人類的勞動產品或創造發明物都是人腦思維的物化成果，而思維總是建立在一定的視角、著眼點、途徑、方法等基礎之上。正因為如此，人們在不同的視角觀察問題，就會形成不同的思維，進而產生不同的物化成果。

　　同時，事物又是由不同的元素、構件組成的，不同事物又有不同的功能、用途等。如果改變了事物的元素、構件、功能、用途則會變成另一事物，即達到創新的目的。如人們用紙杯替代玻璃杯、陶瓷杯和金屬杯，其既輕便又衛生，這就是一種創新。

　　多樣性是轉換型重要的思維原則。多樣性就是強調打破「一」統天下，主張從多個視角、著眼點、多種途徑和方法上去思考和解決問題。如美國園藝師恩德曼把酒和西瓜這兩種看上去無關聯的事物結合在一起，結果培育出口感獨特的酒味西瓜。美國大發明家愛迪生曾讓一名普林斯頓大學數學系本科畢業的學生測量一只電燈泡的容積，

畢業生把學校裡所有學過的數學方法都用上了，花了很長時間還是測不出來。愛迪生教畢業生往燈泡裡註滿水，然後將水倒入量杯中，輕易地得知了電燈泡的容積。在中國，家喻戶曉的曹衝稱象的故事也是思維創新的經典例子。

「在新經濟時代，行銷基本上已經完全轉向，從『替產品尋找客戶』轉變為『替客戶尋找產品』。」據現代行銷學之父菲利普·科特勒表示，行銷實務的方向和重點也會隨之發生轉移。在客戶主導一切的時代，「逆向行銷」將幫助企業為客戶創造更多價值，同時為自己切得更多蛋糕。科特勒在《科特勒行銷新論》一書中把「逆向行銷」解構為6個要素：

（1）逆向產品設計。有越來越多的網站可讓客戶能夠自己設計或參與設計個性化的產品，目前客戶已經可以設計自己喜愛的牛仔褲、化妝品和電腦，將來就可能設計自己心儀的汽車甚至房子。

（2）逆向定價。在美國priceline.com網站，準備買車的客戶可以先在網上設定價格、車型、選購設備、確定取車日期，以及自己願意前往完成交易的距離，並讓網站從自己的信用卡上劃走200美元的保證金；網站則把這項提議的聯絡資訊轉移並傳真給所有的相關經紀人，它只從完成的交易中賺取收益——買方25美元，經紀人75美元。據瞭解，這家網站還計劃為客戶提供融資和保險，當然還是採取類似的報價模式。由此可以看出，網絡的魔力完全可以使消費者從價格的接受者變為價格的制定者。

（3）逆向廣告。在傳統思維模式的支配下，行銷人員會把廣告推向消費者，但現在廣告的「廣泛傳播」模式已逐漸被所謂的「窄播」取代。在「窄播」中，企業運用直接郵件或電話行銷的方式，以此找出對某一特定產品或服務感興趣而且具有高度盈利能力的潛在客戶。將來消費者可以主動決定自己想看到哪些廣告，企業在寄發廣告之前必須先徵求客戶的許可，特別是在電子郵件上，目前客戶已經能夠要求訂閱或停止訂閱某類廣告。

亞馬遜書店網站的客戶正在享受著「點播」廣告的服務，這種廣告是由客戶主動發起，而且是應客戶的要求而出現的。他們可以登陸自己感興趣的主題，此後每當有新書、唱片或錄像帶問世時，該公司就會應客戶的要求向他們發出電子郵件信息，此外它也會運用資料庫中的資訊在網站上為客戶推出專屬的橫幅廣告。

（4）逆向推廣。現在通過網站等行銷仲介，客戶可以要求廠商寄來折價券和促銷品，還可以通過它們要求特定的報價，也可以索取新產品的免費樣品，而仲介機構則可以在不洩露個人資訊的情況下，把客戶的要求轉交給各公司。

（5）逆向通道。目前讓客戶能夠隨時購買產品或獲得服務的通道日益多樣化，許多一般性產品在超市、加油站、自動售貨機等處隨手可得，或者可以通過專業機構送至客戶家中；而對於音樂、書籍、軟件、電影等數字化產品，現在可以從網上直接下載，即便是買衣服，也可以在網絡上觀看有關檔案資料，而不必耗時費力親臨現場。把展示間搬到客戶家中，而不是客戶前往展示間觀看，這一方式的轉變暗示企業必須發展並管理更多的通道，並為不同的通道推出不同的產品和服務。

（6）逆向區隔。通過網上問卷調查的形式，客戶可以使企業瞭解自己的好惡和個性特徵；運用這些資訊，企業就可以建構起客戶區隔，然後再為不同的區隔開發出適

當的產品和服務。

科特勒指出，當行銷人員能夠注意到客戶的4個「C」時，就能對逆向行銷有所回應。這4個「C」就是：強化的客戶價值（Consumer）、較低的成本（Cost）、已經改善的便利性（Convenience）和較佳的溝通（Communication）。在此基礎上，他們必須繼續探索客戶的認知空間，評估企業的能力空間，掌握協作廠商的資源空間，以此建立另闢市場的能力，幫助企業更為迅捷地回應新興的機會，從蛋糕中切到更大的份額。

（二）更佳的人際關係

無數事實證明，成功與學歷、年齡、背景有關，但並非正相關，卻與構築的人脈、把握「勢」的能力及經受的磨難成正相關。

業務員的日常工作就是與人打交道。要想使客戶接受自己的產品，就必須使客戶先接受自己。良好的人際關係是推銷成功的前提條件。行銷培訓會提高你各方面的素質，教給你人際交往的知識，從而使你在處理人際關係方面能夠如魚得水，獲得較好的人緣。

當今社會，如果獨往獨來，將一事無成。人不是神，金錢再多也有極限，良好的人際關係能使你如虎添翼。成功的人際關係，意味著在給他人提供需要的同時，也得到他人善意的回報。

許多成功人士在重要的領域一直雇用比自己聰明的人，這樣他就會建立一個非常強大的團隊。與那些在各自領域中名聲顯赫並擁有不同天賦和背景的人一起工作，將組成一支強大無比的隊伍。他們懂得在齊心協力之下能實現得更多、更快、更容易。而且大家能夠看到各自的「盲點」，彼此鼓勵，填補空白與弱項。一個團隊的前進速度也因此能夠快一些，好比一個接力組比一個人單獨跑完全程的速度要快。

成功不是單打獨鬥的，你不可能一個人做完所有的事情，因此，要想達到目標就需要與人合作。沒有別人的幫助，我們能取得成就的程度就很有限。要知道，一個人在成功的道路上前進得越遠，就越會體會到真正重要的不是現金、思想、熱情，而是人。金錢、思想、熱情當然重要，但如果沒有人的支持，其他的因素顯然是不夠的。合作最重要的是找到優秀的合作者。在多數情況下，想成功，必須依賴合作者的幫助。

有研究者做出過這樣的測算：在團隊中，每個成員都至少認識100個有價值的關係，因此，一支6個人的隊伍就認識600個人。如果這些關係中每個人另外認識100個有價值的關係，那麼你就能接觸到6萬個有價值的關係。還有人經過計算得出的結論是，網絡價值是網絡中人數的平方。如果你直接認識的網絡人數為600人，那麼你最終能夠接觸到的是600×600＝360,000個有價值的關係。顯然，網絡的力量是巨大的，而且在網絡中有一個重點關係——控制巨大人際網絡關係的那些人。一個重點關係具有「成事」的力量。這個重點關係說一句話，事情就能辦成。網絡的價值在於增大了找到重點關係的可能性。因此，一個龐大數字的關係網絡並不是成功者們所要追求的，他們所要追求的只是重點關係。

整合你的人際資源，充分利用你的人際資源，你會發現，你的空間正在不經意間擴展，而這一切，正得益於存在於你身邊的人們。

(三) 更高的工作技巧

　　通過基本能力和業務技能的培訓，你的組織能力、交際能力、表達能力和應變能力都會產生一個飛躍，從而使你工作起來得心應手。

　　一家公司的部門經理要考察兩個新上任的業務代表，就分別問他們倆當天都做了哪些工作，有什麼收穫。第一個業務代表說自己按照領導的要求接待了大量客戶，取得了某一產品數目不錯的訂單；當問及第二個業務代表時，該業務代表回答自己只接待了一個客戶，僅成交了一筆交易，經理有些奇怪地追問他什麼業務，為什麼只成交一筆時，年輕的業務代表告訴他：一個人來買魚鉤，我告訴他魚鉤最好與魚線、魚竿一起購買，又問他去哪裡釣魚，接著又向他推薦了皮劃艇和裝載器物用的機動車等等價值幾十萬元的配套用具，而他最初來這裡只是為他老婆買髮卡的……

　　第二個業務代表具有非凡的行銷思維和行銷技巧，他善於通過消費者的行為特點捕捉行銷機會點，再用商品訴求點去抓住機會點，並適時地提供滿足需求的商品方案，持續不斷地從一種商品的需求過渡到另一種商品需求的行銷機會點，從而建立起消費行為—行銷機會—商品訴求—滿足需求的較為完整的循環行銷鏈條，鎖住重要的目標消費群，最終實現系列商品的組合銷售。

(四) 更好的處世心態

　　凡是在行銷行業比較成功的人員，大都具備許多優秀的素質，如不怕吃苦、百折不撓、勇於進取、積極向上的品質。行銷會使你的心態變得積極向上、不怕挫折、樂觀豁達。

　　銷售代表的業績取決於兩點：一是銷售代表每次與客戶接觸的效果，二是銷售代表與客戶在一起的時間。與客戶接觸的效果取決於銷售代表的銷售技能；積極的心態決定了銷售代表與客戶在一起的時間。

　　有人說世界上的人屬於兩種類型。成功的人都很主動，我們叫他「積極主動的人」；那些庸庸碌碌的普通人都很被動，我們叫他「被動的人」。仔細研究這兩種人的行為，可以找出一個成功原理：積極主動的人都是不斷做事的人，他認真地去做，直到完成為止；被動的人都是不做事的人，他會找藉口拖延，直到最後他證明這件事「不應該做」、「沒有能力去做」或「已經來不及了」。

(五) 更多的就業選擇

　　不管你以前從事的是什麼職業，行銷工作都是一個非常鍛煉人、富有吸引力的職業。經過行銷培訓後的你，可能會從事不同行業的行銷工作，全然不同於你過去的經歷，這也許就是行銷工作的魅力所在。

三、市場行銷與企業發展

(一) 市場行銷是企業活動的中心

　　在市場經濟條件下，市場活動的主體是企業，而企業的市場行銷是企業整體活動的中心。市場行銷作為企業的一種業務或職能，是企業進入市場、開拓市場、占領市場必不可少的條件，所以市場行銷學是研究以滿足消費者需求為中心的企業市場行銷

活動及其規律的科學，它是一門以經濟科學、行為科學和現代管理理論為基礎，集哲理性和實踐性於一體的綜合性應用學科。

一般人以為市場行銷是企業出賣或賣掉自己生產的產品，或者說只是一個單純的銷售活動。實際上，市場行銷與銷售是不能等同的。市場行銷活動在企業未生產產品之前就開始了，涉及企業的產前、產中和產後的各個方面和領域，可見，市場行銷活動的範圍是很廣的，因而現代企業市場行銷活動包含很多內容，如為滿足消費者需求而進行的市場預測、新產品開發、定價、宣傳推廣、銷售渠道、銷售促進、售後服務以及收集消費者對產品的意見和建議的信息等。而銷售只是市場行銷的一個組成部分，至於企業在產品設計、生產計劃等方面的缺陷，最終是不可能借助銷售手段來彌補和糾正的，這表明銷售還不是最重要的部分。

作為企業的市場行銷，不僅要瞭解和確定現有市場，還要預測潛在市場，即企業必須對產品的可能購買者進行研究。對預期的消費者瞭解得越多，越能更好地滿足消費者的需求，也越能獲得較好的經濟效益，使企業在市場行銷中取得有效的成果。當然，企業運用市場行銷的可能性和效果如何，主要取決於經濟責任制。經濟責任制是同社會主義市場經濟相適應、健全國有企業管理的經營機制，它要求責、權、利相結合。企業的自主權和經濟責任大，市場行銷的範圍就大，行銷的效果就好；否則，就小或差。從中國健全國有企業管理經營機制的改革來看，企業自主權和經濟責任是同時擴大，由此決定了市場行銷在企業運用的可能性和效果成正相關地增加。

企業是社會的細胞，它們的行銷活動既與企業的內部因素有關，也與其外部環境有著千絲萬縷的聯繫。作為企業市場行銷的外部環境，有與企業的市場行銷有直接影響的因素，譬如目標顧客、中間商、競爭者等；也有與企業市場行銷有間接影響的因素，譬如政治、法律、經濟、社會文化、科學技術和人口等。這就決定了企業與外部環境是相輔相成的：行銷環境為企業的行銷提供必要的場所和條件，而企業的行銷又能促進行銷環境的相對穩定。同時，二者又是相互制約的：行銷環境的變化偶爾會超越企業行銷的承受能力，而企業行銷的變化也有可能造成環境的紊亂。這些影響企業市場行銷的環境因素都在程度不同地變化著，但在一定時期內卻是相對穩定的。從較長時期和整個宏觀環境來說，各種環境因素又程度不同地相互關聯。相互關聯的環境因素對企業的市場行銷產生或有利或不利的影響，使企業的市場行銷變得複雜起來，因此，企業一般不可能控制宏觀環境的因素，更不能控制其變化。可是，企業可以依據宏觀環境因素的變化，主動調整市場行銷戰略，求得生存和發展，這就需要企業努力提高市場行銷能力。

市場行銷是連接市場需求與企業反應的仲介，為滿足消費者的需求，只有不斷地以市場為出發點和復歸點，才能增強企業對市場的反應能力和應變能力，為此，就決定了將市場行銷置於企業活動的中心地位。

(二) 市場行銷關係著企業的生存與發展

市場行銷是商品經濟高度發展的產物，它適應了現代市場經營活動的客觀需要。由於商品經濟的存在，市場競爭日趨激烈，企業對市場的依賴程度也越強，它們深刻

地認識到在搞好企業的諸多因素中，最重要的是市場因素。因為人才可以培養和招聘，資本可以借貸，設備可以購買，技術可以引進，唯獨不能沒有市場和市場行銷。企業缺少其他條件或條件不足，只要有市場，就可能很快得到發展；企業若不研究市場以及市場行銷的活動規律，就會在競爭中被淘汰。這就是發達資本主義國家的企業對市場行銷普遍重視的原因，很值得中國的企業學習和借鑑。

企業的市場行銷要以滿足消費者的需求為宗旨，因此必須瞭解消費者和市場。然而，目前中國有些企業的生產經營仍習慣於計劃經濟體制下的做法，不做市場調研，不主動去瞭解消費者的需求，生產經營的產品品種單調，沒有創意，這樣的企業必會被淘汰掉。在現代市場經濟，企業不能只是有效利用生產資源和提高勞動效率，還應該重視售後服務和收集消費者對企業及其產品的意見和建議；否則，便無法適應現代市場行銷的要求。因為，從現代市場行銷的角度來看，市場行銷中的產品應該是整體產品，整體產品包括產品的核心、產品的形式和產品的延伸三個層次，三個層次缺一不可。作為消費者，在市場活動中實現需求的滿足，不只是體現在購買的商品上以及購買過程中，還延伸到使用商品的消費領域和售後服務。因此，消費者追求的是整體產品，行銷者向市場提供的也必須是整體產品。實踐已證明，當大多數企業的生產技術和產品更新換代的能力逐漸接近時，行銷者爭奪顧客、擴大市場佔有率的強有力手段主要體現在售後服務上。能向消費者提供整體產品並把消費者視為「上帝」來服務的企業，不僅能給消費者物質上和生理上的滿足，而且還能給消費者精神上和心理上的滿足。只有這樣的企業才有可能在市場競爭中取勝。

可見，市場行銷對任何一個企業的生產經營活動都是必不可少的，而且具有重要意義。企業如何遵循價值規律、競爭規律來制定和運用價格策略，如何以目標市場為出發點來選擇中間商去分銷產品，如何以現代市場行銷手段做好促銷組合以促進商品銷售等，是現代企業家必須關注和研究的問題。

(三) 市場行銷戰略直接影響著企業的興衰成敗

系統地總結研究市場行銷戰略是資本主義國家從20世紀開始的，當時，世界的市場競爭日趨加劇，買方市場的出現，使得企業開始重視市場行銷戰略的制定和運用。特別是20世紀70年代以後，石油危機等一系列外部環境的變化，市場行銷學者和企業逐步認識到企業適應環境和長遠發展的重要性，把戰略問題作為市場行銷理論研究的主線，將戰略制定和實施貫穿於整個市場行銷活動中，是企業在劇烈變化的外部環境中求得生存和發展的保障。

當今世界是競爭的世界，沒有競爭企業就不能發展。從世界各國企業發展的歷史和中國國有企業轉換經營機制的現狀來看，企業市場行銷戰略正確完善與否，直接影響著企業的興衰成敗。所以，市場行銷戰略是解決企業在市場上是否適銷對路以及怎樣參與競爭等總體發展的問題，是企業開展市場行銷的總體設計，它涉及企業發展中帶有全局性、長遠性和根本性的問題。企業必須從歷史和現狀出發，根據企業外部環境和內部情況，把各種因素作為整體進行考慮；企業應該重視市場行銷的總效益，並依據市場上的具體情況做出反應，從而來滿足企業發展的需要。從這個意義上說，市

場行銷戰略最本質的特徵是指導性。

（四）國際市場行銷是企業發展的必然要求

當今市場商戰，競爭對手不是一方，而是多方。市場不僅在國內，也在國外，經濟發展的國際化已成為大趨勢。這就決定了企業的市場行銷僅僅局限於國內遠不能適應商品經濟的需要和社會化大生產的發展，企業進行國際市場行銷是世界經濟和企業發展的必然要求。資本主義國家的企業參與國際市場行銷得到了空前的發展，並且發展的速度日趨加快。在中國，改革開放的基本國策和市場經濟的發展為企業走向世界提供了機遇和條件，也決定了中國的企業必將由國內市場行銷發展為國際市場行銷。利用國際市場行銷，一方面可以拓寬企業的市場，提高市場佔有率；另一方面，能從國際市場上獲取企業再生產所需要的資源和技術。

現在，已有不少企業走上了國際市場行銷的道路，並取得了較好效益。國際市場行銷是市場行銷理論在國際市場上的運用，但國際市場行銷環境與國內相比有很大差異，因此，企業還要研究掌握國際市場行銷的特點，以便早日進入國際市場。

四、市場行銷在市場經濟發展中的重要地位

市場行銷不僅對於微觀企業的生存和發展具有十分重要的意義，而且對於整個社會進步和宏觀經濟的繁榮也具有極其重要的影響作用。搞好市場行銷，不僅有利於社會主義物質文明建設，向市場提供更多更好的物質產品和無形服務，滿足人民群眾日益增長的物質和文化需要，而且還有利於社會主義精神文明建設，創造一種凡事從對方需要出發，充分考慮對方利益的良好社會風氣，從而促進社會和諧、穩定和文明程度的提高。

（一）市場行銷能夠確保社會再生產的順利進行

市場行銷是社會再生產的仲介環節，而社會再生產過程表現為生產過程和市場行銷過程的統一。商品生產是為交換而進行的生產，資本的循環離不開市場行銷。生產要素的取得，商品價值的實現，都必須通過市場行銷，否則生產就要停滯。事實證明，生產越發展，社會分工越細，生產專業化程度越高，生產對市場行銷的依賴程度也就越大；市場行銷的領域和效率，制約著生產的領域和效率。市場行銷是各個商品製造商、分銷商各自利益得以實現的過程和領域。在市場經濟條件下，市場行銷起著指導生產、引導消費、滿足需求的重要作用。商品生產以市場行銷為前提，即通過滿足市場需要來實現其價值，從而取得貨幣這一轉化形式。

（二）市場行銷能夠促進第三產業的快速發展

發展社會主義市場經濟，第三產業的發展十分重要。沒有第三產業的發展，整個經濟就不可能健康發展。而市場行銷尤其是服務市場行銷是第三產業得以健康發展的重要條件與內容。目前，在國內市場上，假冒偽劣商品橫行，虛假廣告多見，服務質量低下，消費者權益屢受損害……凡此種種不良現象的存在，在某種程度上都可歸咎於企業市場行銷觀念的淡薄。因此，發展第三產業，必須樹立市場行銷觀念，努力提高服務質量和顧客滿意度。

（三）市場行銷有助於適應買方市場發展的需要

市場行銷一頭連著生產，一頭連著消費，搞好市場行銷是搞活經濟的前提和基礎。尤其是在當前中國買方市場初步形成的條件下，搞好市場行銷，不僅可以加速商品週轉和銷售，減少產品積壓，加快資金回籠，而且可以盤活資金，減少資金的佔用，促進經濟進入良性循環的軌道。

第二節　市場行銷學的研究對象與學科特點

一、市場行銷學的研究對象

市場行銷能夠作為一門獨立的學科存在，有其獨立的研究對象。市場行銷學是研究以滿足消費者需求為中心的企業行銷活動過程及其規律性，即在特定的市場環境中，企業在市場調研的基礎上，為滿足消費者和用戶現實或潛在的需求，所實施的以產品、分銷、定價、促銷為主要內容的市場行銷活動過程及其客觀規律性。

二、市場行銷學的學科特點

市場行銷學不同於一般的社會科學，具有顯著的四大特點：經驗性、問題中心、跨學科性、差異性。

（一）經驗性

市場行銷學不同於其他管理課程的一大特點就是其突出的經驗性，它是眾多個人和企業管理實踐經驗的總結，包括成功和失敗的案例。既然是經驗總結，自然就落後於實踐，從實踐者到總結者再到出版發行，最終讀者看到時早已不是什麼新鮮招式而成了過時的「舊聞」。但是，對於那些沒有做過這些方式或方法嘗試的人或者企業來說，仍然具有重要的借鑑意義。

（二）問題中心

市場行銷是問題導向的學科，是解決問題的工具。如果解決不了問題，它就失去了意義，這就要求學習者帶著問題學習，並以解決問題為落腳點。

（三）跨學科性

為了解決問題，市場行銷綜合了所有能夠解決行銷問題的學科，諸如微觀經濟學、管理學、社會學、心理學、傳播學、語言學、美學、數學、信息學等。

（四）差異性

不同行業或產品的市場行銷，從理論到實踐差別很大。比如，民用消費品與工業品不同，服務業與製造業不同，不同類型的服務業、製造業之間又有所不同。因此，讀者要根據自己的行業或產品特點進行修正。

【本章小結】

　　市場是商品經濟中生產者與消費者之間為實現產品或服務的價值，所進行的滿足需求的交換關係、交換條件和交換過程的統稱。市場行銷則是個人和群體通過創造並同他人交換產品和價值，以滿足需求和慾望的一種社會過程和管理過程，其核心概念是交換，基本目標是滿足需求和慾望。市場行銷學作為一門學科於20世紀初形成於美國，經過漫長的發展，已經成為具有系統理論、策略和方法論的一門現代管理學科。學習、研究市場行銷學，對於迎接新世紀的各種挑戰、促進經濟快速健康發展具有重大理論意義和現實意義。

【思考題】

1. 比較市場行銷廣義定義與一般定義的聯繫與區別。
2. 簡述市場行銷的理論體系及其相關內容。
3. 市場行銷有哪些特點？
4. 市場行銷對企業和個人都有哪些積極影響？

第二章　市場行銷管理

【學習目標】

通過本章的學習，學生應熟悉市場行銷觀念的產生和演變過程；掌握現代市場行銷觀念的要點；瞭解在現代市場行銷環境下，市場行銷觀念的新發展，並能結合企業的具體情況運用市場行銷方法；認識顧客滿意和顧客忠誠對企業的價值，重視企業行銷道德的建立。

第一節　市場行銷管理概述

一、市場行銷管理的含義

1985 年，美國市場行銷協會對市場行銷管理的定義為：市場行銷管理是規劃和實施理念、商品和勞務的設計、定價、促銷和分銷，為滿足顧客需要和組織目標而創造交換機會的過程。

這個定義的含義是：市場行銷管理是一個過程，包括分析、計劃、執行和控制；它覆蓋商品、服務和理念；它建立在交換的基礎上，其目的是滿足有關各方的需求。簡單地講，市場行銷管理實質上就是需求管理。

二、市場行銷管理的任務

市場行銷管理的任務是幫助企業以達到自己目標的方式來影響需求的水準、時機和構成。

一個組織可以設想一個在目標市場上預期要達到的交易水準。但是，實際的需求水準可能低於、等於或者高於這個預期的需求水準。市場行銷管理就是要應付這些不同的需求情況。

根據需求水準、時間和性質的不同，可以歸納出以下 8 種不同的需求狀況，在不同的需求狀況下，行銷管理的任務有所不同。

（1）負需求。如果絕大多數人都對某個產品感到厭惡，甚至願意出錢迴避它，那麼這個產品的市場便處於一種負需求的狀態。行銷者的任務便是分析市場為什麼不喜歡這種產品，以及是否可以通過產品重新設計、降低價格和更積極的行銷方案來改變市場的信念和態度。

（2）無需求。目標消費者可能對某些產品毫無興趣或者漠不關心。如農場主可能對一件新式農具無動於衷，大學生可能覺得學外語索然無味。行銷者的任務就是設法把產品的好處和人的自然需要、興趣聯繫起來。

（3）潛在需求。有相當一部分消費者可能對某物有一種強烈的渴求，而現成的產品或服務卻又無法滿足這需求。如人們對於無害香菸、安全的居住區以及節油汽車等有一種強烈的潛在需求。行銷者的任務便是衡量潛在市場的範圍，開發有效的商品和服務來滿足這些需求。

（4）下降需求。每個組織或遲或早都會面臨市場對一個或幾個產品的需求下降的情況。行銷者的任務便是分析需求衰退的原因，決定能否通過開闢新的目標市場，改變產品特色，或者採用更有效的溝通手段來重新刺激需求。

（5）不規則需求。許多組織面臨著每季、每天甚至每小時都在變化的需求，這種情況往往導致生產能力不足或過剩。如在大規模的公共交通系統中，大量的設備在交通低潮時常常閒置，而在高峰時又不夠用；博物館平時參觀的人很少，但一到週末，卻門庭若市。此時行銷任務則可以通過靈活定價、推銷和其他刺激手段來改變需求的時間模式。

（6）充分需求。當組織對其業務量感到滿意時，就達到充分需求。此時行銷任務是在面臨消費者偏好發生變化和競爭日益激烈時，努力維持現有的需求水準；該組織必須保證產品質量，不斷地衡量消費者的滿意程度，以確保企業的工作效率。

（7）超飽和需求。有些組織面臨的需求水準會高於其能夠或者想要達到的水準。如金門大橋所承受的交通負擔超過了安全載量，黃石公園在夏季擁擠不堪。此時行銷的任務就是設法暫時地或者永久地降低需求水準，如提高價格、減少推銷活動和服務。

（8）不健康的需求。不健康的產品會引起抵制消費的活動，如菸、酒、毒品等。此時，行銷的任務是勸說消費者放棄這種愛好，採用的手段包括傳遞危害的信息、大幅度提價以及減少供應。

三、市場行銷管理的過程

市場行銷管理過程是指在企業的戰略規劃下制定和實施市場行銷計劃的過程，其是企業為實現任務和目標而發現、分析、選擇和利用市場機會的管理過程。市場行銷管理包含分析市場機會、選擇目標市場、策劃行銷戰略、設計行銷方案和實施行銷計劃五個方面。

（一）分析市場機會

1. 發現和識別市場機會

企業可採取以下方法來發現和識別市場機會：

（1）收集市場信息。行銷人員可通過經常閱讀報紙、參加展銷會、研究競爭者的產品、調查研究消費者的需求等來尋找、發現或識別未滿足的需求和新的市場機會。

（2）分析產品/市場矩陣。行銷人員可利用產品/市場分析矩陣（見表2-1）來尋找、發現增長機會。

表 2-1　　　　　　　　　　　　產品/市場分析矩陣

	現有產品	新產品
現有市場	Ⅰ（市場滲透）	Ⅱ（產品開發）
新市場	Ⅲ（市場開發）	Ⅳ（多元化）

　　Ⅰ對應狀態為現有市場、現有產品。企業分析的重點是消費者對現有產品的需求及滿足程度，並由此決定市場滲透的程度。若消費者對現有產品需求較旺，則可對現有市場滲透擴張；否則，就進行適度收縮。

　　Ⅱ對應的狀態為現有市場、新產品。企業分析的重點是現有市場上是否仍有其他未被滿足的相關需求存在，若有，則說明現有市場中存在機會，企業可以通過開發新產品來滿足這種市場需求。

　　Ⅲ對應的狀態為新市場、現有產品。企業分析的重點是新市場是否存在對企業現有產品的需求，若存在，則說明企業在行銷中存在機會，企業可以擴大生產以滿足新市場對產品的需求。

　　Ⅳ對應的狀態為新市場、新產品。企業分析的重點是新市場中是否存在未被滿足的消費者需求，若存在，則可採取多元化經營戰略。

　　（3）進行市場細分。行銷人員可通過市場細分來尋找、發現最好的市場機會。行銷人員不僅要善於尋找、發現有吸引力的市場機會，而且要善於對所發現的各種市場機會加以評估，判斷哪些市場機會能為本企業帶來利潤。

　　2. 評估市場機會

　　在現代市場經濟條件下，市場機會能否成為企業的機會，不僅要看利用這種市場機會是否與該企業的任務和目標相一致，而且取決於該企業是否具備利用這種市場機會、經營這種業務的條件，以及該企業在利用這種市場機會、經營這種業務比其潛在的競爭者有更大的優勢。

　　此外，還要進一步對每種有吸引力的企業機會進行評價。也就是說，還要進一步調查研究：誰購買這些產品？他們願意花多少錢？他們要買多少？顧客在何處？誰是競爭對手？需要什麼分銷渠道？通過調查研究這些問題，行銷人員要分析研究行銷環境、消費者市場、生產者市場、中間商市場和政府市場。此外，企業的財務部門和製造部門還要估算成本，以確定這些市場機會能否給企業帶來利潤。

（二）選擇目標市場

　　市場機會的發現使企業知道了它應當去滿足什麼樣的需要，但要建立起企業在其將要進入的市場中的相對優勢，還必須知道它應當滿足哪些人的需要。這是因為對同樣需要的滿足，不同人群所要求的滿足形式、程度和成本等是不一樣的，企業只有認識了這些對需要的滿足方式所存在的差異，才能提供最受歡迎的滿足方式，從而在市場中建立起自己的相對優勢。

（三）策劃行銷戰略

　　企業進行了市場的選擇和定位後，就必須對行銷戰略做出規劃，以使自己在市場

行銷過程中有明確的指導思想。行銷戰略直接受公司的業務戰略計劃指導，只是在具體產品的開發上，要進行更為具體的策劃和落實。對於新產品的開發、品牌的管理與經營、市場的進入、市場的佈局、促銷等方面都要作出具有新意和實效的戰略策劃，以保證企業的行銷目標能夠順利實現。

行銷戰略的選擇還必須從企業實際的市場地位和競爭力出發。在一個寡頭壟斷的市場上，企業通常會處於不同的市場地位，如領導者、挑戰者、追隨著或補缺者等，企業只有從實際的市場地位出發去選擇相應的行銷戰略，才可能取得成功。

（四）設計行銷方案

行銷戰略的實施必須轉化為具體的行銷方案。行銷方案規定了行銷活動的每一個步驟和細節。行銷方案一般應包括以下三項內容：

1. 確定市場行銷組合

市場行銷組合是為了滿足目標市場的需求，企業對自身可以控制的各種市場行銷要素如質量、包裝、價格、廣告、銷售渠道等的優化組合。

企業可控制的市場行銷要素有很多，為了便於分析運用，這裡採用美國的E. J. 麥卡錫教授提出的分類方法——4Ps法：產品（Product）、價格（Price）、地點（Place）和促銷（Promotion）。市場行銷組合就是這4個「P」的搭配與組合，它體現了現代市場行銷觀念指導下的整體行銷思想。

產品表示企業提供給目標市場的「貨物和勞務」的總稱。其包括產品質量、外觀、款式、品牌、規格、型號、包裝以及各種服務保障，如送貨、退貨、安裝、維修等。

價格表示顧客購買產品時所支付的價錢。其包括價目表上所列出的價格、折扣、支付期限、信用條件等。

分銷地點表示企業協調渠道系統中的其他成員，使其產品接近和到達目標顧客的活動的總稱，包括渠道選擇、銷售模式、商品儲存、運輸等。

促銷表示企業宣傳產品並且說服目標顧客購買其產品所進行的一系列活動的總稱。其包括廣告、人員推銷、營業推廣、宣傳報導等。

2. 行銷的費用預算

對所要達到的行銷目標，必然需要投入相應的行銷費用。行銷費用的提取與控制，可依據銷售額比率，也可依據達到行銷目標的實際需要，有時甚至要根據競爭對手的行銷費用水準，以求在競爭實力上能保持均衡。在對行銷費用進行預算時，要避免過多考慮同往期業績掛勾，因為有時在銷售業績不好的情況下，更需要加大行銷的力度，行銷費用的預算可能要求更多。

3. 行銷資源的分配

在具體的行銷計劃中，應當對行銷資源（包括行銷費用）在各項具體的行銷活動中進行合理的分配，以形成整合行銷的效果。行銷資源的分配不僅要考慮在各種策略工具（如產品、定價、分銷、促銷）中形成合理結構，而且還要考慮在不同區域市場（如北方、南方、東部、西部）中的合理分配，有時還要考慮在不同的階段和時期中適量投入，以形成行銷活動的持續性。

（五）實施行銷計劃

行銷計劃的實施是行銷目標實現的基礎，再好的行銷計劃也只有在得到充分地實施之後才能顯示出它的效果。而行銷計劃的成功實施則取決於一個高效的行銷組織系統和一套完備的行銷控制程序。

企業的行銷組織可以根據企業的性質、任務的不同而有所不同。但從管理原理的角度講，它都會由一個處於公司決策層次的分管領導（如行銷副總經理）、一個專門的職能部門（如行銷部或市場部）以及一支從事行銷活動的工作人員隊伍所組成。行銷副總經理負責公司行銷職能同其他職能乃至公司決策層面的溝通與協調；行銷部負責公司行銷活動的策劃、組織與實施；行銷隊伍則是開展具體行銷活動的基本力量。

行銷控制是保證行銷計劃順利實施的重要環節，一般主要抓好三個方面：①年度計劃的控制，即從數量和進度上保證行銷計劃的實施；②盈利能力的控制，即從行銷的質量上進行檢驗和提高；③戰略控制，即注意行銷計劃同環境的適應性，以及保證行銷活動能促使企業總體戰略目標的實現。

四、市場行銷組合策略

（一）市場行銷組合概述

市場行銷組合是指企業針對目標市場的需要，綜合考慮環境、能力、競爭狀況，對自己可控制的各種行銷要素（產品、價格、分銷、促銷等）進行優化組合和綜合運用，以取得更好的經濟效益和社會效益。

市場行銷組合是現代市場行銷理論的一個重要概念。1953年，美國哈佛大學教授尼爾·博登（Neil Borden）在美國市場行銷學會的就職演說中創造了「市場行銷組合」這一術語，其意是指市場需求或多或少的在某種程度上受到「行銷變量」或「行銷要素」的影響。為了尋求一定的市場反應，企業要對這些要素進行有效的組合，從而滿足市場需求，獲得最大利潤。

市場行銷組合是制定企業行銷戰略的基礎，做好市場行銷組合工作可以保證企業從整體上滿足消費者的需求。市場行銷組合是企業對付競爭者強有力的手段，是合理分配企業行銷預算費用的依據。

從管理決策的角度看，影響企業市場行銷活動的各種要素（變量）可以分為兩大類：一是企業不可控要素，即行銷者本身不可控制的市場行銷環境，包括微觀環境和宏觀環境；二是可控要素，即行銷者自己可以控制的產品、商標、品牌、價格、廣告、渠道等。

市場行銷組合策略包括以下四個方面：

（1）產品策略（Product Strategy），主要是指企業以向目標市場提供各種適合消費者需求的有形和無形產品的方式來實現其行銷目標。其包括對同產品有關的品種、規格、式樣、質量、包裝、特色、商標、品牌以及各種服務措施等可控因素的組合和運用。

（2）定價策略（Pricing Strategy），主要是指企業按照市場規律以制定價格和變動

價格等方式來實現其行銷目標。其包括對同定價有關的基本價格、折扣價格、補貼、付款期限、商業信用以及各種定價方法和定價技巧等可控因素的組合和運用。

（3）分銷策略（Placing Strategy），主要是指企業合理地選擇分銷渠道和組織商品實體流通的方式來實現其行銷目標。其包括對同分銷有關的渠道覆蓋面、商品流轉環節、中間商、網點設置以及儲存運輸等可控因素的組合和運用。

（4）促銷策略（Promotion Strategy），主要是指企業利用各種信息傳播手段刺激消費者購買慾望，促進產品銷售的方式來實現其行銷目標。其包括對同促銷有關的廣告、人員推銷、營業推廣、公共關係等可控因素的組合和運用。

市場行銷組合策略的基本思想在於：從制定產品策略入手，同時制定價格、分銷渠道及促銷策略，組合成策略總體，從而達到以合適的商品、合適的價格、合適的促銷方式，把產品送到合適地點的目的。企業經營的成敗，在很大程度上取決於這些組合策略的選擇和它們的綜合運用效果。

（二）市場行銷組合的特點

市場行銷組合作為企業一個非常重要的行銷管理方法，具有以下特點：

（1）市場行銷組合是一個變量組合。構成市場行銷組合的各個自變量，是影響市場行銷效益的決定性要素，而市場行銷組合的最終結果就是這些變量的函數，即因變量。從這個關係看，市場行銷組合是一個動態組合，只要改變其中的一個要素，就會出現一個新的組合，產生不同的行銷效果。

（2）市場行銷組合的層次。市場行銷組合由許多層次組成，就整體而言，「4Ps」是一個大組合，其中每一個 P 又包括若干層次的要素。這樣，企業在確定市場行銷組合時，不僅更為具體和實用，而且相當靈活；不僅可以選擇四個要素之間的最佳組合，而且可以合理安排每個要素內部的組合。

（3）市場行銷組合的整體協同作用。企業必須在準確地分析、判斷特定的市場行銷環境、企業資源及目標市場需求特點的基礎上，才能制定出最佳的市場行銷組合。所以，最佳的市場行銷組合的作用不是產品、價格、渠道和促銷 4 個行銷要素的簡單數字相加，即 $4Ps \neq P+P+P+P$，而是使它們產生一種整體協同作用。

（4）市場行銷組合必須具有充分的應變能力。市場行銷組合作為企業行銷管理的可控要素，一般來說，企業具有充分的決策權。例如，企業可以根據市場需求來選擇確定產品結構，制定具有競爭力的價格，選擇最恰當的銷售渠道和促銷媒體。但是，企業並不是在真空中制定的市場行銷組合。隨著市場競爭和顧客需求及外界環境的變化，必須對行銷組合隨時調整，使其保持競爭力。總之，市場行銷組合對外界環境必須具有充分的適應力和靈敏的應變能力。

（三）行銷組合的創新與發展

1. 大市場行銷（6P）

20 世紀 80 年代以來，世界經濟發展滯緩，市場競爭日益激烈，政治和社會因素對市場行銷的影響和制約越來越大。這就是說，一般行銷策略組合的 4P 不僅要受到企業本身資源及目標的影響，而且更受企業外部不可控因素的影響和制約。一般市場行銷

理論只看到外部環境對市場行銷活動的影響和制約，而忽視了企業經營活動也可以影響外部環境。

1986年，菲利普・科特勒在《哈佛商業評論》期刊發表了《論大市場行銷》。他提出了「大市場行銷」概念，即在原來的4Ps的基礎上，增加兩個P：「政治力量」（Political Power）和「公共關係」（Public Relations）。他認為，現在的公司還必須掌握另外兩種技能：一是政治力量（Political Power）。也就是說，公司必須懂得怎樣與其他國家打交道，必須瞭解其他國家的政治狀況，才能有效地向其他國家推銷產品。二是公共關係（Public Relations）。行銷人員必須懂得公共關係，知道如何在公眾中樹立產品的良好形象。這一概念的提出，是20世紀80年代市場行銷戰略思想的新發展。用菲利普・科特勒自己的話說，這是「第四次浪潮」。1984年夏，他在美國西北大學說：「我目前正在研究一種新觀念，我稱之為『大市場行銷』。我想我們學科的導向，已經從分配演變到銷售，繼而演變到市場行銷，現在演變到『大市場行銷』。」

科特勒給大市場行銷下的定義為：為了成功地進入特定市場，在策略上必須協調地使用經濟、心理、政治和公共關係等手段，以取得外國或地方有關方面的合作和支持。此處所指特定的市場，主要是指壁壘森嚴的封閉型或保護型的市場。貿易保護主義的回潮和政府干預的加強，是國際、國內貿易中大市場行銷存在的客觀基礎。要打入這樣的特定市場，除了做出較多的讓步外，還必須運用大市場行銷策略即6P組合。大市場行銷概念的要點在於當代行銷者需要借助政治力量和公共關係技巧去排除產品通往目標市場的各種障礙，取得有關方面的支持與合作，實現企業行銷目標。

市場行銷學在理論研究的深度上和學科體系的完善上得到了極大的發展，市場行銷學的概念有了新的突破。大市場行銷理論有以下特點：

（1）大市場行銷十分注重調合企業與外部各方面的關係，以排除來自人為的（主要是政治方面的）障礙，打通產品的市場通道。這就要求企業在分析滿足目標顧客需要的同時，必須研究來自各方面的阻力，制定對策，這在相當程度上依賴於公共關係工作去完成。

（2）大市場行銷打破了傳統的關於環境因素之間的分界線。即突破了市場行銷環境是不可控因素的界線，重新認識市場行銷環境及其作用，某些環境因素可以通過企業的各種活動施加影響或運用權力疏通關係來加以改變。

（3）大市場行銷的目的是打開市場之門，進入市場。在大市場行銷條件下，企業面臨的首要問題是如何進入市場，從而影響和改變社會公眾、顧客、中間商等行銷對象的態度和習慣，使企業行銷活動能順利開展。

（4）大市場行銷的涉及面比較廣泛。在大市場行銷條件下，企業行銷活動除了與上述各方發生聯繫外，還涉及更為廣泛的社會集團和個人，如立法機構、政府部門、政黨、社會團體、工會、宗教機構等。企業必須爭取各方面的支持與合作。

（5）大市場行銷的手段較為複雜。在大市場行銷條件下，企業的市場行銷組合是6P組合。就權力而言，在開展大市場行銷時，為了進入特定市場，必須找到有權打開市場之門的人，這些人可能是具有影響力的企業高級管理人員、立法部門或政府部門的官員等。行銷人員要有高超的遊說本領和談判技巧，以便能使這些「守門人」採取

積極合作的態度，從而達到預期目的。然而，單純靠權力，有時難以使企業進入市場並鞏固其在市場中的地位，而通過各種公共關係活動，逐漸在公眾中樹立起的良好的企業形象和產品形象，往往能收到更廣泛、更持久的效果。

（6）大市場行銷既採用積極的誘導方式，也採用消極的誘導方式。在大市場行銷條件下，對方可能提出超出合理範圍的要求，或者根本不接受積極的誘導方式。因此，有時要採用消極的誘導方式，「軟硬兼施」，促成交易。但消極的誘導方式有悖於職業道德，有可能引起對方的反感，因此要慎用或不用。

（7）大市場行銷投入的資本、人力、時間較多。在大市場行銷條件下，由於要與多個方面打交道，以逐步消除或減少各種壁壘，企業必須投入較多的人力和時間，花費較大的資本。

2. 戰略行銷組合（11P）

隨著對行銷戰略計劃過程的重視，1986年，美國著名市場行銷學家菲利浦·科特勒教授又提出了戰略行銷計劃過程的新觀點，指出戰略行銷計劃過程必須優先於戰術行銷組合（即4P組合）。戰略行銷計劃過程也可以用4P來表示，分別是探查（Probing）、分割（Positioning）、優先（Prioritizing）和定位（Positioning）。它將產品、定價、渠道、促銷稱為「戰術4P」，將探查、分割、優先、定位稱為「戰略4P」。該理論認為，企業在「戰術4P」和「戰略4P」的支撐下，運用「權力」和「公共關係」，可以排除通往目標市場的各種障礙。

戰略4P的含義如下：

（1）探查。即探查出市場由哪些人組成，市場是如何細分的，都需要些什麼，競爭對手是誰以及怎樣才能使競爭更有成效。市場行銷人員所採取的第一個步驟，就是要調查研究，即市場行銷調研（Marketing Research）。市場行銷調研是在市場行銷觀念的指導下，以滿足消費者需求為中心，用科學的方法，系統地收集、記錄、整理、分析有關市場行銷的情報資料，從而提出解決問題的建議，確保行銷活動順利進行。市場行銷調研是市場行銷的出發點。

（2）細分。即把市場分成若干部分，這是根據消費者需要的差異性，運用系統的方法，把整體市場劃分為若干個消費者群的過程。每一個市場上都有各種不同的人（顧客群體），且他們有許多不同的生活方式。比如：有些顧客要買汽車，有的要買機床，有的希望產品質量高，有的希望售後服務好，等等。分割的含義就是要區分不同類型的買主，即進行市場細分，識別差異性顧客群。

（3）優先。即在市場細分的基礎上，企業選擇所要進入的那部分市場，或要優先最大限度地滿足的那部分消費者。

（4）定位。即是指市場定位，其含義是根據競爭者在市場上所處的位置，針對消費者對產品的重視程度，強有力地塑造出本企業產品與眾不同的、給人印象鮮明的個性或形象，從而使產品在市場上確定適當的位置。換句話說，定位就是你必須在顧客心目中樹立某種形象。

科特勒認為，只有在做好戰略行銷計劃過程的基礎上，戰術行銷組合的制定才能順利進行。因此，企業首先必須做好探查（Probing）、分割（Partitioning）、優先（Prioritizing）和定位（Positioning）4 項行銷戰略計劃，並精通產品（Product）、地點（Place）、價格（Price）和促銷（Promotion）4 種行銷戰術，此外，企業還要善於運用公共關係（Public Relations）和政治權力（Politics Power）2 種行銷技巧。這樣，一個包含 10P 要素的全面的市場行銷戰略分析框架就清晰可見了。

在科特勒的理解中，應該還有第 11 個「P」，稱為「人」（People），指員工和顧客。「只有發現需求，才能滿足需求」，這個過程要靠員工實現。因此，企業要想方設法調動員工的積極性。顧客是企業行銷過程的一部分，比如網上銀行，客戶參與性就很強。這個 P 貫穿於市場行銷活動的全過程，是實現前面 10 個 P 的成功保證。

由上可見，11P 包括大市場行銷組合即 6P 組合（產品、價格、促銷、分銷、政府權力和公共關係）。6P 組合稱為市場行銷的策略，其確定得是否恰當，取決於市場行銷戰略 4P（探查、分割、優先和定位），最後一個 P（員工），貫穿於企業行銷活動的全過程，也是實現前面 10 個 P 的成功保證。

3. 服務市場行銷組合（7P）

隨著 20 世紀 70 年代以來服務業的迅速發展，越來越多的證據顯示，產品行銷組合要素的構成並不完全適用於服務行銷。與有形產品的行銷一樣，在確定了合適的目標市場後，服務行銷工作的重點同樣是採用正確的行銷組合策略，滿足目標市場顧客的需求，占領目標市場。但是，服務及服務市場具有若干特殊性，從而決定了服務行銷組合策略的特殊性。美國服務行銷學家布姆斯（Booms）和比特納（Bitner）針對服務的特殊性提出了擴展行銷組合，又稱服務行銷組合，即 7Ps 理論。其分別是：產品（Product）、定價（Price）、渠道（Place）、促銷（Promotion）、人員（People）、有形展示（Physical Evidence）和過程（Process）。7Ps 理論在傳統的 4Ps 的基礎上，根據服務業的特點，增加了有形展示（Physical evidence）、人員（Participants）和服務過程（Procedures）3 個組合因素。

（1）產品。服務產品必須考慮提供服務的範圍、服務質量、服務水準、品牌、保證以及售後服務等。服務產品的這些因素組合的差異相當大，例如，一家供應各種菜肴的小餐館和一家供應各色大餐的五星級大飯店的因素組合就存在著明顯差異。

（2）定價。價格方面要考慮的因素包括：價格水準、折扣、佣金、付款方式和信用。在區別一項服務和另一項服務時，價格是一種識別方式，顧客可從一項服務的價格感受到其價值的高低。而價格與質量間的相互關係，也是服務定價的重要考慮因素。

（3）渠道。服務提供者的所在地以及其地緣的便利性都是影響服務行銷效益的重要因素。地緣的便利性不僅是指實體意義上的便利，還包括傳導和接觸的其他方式，所以，分銷渠道的類型及其涵蓋的地區範圍都與服務便利性密切相關。

（4）促銷。促銷包括廣告、推銷、銷售促進、公共關係等各種市場行銷溝通方式。

（5）人員。在服務企業擔任生產或操作性角色的人員，在顧客看來其貢獻和其他銷售人員相同，大多數服務企業的特點是操作人員可能承擔服務表現和服務銷售的雙重任務。因此，市場行銷管理者必須和作業管理者協調合作。企業工作人員的任務極為重要，尤其是那些經營「高接觸度」服務業務的企業，所以，行銷管理者還必須重視雇員的挑選、培訓、激勵和控制。此外，對某些服務而言，顧客與顧客間的關係也

應引起重視，因為某顧客對一項服務產品質量的認知，很可能要受到其他顧客的影響。

（6）有形展示。有形展示會影響消費者對一家服務企業的評價。有形展示包含的因素有：實體環境（裝潢、顏色、陳設、聲音）、提供服務時所用的裝備實體（如汽車租賃公司所需要的汽車），以及其他實體性信息標志（如航空公司所使用的標志、干洗店將洗好的衣物加上的「包裝」等）。

（7）過程。在服務企業，人員的行為和過程很重要，工作人員的表情愉悅、專注和關切，可以減輕必須排隊等待服務的顧客的不耐煩感，還可以平息技術上出問題時的怨言或不滿。整個系統的運作政策和程序方法的採用、服務供應中機械化程度、員工決斷權的適用範圍、顧客參與服務操作過程的程度、諮詢與服務的流動等，都是市場行銷管理者需特別關注的問題。

4P 與 7P 之間的差別主要體現在 7P 的後 3 個 P 上。從總體上來看，4P 側重於早期行銷對產品的關注上，是實物行銷的基礎；而 7P 則側重於在產品之外的服務行銷上。

4. 4C 與 4R 組合

在以消費者為核心的商業世界中，廠商所面臨的最大挑戰之一便是：消費者的形態差異太大，隨著這一「以消費者為中心」時代的來臨，傳統的行銷組合 4P 已無法完全順應時代的要求，於是行銷學者提出了新的行銷要素。

（1）4C 組合。1990 年，美國行銷專家勞特朋先生在《廣告時代》上提出了市場行銷組合的新觀點——4C 組合。它強調企業首先應該把追求顧客滿意放在第一位，產品必須滿足顧客需求，同時降低顧客的購買成本，產品和服務在研發時就要充分考慮客戶的購買力；其次，要充分注意到顧客購買過程中的便利性；最後，應以消費者為中心實施有效的行銷溝通。

①顧客（Customer）。4C 組合認為，消費者是企業一切經營活動的核心，企業重視顧客要甚於重視產品，這體現在兩個方面：一是創造顧客比開發產品更重要；二是消費者需求和慾望的滿足比產品功能更重要。

②成本（Cost）。4C 組合將行銷價格因素延伸為生產經營全過程的成本，包括以下兩方面：一是企業生產成本，即企業生產適合消費者需要的產品成本。價格是企業行銷中值得重視的，但價格歸根究柢由生產成本決定，再低的價格也不可能低於成本。二是消費者購物成本。它不單是指購物的貨幣支出，還包括購物的時間、體力和精力耗費以及風險承擔（即消費者可能承擔因購買到質價不符或假冒偽劣產品而帶來的損失）。值得注意的是，近年來出現了一種新的定價思維，以往企業對於產品價格的思維模式是「成本—適當利潤—適當價格」，新模式則是「消費者接受的價格—適當的利潤—成本上限」。也就是說，企業界對於產品的價格定義，已從過去由廠商的「指示」價格，轉換成了消費者的「接受」價格，我們可以把這看作一場定價思維的革命。新的定價模式將消費者接受價格列為決定性因素，企業要想不斷追求更高利潤，就不得不想方設法降低成本，從而推動生產技術、行銷手段進入一個新的水準。

③便利（Convenience）。4C 組合強調企業提供給消費者的便利比行銷渠道更重要。便利，就是方便顧客，維護顧客利益，為顧客提供全方位的服務。便利原則應貫穿於行銷的全過程：產品銷售前，企業應及時向消費者提供充分的關於產品性能、質量、

使用方法及使用效果的準確信息；產品銷售中，企業應給顧客以最大的購物方便，如自由挑選、方便停車、免費送貨等；產品銷售後，企業更應重視信息反饋、及時答覆、處理顧客意見，對有問題的商品要主動包退包換，對產品使用故障要積極提供維修方便，對大件商品甚至要終身保修。目前國外經營成功的企業，無不在服務上下大功夫，很多企業為方便顧客，還開辦了熱線電話服務，諮詢導購、代購代送，遇到顧客投訴及時答覆，並根據情況及時為顧客安排專人維修和排除故障。與傳統的渠道戰略相比，4C組合更重視服務環節，強調企業既出售產品，也出售服務；消費者既購買到商品，也購買到便利。

④溝通（Communication）。4C組合用溝通取代促銷，強調企業應重視與顧客的雙向溝通，以積極的方式適應顧客的情感，建立基於共同利益之上的新型的企業、顧客關係。格朗普斯認為，企業行銷不僅僅是企業提出承諾，單向勸導顧客，更重要的是追求企業與顧客的共同利益，「互利的交換與承諾的實現是同等重要的」。同時，強調雙向溝通，應有利於協調矛盾，融合感情，培養忠誠的顧客，而忠誠的顧客既是企業穩固的消費者，也是企業最理想的推銷者。

4C組合是站在消費者的立場上重新反思行銷活動的諸要素，是對傳統4P理論的發展和深化。顯然，4C組合有助於行銷者更加主動、積極地適應市場變化，有助於行銷者與顧客達成更有效的溝通。

（2）4R組合。近年來，美國學者唐·舒爾茨教授（Don Shultz）提出了基於關係行銷的4R組合，受到了廣泛的關注。4R闡述了一個全新的市場行銷四要素，即關聯（Relevance）、反應（Response）、關係（Relationships）和回報（Returns）。

①與顧客建立關聯。在競爭性市場中，顧客具有動態性。顧客忠誠度是變化的，他們會轉向其他企業。要提高顧客的忠誠度，贏得長期而穩定的市場，重要的行銷策略是通過某些有效的方式在業務、需求等方面與顧客建立關聯，形成一種互助、互求、互需的關係。

②提高市場反應速度。在今天相互影響的市場中，對經營者來說最現實的問題不在於如何控制、制定和實施計劃，而在於如何站在顧客的角度及時地傾聽顧客的希望、渴望和需求，並及時答覆和迅速做出反應，滿足顧客的需求。

③重視關係行銷。在企業與客戶的關係發生了根本性變化的市場環境中，搶占市場的關鍵已轉變為與顧客建立長期而穩固的關係，從交易變成責任，從顧客變成朋友，從管理行銷組合變成管理和顧客的互動關係。

④回報是行銷的源泉。對企業來說，市場行銷的真正價值在於其為企業帶來短期或長期收入和利潤的能力。

4R理論以競爭為導向，在新的層次上概括了行銷的新框架，體現並落實了關係行銷的思想。即通過關聯、反應和關係，提出了如何建立關係、長期擁有客戶、保證長期利益的具體操作方式，這是一個具有里程碑意義的進步。反應機制為互動與雙贏、建立關聯提供了基礎和保證，同時也延伸和昇華了便利性。而回報則兼容了成本和雙贏兩方面的內容。這樣，企業為顧客提供價值和追求回報相輔相成、相互促進，客觀上達到了一種雙贏的效果。

第二節　市場行銷管理哲學

一、市場行銷管理哲學的含義

市場行銷管理哲學是指企業在開展市場行銷管理過程中，在處理企業、顧客、社會及其他利益相關者所持有的態度、思想和觀念。它是行銷活動及管理的基本指導思想，是一種觀念、一種態度或是一種企業思維方式。任何一個現代企業參加市場經營活動，都要受到一定的市場行銷觀念所支配，而市場行銷觀念是否符合市場的客觀實際，關係到現代企業的經營成敗。

市場行銷管理哲學的核心是正確處理企業、顧客和社會三者之間的利益關係。隨著生產和交換向縱深發展，社會、經濟與市場環境的變遷和企業經營經驗的累積，市場行銷管理觀念發生了深刻的變化。這種變化的基本軌跡是由企業利益導向轉變為顧客利益導向，再發展到社會利益導向。

在現代企業的市場行銷學中，十分強調現代企業要有正確的市場行銷觀念。這是因為：第一，現代企業的市場行銷決策和計劃需要企業管理人員去制定、執行、監督和控制，現代企業具體的市場行銷工作需要行銷人員去從事並完成。而這一系列經營管理活動都要按照一定的市場行銷觀念去進行。第二，任何現代企業都是在一定的環境下從事行銷活動的，當外界環境發生重大變化時，現代企業必須以正確的市場行銷觀念為指導，及時調整行銷策略。第三，現代企業市場行銷學實質上就是現代企業以正確的市場行銷觀念為指導，組織和從事市場行銷活動的學科。隨著市場經濟的發展，現代企業的市場行銷觀念也要隨之發生變化，這就要求建立與之相適應的市場行銷理論。因此，瞭解市場行銷觀念在實踐中的演變和現代企業市場行銷觀念的基本特徵，是現代企業管理者的一項重要任務。

二、市場行銷管理哲學的演進

1. 生產觀念

生產觀念是一種最古老的指導企業市場行銷活動的觀念。這種觀念認為，消費者喜愛那些可以到處買到並且價格低廉的產品，因而生產導向性企業的管理當局總是致力於獲得高生產率和廣泛的銷售覆蓋面。

生產觀念是在賣方市場下產生的。20世紀20年代之前，生產的發展不能滿足需求的增長，多數商品都處於供不應求的情況，在這種賣方市場下，只要有商品，質量過關、價格便宜，就不愁在市場上找不到銷路，有許多商品都是顧客上門求購。於是生產觀念就應運而生，在這種觀念的指導下，企業以產定銷，關注於集中一切力量來擴大生產、降低成本，生產出盡可能多的產品來獲取更多利潤。這種生產導向性企業提出的口號是「我們會生產什麼就賣什麼」，不講究市場行銷。

顯然，企業奉行生產觀念是有一定前提的：

（1）以產品供不應求的賣方市場為存在條件。在這種情況下，消費者最關心的是能否得到產品，而不會去注意產品的細小特徵，於是企業不愁其產品賣不出去，只需集中力量想方設法擴大生產。

（2）產品成本很高的企業，為了提高生產率、降低成本來擴大市場，也奉行生產觀念。例如，在20世紀初，美國福特汽車公司曾傾全力於汽車的大規模生產，以降低成本，使大多數美國人能買得起汽車，擴大福特汽車的市場；同時因其生產的T型車十分暢銷，根本無須推銷，以致亨利·福特這位汽車大王曾傲慢地宣稱：「不管顧客需要什麼顏色的汽車，我只有一種黑色的。」這是當時生產觀念的典型表現。

生產觀念並非在20世紀20年代以後就銷聲匿跡了。在一些特定的形勢下，如日本1945年戰敗後數年之內，因商品短缺、供不應求，生產觀念在企業經營管理中曾一度流行；中國在過去較長時間內，因物資短缺、供不應求，許多企業經營管理也奉行生產觀念，以產定銷，企業生產什麼就收購什麼，生產多少就收購多少，根本不重視市場行銷工作。可見，生產觀念在一定條件下是合理的，有指導作用。然而，一旦市場形勢發生了變化，比如說不再是賣方市場，而處於買方市場，生產觀念就不合時宜，會成為企業經營的嚴重障礙。因此，企業在新形勢下必須以新的觀念為指導。

2. 產品觀念

產品觀念也是一種古老的指導企業市場行銷的思想。這種觀念認為，消費者最喜歡那些高質量、多功能和有特色的產品，因而在產品導向型企業中，管理當局總致力於生產高值產品，並不斷地改進產品，使之日臻完美。

許多企業管理者認為，顧客欣賞精心製造的產品，他們能夠鑑別產品的質量和功能，並願意花較多的錢買質量上乘的產品。然而，由於企業管理者往往會深深地迷戀上自己的產品，對該產品在市場上是否迎合時尚，是否朝著不同的方向發展等關鍵問題缺乏敏感與關心，所以產品觀念容易導致「行銷近視症」，即不適當地把注意力放在產品上，而不是放在消費者的需求上。有這樣一個故事：一位辦公室文具櫃製造商認為他的文具櫃一定好銷，因為它們是世界上最好的櫃子。他自豪地說：「這些櫃子即便從四層樓扔下去也能完好無損。」他的銷售經理對此表示贊同，但補充了一句：「不過我們的顧客並不打算把它們從四層樓往下扔。」

產品觀念的奉行，曾使許多企業患上了「行銷近視症」。這些企業將自己的注意力集中在現有產品上，集中主要的技術、資源進行產品的研究和大規模生產，他們看不到消費者需求的不斷發展變化，以及對產品提出的新要求；看不到新的需求帶來了產品的更新換代，以及在新的市場形勢下，行銷策略應隨市場情況的變化而變化，以為只要有好的產品就不怕顧客不上門，以產品之不變去應市場之萬變，因而不能隨顧客需求變化以及市場形勢的發展去預測和順應這種變化，樹立新的市場行銷觀念和策略，最終導致企業經營的挫折和失敗。

3. 推銷觀念

推銷觀念（或稱銷售觀念）是被許多現代企業所採用的一種觀念。這種觀念認為，消費者通常有一種購買惰性或抗衡心理，如果順其自然的話，消費者就不會足量購買某一產品，因而現代企業必須積極推銷和大力促銷，以刺激消費者大量購買本企業的

產品。其指導思想是：「我們賣什麼產品，就設法讓人們買什麼產品。」這種觀念使許多現代企業的領導者認識到，現代企業不能只集中力量發展生產，即使有物美價廉的產品，也必須保證這些產品能被人購買，企業才能生存和發展。

推銷觀念是在資本主義經濟從賣方市場向買方市場轉變過程中產生的。它流行於20世紀30年代至50年代。在這個時期，科學技術有了很大發展，生產的產品迅速增加，供求狀況發生了變化，雖然買方市場未最後形成，但企業之間競爭日趨激烈，銷售問題暴露出來，在經濟危機時表現得更加嚴重，企業倒閉時有發生，產品的銷路問題成了企業生存和發展的關鍵。這種客觀形勢的發展，使企業感到僅有物美價廉的產品還是不夠的，要在競爭中獲取更多利潤，還必須重視和加強產品的推銷工作。於是，現代企業開始重視廣告、推銷和市場調查，逐漸關心產品銷售狀況，而不像過去那樣僅僅關心產品的產量。例如，在1930年以後，美國皮爾斯堡麵粉公司發現推銷其產品的中間商，有的開始從其他廠家進貨。為了尋求中間商，公司的口號改為「本公司旨在推銷麵粉」，並第一次在公司內部成立了市場調研部門，派出大量推銷人員從事推銷業務。

與前兩種觀念一樣，推銷觀念也是建立在以企業為中心、「以產定銷」的觀念上的，而不是滿足消費者真正需要的基礎上的。

4. 市場行銷觀念

(1) 市場行銷觀念概述

市場行銷觀念認為，實現企業目標、獲取最大利潤的關鍵在於以市場需求為中心組織企業行銷活動，有效地滿足消費者的需求和慾望。其指導思想是「顧客需要什麼產品，我就生產什麼產品」或「生產消費者需求的產品」。

20世紀50年代以後，隨著科學技術的飛速進步和生產的不斷發展，美國等發達資本主義國家，已經由個別產品供過於求的買方市場，變為總量產品供過於求的買方市場。並且，由於個人收入和消費水準的提高，市場需求瞬息萬變，買方優勢地位加強，尤其是企業之間競爭加劇。企業生產什麼和生產多少的決定權掌握在消費者手裡，消費者是決定企業命運的人。在此形勢下，現代企業只有注重產前的市場調研，從消費者需求出發，組織生產經營活動，才能在競爭中立於不敗之地。例如，「狀元紅」酒二進上海取得了成功，就是由於其樹立了正確的市場行銷觀念，他們對一進上海的敗因進行了反省和深思，發現主要原因是自己的經營觀念保守陳舊，因而對症下藥，下大力氣深入調查上海的市場情況，尋找、確定目標市場，並且針對目標市場的特點，在產品品種、式樣、包裝、商標、分銷渠道、促銷等方面大做文章，終於敲開了上海市場的大門。簡單地說，導致「狀元紅」酒二進上海成功的根本原因是廠家確立了以市場、消費者需要為導向的市場行銷觀念。菲利普・科特勒把這種觀念的要點解釋為：「實現組織目標的關鍵在於正確確定目標市場的需要和慾望，並且比競爭對手更有效、更有利地傳送目標市場所期望滿足的東西。」有了這種觀念，再加上行銷手段的適當配合，才有可能為行銷活動的成功鋪平道路。

(2) 行銷觀念與傳統觀念的區別

市場行銷作為一種活動雖有悠久的歷史，但它作為一種企業行銷觀念，卻是在

20 世紀 50 年代產生的。市場行銷觀念的產生，是市場觀念的一次質的飛躍，它不僅改變了傳統的生產觀念、產品觀念和推銷觀念的邏輯思維方法，而且在經營策略和方法上也有很大突破，表現在：

第一，傳統觀念以生產為中心，以產品為出發點，而市場行銷觀念則以消費者為中心，以顧客需要為出發點。

第二，傳統觀念的手段是銷售推廣，而市場行銷觀念則著眼於市場行銷手段的綜合運用。

第三，傳統觀念以增加生產、提高質量或擴大銷售來獲取利潤，而市場行銷觀念則從滿足消費者的需要中獲取利潤。

（3）市場行銷觀念的支柱

在市場行銷觀念的指導下，企業的行銷活動的出發點是市場，工作重點是顧客需求，即以需求為中心，通過綜合運用產品、價格、分銷和促銷等行銷工具，從各方面滿足和實現消費者需求，進而通過顧客滿意獲得利潤。市場行銷觀念的四個主要支柱是：目標市場、顧客需要、協調行銷和盈利性。

①目標市場。企業在從事行銷活動時，必須選擇目標市場，進行目標市場行銷。從市場行銷發展史考察，企業起初實行大量市場行銷，後來隨著市場形勢變化轉為實行產品差異行銷，最後發展為目標市場行銷。西方國家在工業化初期，由於物質短缺，生產在市場中佔有主導地位，企業紛紛實行大量市場行銷，即大量生產某種產品並通過眾多的渠道大量推銷產品，試圖用這一產品來吸引市場上的所有購買者。在當時的經濟條件下，企業採用這種行銷模式，即提供大量價格低廉的某種產品給所有顧客，取得了豐厚的利潤。後來，隨著科學技術進步，科學管理和大規模生產的推廣，產品數量迅速增加，賣主之間的競爭日趨激烈。由於同一行業中各個賣主的產品大體相似，因此，在競爭中企業不能控制產品的銷售價格，這樣，一些賣主開始認識到產品差異的重要性，實行產品差異策略的行銷，即企業生產銷售多種外觀、式樣、質量、型號的產品。但是，這時的產品差異策略的制定不是根據消費者的需求的差異性，而是僅僅為了區別於競爭者，易於控制銷售價格，即不是由市場細分產生的。到 20 世紀 50 年代，處在買方市場形勢下的西方企業紛紛接受市場行銷觀念，開始實行目標市場行銷，即企業認識到了整個市場不是同質的，消費者的慾望和購買力是有差異的。因此，企業尤其是現代企業必須對消費者需求進行識別、評價，然後根據消費者需求差異性進行市場細分。在此基礎上，選擇其中一個或幾個細分市場作為目標市場，按照不同細分市場消費者的需求，運用適當的市場行銷組合，滿足目標市場需要。

②顧客需要。市場行銷觀念認為，顧客需要是企業行銷活動的出發點，但是認識顧客的需要和慾望並非是一件容易的事情。行銷人員要透過消費者行為洞察消費者的內心世界，仔細分析目標市場消費者的真正需要，以及目標市場中消費者需要的細微差別，從而有針對性地滿足這些需要。在分析顧客需要時要注意從顧客觀點出發來確定顧客需要，因為所有產品的品質、產品的文化品位都取決於消費者認識，只有與消費者進行充分溝通，瞭解其產品知識、品牌網絡的知識、產品的效用需求及其評價標準、消費者的個性品位等特徵，才能找準顧客心理，贏得消費者。在分析顧客需要時，

還要注意顧客需求的變化。消費者的需求是不斷發展和改變的，這要求現代企業的行銷人員要時刻傾聽消費者的聲音，與消費者時刻保持雙向溝通。只有這樣，才能保留顧客，形成顧客忠誠。

③協調行銷。協調行銷包括兩層含義：第一，現代企業的各種行銷工具和行銷活動必須密切配合、緊密協調。目標市場選擇、市場定位以及各種行銷工具的運用必須從顧客需求和顧客觀點出發進行彼此協調。如果企業把高收入者作為目標市場，市場定位為優質高價，則產品策略必須在產品質量、產品設計和包裝上保持一流；價格策略必須符合消費者身分和地位以及和產品品質保持一致；分銷則應考慮產品的定位和高收入者的消費行為，採用選擇性分銷或獨家分銷的形式，分銷商應選擇有聲望、專門銷售頂級品牌和優質產品的分銷商；促銷所傳達的信息也應符合目標市場和市場定位戰略。第二，行銷部門必須與其他部門進行協調。市場行銷觀念認為，只有現代企業的所有員工和部門都為顧客需要和滿意而工作時，行銷工作才能順利開展。為此，現代企業要進行內部行銷。內部行銷是指訓練和盡可能地激勵員工很好地為顧客服務。

④盈利性。市場行銷觀念認為，市場行銷活動的立足點不是利潤本身，而是把獲得利潤看成是實現顧客需要的副產品。但這並不是說市場行銷觀念認為利潤不重要，恰恰相反，市場行銷觀念認為盈利性對現代企業是很重要的，問題的關鍵是通過調查，瞭解消費者的需要，發現市場，找到獲利機會。

5. 社會行銷觀念

社會行銷觀念認為，企業的任務在於確定目標市場的需要、慾望和利益，比競爭者更有效地使顧客滿意，同時還要滿足消費者和社會的長遠利益。

社會行銷觀念產生於20世紀70年代，是對市場行銷觀念的補充與修正。市場行銷觀念的中心是滿足消費者的需求與願望，進而實現企業的利潤目標。但往往出現這樣的現象，即在滿足個人需求時，與社會公眾的利益發生矛盾，一些企業的行銷努力可能不自覺地造成社會的損失。例如，中國在2000年以前絕大多數企業生產的各種洗滌品都含磷，嚴重地污染了江河湖海，而我們人類又要從江河湖海中得到魚蝦等各種物質，因此，給人類的身體健康帶來了很大的危害。又如，軟性飲料滿足了人們對方便的需求，但大量包裝瓶罐的使用對社會財富造成了很大的浪費。為了應對這些問題，西方學者提出了社會行銷觀念。即企業決策者在確定經營目標時，既要考慮市場需求，同時又要注意消費者的長遠利益和社會的長遠利益。與單純的市場行銷觀念比較，社會行銷觀念考慮了兩方面利益：一方面是消費者利益，另一方面是社會的長遠利益。可見，社會行銷觀念彌補了市場行銷觀念迴避消費者需要、消費者利益和社會長期利益之間關係的現實，把目標市場需求、企業優勢與社會利益三者有機結合起來，從而確定企業的經營方向與經營行為。

對於市場行銷觀念的四個支柱（目標市場、顧客需求、協調行銷和盈利性），社會行銷觀念都作了修正。一是以消費者為中心，採取積極的措施。例如，提供給消費者更多、更快、更準確的信息，改進廣告與包裝，增進產品的安全感和減少環境污染，增進並保護消費者的利益。二是協調行銷活動，即視企業為一個整體，全部資源統一運用，更有效地滿足消費者的需要。三是求得顧客的真正滿意，即視利潤為顧客滿意

的一種報酬，視企業的滿意利潤為顧客滿意的副產品，不是把利潤擺在首位。上述修正同時要求企業改變決策程序。在市場行銷觀念指導下，決策程序首先是決定利潤目標，其次是尋求可行的方法來達到利潤目標。社會市場行銷觀念則要求，決策程序應首先考慮消費者與社會的利益，尋求有效的滿足與增進消費者利益的方法，其次再考慮利潤目標，權衡預期的投資報酬率是否值得投資。這種決策程序的改變，並未否定利益目標及其價值，只是將消費者利益置於利潤目標之上。

第三節　顧客價值與顧客滿意

一、顧客滿意

1. 顧客滿意的含義

顧客滿意（Customer Satisfaction，CS）是顧客的一種感覺狀態的水準，它來源於對一件產品所設想的績效或產出與顧客的期望所進行的比較。

顧客滿意於20世紀80年代興起於美國，90年代後成為一種潮流。其中心思想是要站在顧客的立場上考慮和解決問題，要把顧客的需要和滿意放到一切考慮因素之首。

顧客的滿意水準狀態主要有三種：不滿意、滿意、十分滿意。在激烈的市場競爭中，高度的滿意能培養顧客對品牌的忠誠度。

通過滿足需求達到顧客滿意，最終實現包括利潤在內的企業目標，是現代市場行銷的基本精神。這一觀念上的變革及其在管理中的運用，曾經使美國等西方國家在20世紀50年代後期和60年代在商業上十分繁榮，以及使一批跨國公司快速成長。然而，實踐證明，現代市場行銷管理哲學觀念的真正貫徹和全面實施，並不是輕而易舉的。對於許多企業來說，儘管以顧客為中心的基本思想是無可爭辯的，但是，這個高深理論和企業資源與生產能力之間的聯繫卻很脆弱。因此，進入20世紀90年代以來，許多學者和企業管理者圍繞行銷概念的真正貫徹問題，將注意力逐漸集中到兩個方面：①通過質量、服務和價值實現顧客滿意；②通過市場導向的戰略奠定競爭基礎。顧客購買產品後是否滿意，取決於其實際感受到的績效與期望的差異，是顧客的一種主觀感覺狀態，是顧客對企業產品和服務滿足需要程度的體驗和綜合評估。研究表明，顧客滿意既是顧客本人再購買的基礎，也是影響其他顧客購買的要素。對企業來說，前者關係到能否保持老顧客，後者關係到能否吸引新顧客。因此，使顧客滿意是企業贏得顧客，佔領和擴大市場，提高效益的關鍵。

有關研究還進一步表明，吸引新顧客要比維繫老顧客花費更高的成本。在激烈競爭的市場上，留住老顧客、培養顧客忠誠感具有重大意義。而要有效地留住老顧客，僅僅使其滿意還不夠，要使其高度滿意。一項消費者調研資料顯示，44%宣稱滿意的消費者經常改變其所購買的品牌，而那些十分滿意的顧客卻很少改變。這些情況說明，高度的滿意能培養一種對品牌在感情上的吸引力，而不僅僅是一種理性偏好。企業必須十分重視提高顧客的滿意程度，爭取更多高度滿意的顧客，建立起高度的顧客忠誠。

因此，現代企業必須十分瞭解顧客讓渡價值，通過企業的全面變革和全員努力，建立「顧客滿意第一」的良性機制，使自己成為真正面向市場的企業。

2. 實施顧客滿意戰略的途徑

(1) 開發顧客滿意的產品

顧客滿意戰略要求企業的全部經營活動都要以滿足顧客的需要為出發點，所以企業必須熟悉顧客、瞭解用戶，即要調查他們的現實和潛在的需求，分析他們購買的動機和行為、能力和水準，研究他們的消費習慣、興趣和愛好。只有這樣，企業才能科學地確定產品的開發方向和生產數量，準確地選擇服務的具體內容和重點對象。把顧客需求作為企業開發產品的源頭是顧客滿意行銷戰略中較重要的一環。例如，有人總結出吸引老人的商品主要有以下特徵：舒適、安全、便於操作、有利於交際以及體現傳統價值觀。夏普電器公司通過調查統計發現，購買該公司微波爐的老年顧客僅占顧客總人數的三分之一，其原因是他們覺得微波爐的操作十分複雜。因此，該公司增設了一塊易於操作的控制面板。此後，購買這種微波爐的老年顧客日趨增多。

招攬年輕的消費者，則要注意產品和服務的教育性或娛樂性，同時應是保護地球和人類生存環境的無公害、無污染的「綠色產品」。隨著全球經濟的發展，地球生態平衡遭到了嚴重破壞，人們已感到生活在一個不安全、不健康的環境中，故而環境保護意識開始覺醒。大多數人在購買商品時更多地從自身健康、安全和是否有利於環境來加以選擇，他們寧願多付 10% 的價錢購買對環境無害、對自身健康有利的商品。有研究表明，40% 的歐洲人更喜歡購買環保產品而不是傳統產品。於是一些頗有眼光的商人開始轉變其傳統行銷戰略，在傳統行銷方式上加上環保因素，即企業從生產技術到產品設計、材料選擇、包裝方式、廢棄物的處置方式，直至產品消費過程，都注意對環境的保護。因此，企業要多設計、生產出可回收、易分解、部件或整機可翻新和循環利用的產品，以滿足當今年輕人的需要。例如，歐美一些汽車公司正在改變生產方式，設計、生產出各種節省燃料、原材料可回收、噪聲較低的汽車。

(2) 提供顧客滿意的服務

要提供給顧客滿意的服務，就要不斷地完善服務系統，最大限度地使顧客感到安心和便利。為此，企業需做好如下工作：①在價格設定方面，要力求公平價格、明碼標價、優質優價和基本穩定；②在包裝方面，既要安全，也要方便，不要讓顧客使用商品時感到不方便、不稱心；③經營中要足斤足尺，童叟無欺；④在售後服務方面，一要訪問，二要幫助安裝，三要傳授使用技術，四要提供零配件，幫助維修。

熱情、真誠、為顧客著想的服務給顧客帶來滿意，而令人滿意又是顧客再次上門的主要原因。生意是否成功，就要看顧客是否再上門。美國哈佛《商業評論》發表的一項研究報告指出：「公司利潤的 25%～85% 來自於再次光臨的顧客，而吸引他們再來的因素，首先是服務質量的好壞，其次是產品本身，最後才是價格。」據美國汽車業的調查表明，一個滿意的顧客會引發 8 筆潛在生意，其中至少有 1 筆成交；而一個不滿意的顧客會影響 25 個人的購買意願。爭取一位新顧客所花的成本是保住一位老顧客所花成本的 6 倍。有一位名叫吉拉德的美國汽車經銷商，每個月要寄出 13,000 張卡片，任何一位從他那裡購買汽車的顧客每月都會收到有關購後情況的詢問，這一方法，使

（3）進行顧客滿意觀念教育

這是指對企業全體員工進行顧客滿意觀念教育，使「顧客第一」的觀念深入人心，使全體員工能真正瞭解和認識到顧客滿意的重要性，並形成與此相適應的企業文化，一種對顧客充滿愛心的觀念和價值觀。

（4）建立顧客滿意分析方法體系

這是指用科學的方法和手段來檢測顧客對企業產品和服務的滿意程度，及時反饋給企業管理層，為企業不斷改進工作，及時、真正地為滿足顧客的需要服務。

現代企業活動的基本準則應是使顧客感到滿意。因為在信息社會，企業要保持技術上的優勢和生產率的領先已經越來越不容易，企業必須把工作重心轉移到顧客身上。從某種意義上說，使顧客感到滿意的企業才是不可戰勝的。

二、顧客讓渡價值

1. 顧客讓渡價值的含義

顧客讓渡價值是指顧客總價值與顧客總成本之間的差額。顧客總價值是指顧客購買某一產品與服務所期望獲得的一組利益。顧客總成本是指顧客為購買某一產品所耗費的時間、精神、體力以及所支付的貨幣資金等成本。

由於顧客在購買產品時，總希望把有關成本包括貨幣、時間、精神和體力等降到最低限度，而同時又希望從中獲得更多的實際利益，以使自己的需要得到最大限度地滿足。因此，顧客在選購產品時，往往從價值與成本兩個方面進行比較分析，從中選擇出價值最高、成本最低，即顧客讓渡價值最大的產品作為優先選購的對象。

現代企業為在競爭中戰勝對手，吸引更多的潛在顧客，就必須向顧客提供比競爭對手具有更多顧客讓渡價值的產品，這樣，才能提高顧客滿意程度，進而使顧客更多地購買企業的產品。為此，現代企業可從兩個方面改進自己的工作：一是通過改進產品、服務、人員與形象，提高產品的總價值；二是通過改善服務與促銷網絡系統，減少顧客購買產品的時間、精神與體力的耗費，從而降低貨幣與非貨幣成本。

2. 顧客購買的總價值

使顧客獲得更大顧客讓渡價值的途徑之一，是增加顧客購買的總價值。顧客總價值由產品價值、服務價值、人員價值和形象價值構成，其中每一項價值的變化均對總價值產生影響。

（1）產品價值。產品價值是由產品的功能、特性、品質、品種與式樣等所產生的價值。它是顧客需要的中心內容，也是顧客選購企業產品的首要因素。因而一般情況下，它是決定顧客購買總價值大小的關鍵和主要因素。產品價值是由顧客需要來決定的，在分析現代企業產品價值時應注意：①在經濟發展的不同時期，顧客對產品的需要有不同的要求，構成產品價值的要素以及各種要素的相對重要程度也會有所不同。②在經濟發展的同一時期，不同類型的顧客對產品價值也會有不同的要求，在購買行為上顯示出極強的個性特點和明顯的需求差異性。因此，這就要求現代企業必須認真分析不同經濟發展時期顧客需求的共同特點以及同一發展時期不同類型顧客需求的個

性特徵，並據此進行產品的開發與設計，增強產品的適應性，從而為顧客創造更大的價值。

（2）服務價值。服務價值是指伴隨產品實體的出售，企業向顧客提供的各種附加服務，包括產品介紹、送貨、產品保證等所產生的價值。服務價值是構成顧客總價值的重要因素之一。在現代企業行銷實踐中，隨著消費者收入水準的提高和消費觀念的變化，消費者在選購產品時，不僅注意產品本身價值的高低，而且更加重視產品附加價值的大小。特別是在同類產品的質量與性質大體相同或類似的情況下，企業向顧客提供的附加服務越完備，產品的附加價值越大，顧客從中獲得的實際利益就越大，從而購買的總價值越大；反之，則越小。因此，在提供優質產品的同時，向消費者提供完善的服務，已成為現代企業市場競爭的新焦點。

（3）人員價值。人員價值是指企業員工的經營思想、知識水準、業務能力、工作效益與質量、經營作風、應變能力等所產生的價值。企業員工直接決定著企業為顧客提供的產品與服務的質量，決定著顧客購買總價值的大小。一個綜合素質較高又具有顧客導向經營思想的工作人員，會比知識水準低、業務能力差、經營思想不端正的工作人員為顧客創造更高的價值，從而創造更多的滿意的顧客，進而為企業創造市場。人員價值對現代企業、對顧客的影響作用是巨大的，並且這種作用往往是潛移默化、不易度量的。因此，高度重視現代企業人員綜合素質與能力的培養，加強對員工日常工作的激勵、監督與管理，使其始終保持較高的工作質量與水準就顯得至關重要。

（4）形象價值。形象價值是指企業及其產品在社會公眾中形成的總體形象所產生的價值。它包括企業的產品、技術、質量、包裝、商標、工作場所等所構成的有形形象所產生的價值，員工的職業道德行為、經營行為、服務態度、作風等行為形象所產生的價值，以及企業的價值觀念、管理哲學等理念形象所產生的價值等。形象價值與產品價值、服務價值、人員價值密切相關，在很大程度上是上述三個方面價值綜合作用的反應和結果，形象對於現代企業來說是寶貴的無形資產，良好的形象會對現代企業的產品產生巨大的支持作用，賦予產品較高的價值，從而帶給顧客精神上和心理上的滿足感、信任感，使顧客的需要獲得更高層次和更大限度的滿足，進而增加顧客購買的總價值。因此，現代企業應高度重視自身形象塑造，為企業進而為顧客帶來更大的價值。

3. 顧客購買的總成本

使顧客獲得更大顧客讓渡價值的另一途徑，是降低顧客購買的總成本。顧客總成本不僅包括貨幣成本，而且還包括時間成本、精神成本、體力成本等非貨幣成本。一般情況下，顧客購買產品時首先要考慮貨幣成本的大小，因此，貨幣成本是構成顧客總成本大小的主要和基本因素。在貨幣成本相同的情況下，顧客在購買時還要考慮所花費的時間、精神、體力等，因此這些成本也是構成顧客總成本的重要因素。這裡我們主要考察後面三種成本。

（1）時間成本。在顧客總價值與其他成本一定的情況下，時間成本越低，顧客購買的總成本越小，從而顧客讓渡價值越大。以餐飲服務企業為例，顧客在購買飯菜時，常常需要等候一段時間才能進入正式購買或消費階段，特別是在營業高峰期更是如此。

在服務質量相同的情況下，顧客等候購買該項服務的時間越長，所花費的時間成本就會越大，購買的總成本也就會越大。同時，等候時間越長，越容易引起顧客對該企業的不滿意感，從而中途放棄購買的可能性亦會增大，反之亦然。因此，努力提高工作效率，在保證產品與服務質量的前提下，盡可能減少顧客的時間支出，降低顧客的購買成本，是為顧客創造更大的顧客讓渡價值、增強現代企業產品市場競爭能力的重要途徑。

（2）精力成本（精神與體力成本）。精力成本是指顧客購買產品時，在精神、體力方面的耗費與支出。在顧客總價值與其他成本一定的情況下，精神與體力成本越小，顧客為購買產品所支出的總成本就越低，從而顧客讓渡價值就越大。消費者購買產品的過程是一個從產生需求、尋找信息、判斷選擇、決定購買到實施購買，以及購後感受的全過程。在購買過程的各個階段，均需付出一定的精神與體力。如當消費者對某種產品產生了購買需求後，就需要搜集這種產品的有關信息。消費者為搜集信息而付出的精神與體力的多少，會因購買情況的複雜程度不同而有所不同。就複雜購買行為而言，消費者一般需要廣泛、全面地搜集產品信息，因此需要付出較多的精神與體力。對於這類產品，如果企業能夠通過多種渠道向潛在顧客提供全面、詳盡的信息，就可以減少顧客為獲取產品情報所花費的精神與體力，從而降低顧客購買的總成本。因此，現代企業應採取有效措施，這對增加顧客購買的實際利益，降低購買的總成本，獲得更大的顧客讓渡價值具有重要意義。

4. 顧客讓渡價值的意義

現代企業樹立顧客讓渡價值觀念，對於加強市場行銷管理、提高現代企業經濟效益，具有十分重要的意義。

（1）顧客讓渡價值的多少受顧客總價值與顧客總成本兩方面因素的影響。其中顧客總價值是產品價值、服務價值、人員價值和形象價值等因素的函數，其中任何一項價值因素的變化都會影響顧客總價值。顧客總成本是包括貨幣成本、時間成本、精力成本等因素的函數，其中任何一項成本因素的變化均會影響顧客總成本，由此影響顧客讓渡價值的大小。同時，顧客總價值與總成本的各個構成因素的變化及其影響作用不是各自獨立的，而是相互作用、相互影響的。某一項價值因素的變化不僅影響其他相關價值因素的增減，從而影響顧客總成本的大小，而且還影響顧客讓渡價值的大小，反之亦然。因此，現代企業在制定各項市場行銷決策時，應綜合考慮構成顧客總價值與總成本的各項因素之間的這種相互關係，從而用較低的生產與市場行銷費用為顧客提供具有更多的顧客讓渡價值的產品。

（2）不同的顧客群對產品價值的期望與對各項成本的重視程度是不同的。現代企業應根據不同顧客的需求特點，有針對性地設計和增加顧客總價值，降低顧客總成本，以提高產品的實用價值。例如，對於工作繁忙的消費者而言，時間成本是最為重要的因素，現代企業應盡量縮短消費者從產生需求到具體實施購買的時間，最大限度地滿足和適應其求速、求便的心理要求。總之，現代企業應根據細分市場顧客的不同需要，努力提供實用價值強的產品，這樣才能增加其購買的實際利益，減少其購買成本，使顧客的需要獲得最大限度的滿足。

（3）現代企業為了爭取顧客，戰勝競爭對手，鞏固或提高產品的市場佔有率，往往採取顧客讓渡價值最大化策略。追求顧客讓渡價值最大化的結果卻往往會導致成本增加，利潤減少。因此，在市場行銷實踐中，現代企業應掌握一個合理的度的界線，而不應片面追求顧客讓渡價值最大化，以確保實行顧客讓渡價值所帶來的利益超過因此而增加的成本費用。換言之，現代企業顧客讓渡價值的大小應以能夠實現現代企業的經營目標為原則。

第四節　企業市場行銷道德

市場行銷道德是用來判定市場行銷活動正確與否的道德標準，即判斷企業行銷活動是否符合廣大消費者及社會的利益，能否給廣大消費者及社會帶來最大幸福，這是涉及企業經營活動的價值取向並貫穿於企業行銷活動始終的重要問題。

一、市場行銷道德概述

道德是社會意識形態之一，是社會調整人們之間以及個人和社會之間的關係的行為規範的總和。市場行銷道德可以界定為調整企業與所有利益相關者之間的關係的行為規範的總和，是客觀經濟規律及法制以外制約企業行為的另一要素。道德是由社會的經濟基礎所決定，並為一定經濟基礎服務的，任何道德都具有歷史性。市場行銷道德在不同的社會制度下和不同的歷史時期，評判標準可能有所差異。在市場經濟條件下，法制總是體現各個國家統治階級的意志，法制與反應人們利益的道德標準有時也並不一致。在研究和認定行銷道德時，評判標準也應有明確的是非、善惡觀念。市場行銷道德的最根本的準則，應是維護和增進全社會和人民的長遠利益。

二、市場行銷道德的評價

關於道德合理性的評價，倫理學家們提出了功利論與道德論兩大理論。

1. 功利論

這種理論最有影響的代表人物是英國的杰里米·邊沁和約翰·穆勒。功利論主要以行為後果來判斷行為的道德合理性，如果某一行為給大多數人帶來最大幸福，該行為就是道德的，否則就是不道德的。

如何界定功利？一般認為，功利是指事物的內在價值或者內在的善，而不是外在價值或道德上的善。內在的善是指健康、快樂等非道德意義上的內在價值。外在的善是一種手段的善。某事物是否具有外在的善，是需要通過它能否獲取「內在的善」的能力來證明。例如，獲得更多的財富使人們的生活更加幸福、快樂，它就是外在的善。按照邊沁和穆勒的觀點，功利完全等於幸福和快樂。並且認為，幸福和快樂是可以衡量和比較的。邊沁認為：「總計所有快樂和痛苦的全部價值，然後加以比較，如果餘額在快樂的方面，則表明行為總體上表現為善的傾向；反之，則表現為惡的傾向。」現在許多功利主義者傾向於把「內在的善」擴大到知識、友誼、愛情、美等方面，而不只

理解為幸福和快樂。

功利理論強調行為的後果，並以此判斷行為的善惡。一種行為在善惡相抵後，淨善存在，且由於存在其他行動方案的功利，該項行為才是符合道德的。功利理論對行為後果的看法，主要有兩種典型代表：一種是利己功利主義，它是以人性自私為出發點，但它並不意味著在道德生活中因為自身利益去損害他人和集體的利益。因為他們深知，自身利益有賴於集體和社會利益的增進，一味地追求自身利益而不顧他人利益，最終會損害自己的利益。另一種是以穆勒為代表的普遍功利主義，它拋棄了利己主義原則。普遍功利主義認為，行為道德與否取決於行為是否普遍為大多數人帶來最大幸福；同時認為，為了整體的最大利益，必要時個體應不惜犧牲個人利益。當代功利者大多傾向於採用普遍功利主義原則來判斷行為的道德性。

2. 道義論

道義論是從處理事物的動機來審查是否具有道德，而不是從行動的後果來判斷，並且從直覺和經驗中歸納出某些人們應當遵守的道德責任和義務，以這些義務履行與否來判斷行為的道德性。道義論認為，某些行為是否符合道德不是由行為結果而是由行為本身內在特性所決定的。也就是說，判斷某一行為是否具有道德性，只需要根據本身的特徵加以確定，而不一定要根據行為的「善」「惡」後果，即符合義務原則的要求時便是道德的。例如，企業之間簽訂經濟合同，它們必須履行合同義務，否則經營活動便會癱瘓。

道義論還強調行為的動機和行為的善惡的道德價值。例如，有三個企業都進行同一工程的投資（如「希望工程」），甲企業是為了樹立企業的良好形象以便今後打開其經營之路；乙企業是為了撈取政治資本；丙企業是為了履行企業的社會責任。很顯然，丙企業的投資行為是來自盡義務的動機，因而更具有道德性。

道義論是從人們在生活中應承擔責任與義務的角度出發，根據一些普遍接受的道德義務規則來判斷行為的正確性，是有現實意義的。事實上，誠實信用、公正公平、不偷竊、不作惡和知恩圖報等品行已經被大多數人視為一種基本的道德義務並付諸行動，而且這些義務準則已經被廣泛應用於各個國家法律、公司政策及商業慣例等方面。

西方道義論的道德觀主要有以下幾種論點：

（1）顯要義務論。英國的羅斯（W. D. Ross）在1930年出版的《「對」與「善」》一書中，系統地提出了「顯要義務」或「顯要責任」的觀念。所謂顯要義務，是指在一定時間、一定環境中人們自認為合適的行為。在多數場合，正常的人們往往不用推敲便明確自己應當做什麼，並以此作為一種道德義務。羅斯提出了以下6條基本的顯要義務：

①誠實。要求企業在市場行銷中應信守諾言，履行合約，避免欺騙和誤導性宣傳，對過失予以補救，使產品或服務適合消費者的預期要求。

②感恩。要求企業以知恩圖報的方式，處理好與自己有長期友好合作關係的供應商、中間商、客戶及其他利益相關者的關係，在他們遇到困難時給予適當的支持和幫助。

③公正。要求企業在相同條件下不厚此薄彼，在招標、簽約等活動中不以主觀好

惡或回扣多少做出決定。

④行善。要求企業助人為樂，熱心社會公益事業；當公司利益和公眾利益發生矛盾時，企業應以後者為重，拒絕做出損害社會公眾的行為。

⑤自我完善。企業應盡其所能生產符合社會需要的產品，使自身潛力和美德得到最大的發揮，實現自身價值。

⑥不作惡。企業在行銷活動中要堅決避免欺行霸市、強買強賣等不道德行為。

羅斯將上述6項顯要義務解釋為在一定時間、一定環境中人們自認為合適的行為，即在多數場合無須仔細推敲，人們便明白自己應當做什麼和怎樣做。倘若6項顯要義務之間發生衝突，人們憑藉其正確的直覺，也會做出優先履行何種顯要義務的選擇。顯要義務理論對於市場行銷道德建設的意義在於，它鼓勵市場行銷人員如實履行憑藉直覺意識所應承擔的責任和義務，並強調這些責任和義務貫穿在行銷活動中無處不在的全過程，從而避免了單純功利觀點（只看結果、不問過程）的片面性。但是，這種理論將高層行銷中的道德責任和義務完全歸結為正常人的直覺和意識的反應，又難免帶有主觀色彩。在肯定顯要義務理論積極意義的同時，也不應忽視它的這一理論缺陷。

（2）相稱理論。加勒特（T. Garret）於1966年提出，目的指行為背後的動機與意圖；手段指實現目的的過程及所運用的方式、方法；後果指行為引起的後果，包括行為人意欲達到的後果或雖非其所希望但預見可能產生的後果。假如預見行為將引起負作用，則必須有足夠或相稱的理由來放任這類負作用的發生；否則，行為是不道德的。

加勒特所提出的這一理論認為，應從目的、手段和後果來判斷某一行為是否符合道德。作為行為背後的動機與意圖的目的，本身構成道德的一部分，動機或意圖的純正與否是判斷市場行銷行為道德的重要因素。例如，市場調查的目的究竟是為決策前獲得真實、準確的市場信息，還是決策後為已經制定出來的市場行銷方案提供佐證，本身就存在著目的是否純正的問題。作為使目的得以實現所運用的方式方法，手段本身也存在是否道德的問題，如以回扣或賄賂方式獲取訂單，則所用手段是不道德的。作為行為結果的後果，加勒特認為不能簡單地根據後果來判斷行為，用後果的合理性來證明手段的可取性，而只能借助行為後果的分析來瞭解行為本身的內在性質，這是該理論和功利論的顯著區別。

相稱理論對市場行銷道德建設有著現實的指導意義。首先，圍繞意圖、手段、結果的綜合考察方式為判斷市場行銷行為的道德合理性提供了一個全方位的思考框架；其次，提出了具有普遍意義的原則，即要求市場行銷人員不要從事那些會給他人造成利益損害且又提不出正當理由的市場行銷活動。

（3）社會公正理論。哈佛大學倫理哲學家羅爾斯（Rawls）於1971年提出社會公正理論。他從一種被稱作「起始位置」的狀態出發，試圖構建一個理想的社會公正系統。起始位置是指具體到一個社會，社會中的每個人並不知道自己將來在社會上居於哪一層次，處於什麼樣的地位，只有在不清楚自己是扮演的角色時，才能對社會成員的權利與義務做出一種合理安排，這一合理安排應遵循兩條基本的原則，即自由原則和差異原則。

自由原則是指在不影響他人行使同樣權利的前提下，讓社會每一成員盡可能多地

享受自由。這不僅要求社會保障機會均等、輿論自由、財產權、選舉權、人身權等基本權利，而且要在保持社會和諧、穩定的條件下，最大限度地使人們行使同樣平等的權利，盡可能讓每一成員享受更多的自由。

差異原則是對自由原則的一種修正和補充，它要求任何社會的制度安排一方面應普遍適合社會每一成員，另一方面又要使社會底層的人們獲得最大的利益，不應出現強者剝奪弱者而使弱者更弱的狀況。

社會公正理論對行銷道德建設具有現實的指導意義。自由原則強調了人的權利與責任，任何一個消費者都有權選擇安全、可靠的產品和相應的服務，企業的市場行銷活動應充分尊重和維護消費者的這些權利。差異原則要求樹立道德公正的市場行銷觀念，重視處於弱者地位的消費者的需求，尤其不能以強欺弱，以犧牲小部分貧困階層的利益來換取整個社會或大多數人的利益。但這一理論中的自由原則和差異原則有時會相互矛盾，社會公正理論依然不能解決行銷活動中的所有道德衝突。

上述3種理論從各自不同的角度，為企業的市場行銷道德判斷提供了基本線索，但任何一種理論都不能成為解決市場行銷道德衝突的萬能鑰匙。在企業市場行銷實踐中，必須在道義論和功利論相互融合的基礎上，把行為的目的、過程和結果結合起來，以此判斷企業市場行銷策略的道德性。

4. 相對主義論

相對主義論認為，事物對與錯以及某行為惡與善的判斷標準，因不同的社會文化背景而有異。在某一國家考慮的道德標準不一定適用於其他國家。不同國家文化的差異使企業倫理教育與倫理原則很不相同。當然，在不同國度，也不排斥存在著共同的道德觀。例如，關心社會福利、保護兒童、嚴懲犯罪分子等，這些既是法律的要求，也是道德的反應。

道德相對主義往往是由文化相對主義作支撐的。道德觀的不同來源於各國文化之間的差異，包括語言、法律、宗教、政治、技術、教育、社會組織、一般價值及道德標準。

上述理論都只能為行銷道德判斷提供基本的思考線索，並不能成為解決行銷道德衝突的萬能鑰匙。道德衝突在某種意義上反應的是利益衝突，而行銷領域利益衝突的解決，很大程度上取決於企業樹立什麼樣的行銷思想。

三、市場行銷道德問題的現狀

綜合來看，中國行銷道德問題的狀況值得引起重視。主要表現在以下幾方面：

1. 不公正現象

（1）某些企業為牟利不惜侵害消費者的健康與安全，而消費者對有潛在危險的商品，包括危險的玩具、含過量防腐劑和色素的食品、劣質化妝品等，認識還不夠深刻。如據調查，有71%的人認為在給予用戶說明的情況下，可以出售有潛在危險性的玩具；有65%的人認為菸草工業可以發展。

（2）某些企業為牟利使消費者購物所得利益遠低於付出的代價，除假冒偽劣商品外，有些合格商品的價格也遠低於消費者付出的代價。這種現象在保健藥品與滋補食

品中最為明顯。如58%的消費者認為，購買的保健飲品效用沒有達到預期的目的。

（3）只針對目標市場的消費者或大多數消費者，忽視甚至歧視其他少數或處境不利的消費者。如中老年人及低收入者市場為多數企業忽視，據調查，有高達90%的人認為中老年人不易買到滿意的服裝。

2. 不真實現象

（1）虛假的「特價」「減價」。經常出現的「特價」「減價」廣告宣傳，大多成了詐欺式的推銷術。據調查，已有75%的消費者表示不相信「特價」「減價」廣告宣傳。

（2）過度誇張的廣告。過度誇大和片面強調優點的廣告，誤導消費者購買決策。據調查，有75%的消費者認為目前廣告過於誇大，消費者購買的實際收益小於由廣告產生的期望值。

（3）濫用質量標志。濫用「真皮」「純羊毛」標志及「省優」「部優」「國優」稱號現象嚴重。據調查，有65%的消費者不相信商品的質量標志。

（4）誇大量或質的包裝。許多食品、化妝品包裝顯示的商品內容、容量與實際不符。

3. 浪費現象

過分的促銷造成資源浪費，最終加重了消費者的負擔。據調查，有75%的消費者認為華麗的包裝只是推銷的需要；62%的被調查者認為廣告刺激了消費慾望，潛移默化地改變了人的價值觀與生活態度，從而過多地追求物質享受，引起不合理的過量消費。

4. 強制推銷

消費者主要依靠企業與行銷人員提供的信息作出購買決策。據調查，50%的被調查者依據包裝的好壞、標籤及說明來瞭解商品的品質與品牌並決定購買；50%的消費者在直銷人員的高超推銷技巧下買了未計劃購買的商品，其中70%的人在購買後又後悔。

5. 污染環境

很多企業的環保意識十分淡薄，綠色食品為數較少且價格偏高，工業生產、廢棄物品污染環境日趨顯著。60%的被調查者認為環保不能只講自覺，需要法令強制；76%的消費者願意購買有利於環保和健康的綠色產品，但要求定價合理。

6. 不正當競爭

有些企業在行銷中採取不正當競爭，如請客、送禮、回扣、賭博、搭售、竊取商業情報、蓄意貶低競爭對手的廣告宣傳等。據調查，43%的行銷人員把宴請、娛樂、送禮視作慣例；42%的行銷人員認為是增進感情的需要。

四、市場行銷道德的建立

要建立市場行銷道德，應從以下幾個方面著手：

（1）優化市場行銷環境。一是要創造客觀條件，即迅速發展社會生產力，為企業文明行銷奠定物質基礎；二是轉換政府職能，通過宏觀調控，引導企業市場行銷沿著法制及道德的軌跡運行；三是不斷地完善立法並強化執法力度，打擊非法市場行銷行為，保護和鼓勵合法行銷行為。

（2）塑造優秀企業文化。在企業經營活動中，滲透著大量文化因素，它融於企業

經營哲學思想、價值觀念、群體意識、管理方式、道德規範及行為標準中。隨著企業經濟的發展，逐步形成了企業自身經營管理哲學及精神文化，即企業文化。如果每個企業都重視塑造具有創造力、影響力、凝聚力，具有鮮明個性的高水準的企業文化，將有利於企業領導者及廣大職工樹立正確的價值觀，從而有利於企業做出道德性的行銷策略。

（3）制定市場行銷道德規範。企業應自覺地建立市場行銷道德標準，並將道德標準實施融入控制系統中。西方國家的企業對市場行銷道德標準的創建及實施，為中國企業市場行銷道德的建設提供了有益的借鑑。自20世紀80年代以來，西方國家許多大企業創立了道德決策及執行機構，並制定了用來約束職工經營行為的道德標準，例如，美國行銷協會制定出協會成員必須遵守的職業道德條例，並規定了相應的懲處辦法；又如 IBM 公司、GE 公司及麥當勞公司等均制定出各具特色的行銷道德標準，有力地規範了企業的行銷行為。

（4）樹立社會行銷觀念。企業不僅要以實現盈利和滿足消費者的直接需求為目標，而且要切實關心和維護消費者及社會的長期福利。法律、法規只是道德規範的最基本的要求，合法的行銷行為不一定合乎道德標準；對消費者的教育只是從客觀上提高消費者認識水準，也難以完全避免上當受騙和不合理消費。建立行銷道德最根本的還是確立並實施社會行銷觀念。企業在行銷中要形成一套履行道德與社會責任的行為準則，自覺維護消費者的利益與社會福利。

（5）加強法制建設，建立、健全維護消費者利益的機構。要進一步健全和完善法制、法規，嚴格執法，約束企業的不正當競爭行為，制裁欺騙和損害消費者權利的行為。建立權威的保護消費者權益及監督、檢查、仲裁機構，切實維護消費者利益。

（6）認真解決信息不對稱問題。不道德行銷行為能夠得逞，使消費者利益受損，往往是由於行銷者掌握的信息較多，而消費者瞭解的情況較少，對有關商品的知識甚為有限，在交易中處於不利地位。要加強對消費者的宣傳教育，增強其自我保護意識，積極地與違法和不道德的行銷行為作鬥爭。同時，還應通過報刊和各種廣告為消費者提供更多的商品知識，培養更多的理性消費者。

【本章小結】

市場行銷組合是現代市場行銷理論的一個重要概念。它是指市場需求在某種程度上會受到「行銷變量（行銷要素）」的影響，為了達到既定的市場行銷目標，企業需要對這些要素進行有效的組合。市場行銷組合中所包含的可控變量很多，而迄今為止影響最大的關於市場行銷組合要素的概括是 4P 組合。

市場行銷管理哲學就是企業在開展市場行銷管理的過程中，在處理企業、顧客、社會及其他利益相關者之間的關係的過程中所持的態度、思想和觀念。現代企業的市場行銷管理哲學可歸納為六種，即生產觀念、產品觀念、推銷觀念、市場行銷觀念、客戶觀念和社會市場行銷觀念。

道德是社會意識形態之一，是一定社會調整人們之間以及個人和社會之間的關係

的行為規範的總和。市場行銷道德可以界定為調整企業與所有利益相關者之間的關係的行為規範的總和，是客觀經濟規律及法制以外制約企業行為的另一要素。提升企業道德水準的對策包括：優化市場行銷環境、塑造優秀企業文化、制定市場行銷道德規範、奉行社會行銷觀念、加強法制建設和認真解決信息不對稱問題。

【思考題】

1. 企業的行銷理念是如何演變的？市場行銷觀念的核心是什麼？
2. 如何認識和理解顧客滿意？
3. 什麼是顧客讓渡價值？它的意義體現在哪裡？
4. 什麼是市場行銷道德？如何評價企業的行銷活動是否符合道德要求？
5. 現代企業行銷道德問題體現在哪些方面？如何提升現代企業市場行銷道德水準？
6. 什麼是市場行銷組合？它的基本構成內容有哪些？

第三章　市場行銷環境

【學習目標】

通過本章的學習，學生應瞭解市場行銷環境對市場行銷活動的重要影響作用，熟悉微觀環境和宏觀環境的主要構成、市場行銷宏觀環境和微觀環境對企業的影響，掌握分析、評價市場機會與環境威脅的基本方法。

第一節　市場行銷環境的含義及特點

一、市場行銷環境的含義

市場行銷環境是存在於企業行銷系統外部的不可控制或難以控制的因素和力量，這些因素和力量是影響企業行銷活動及其目標實現的外部條件。

如同生物有機體，任何企業總是生存於一定的環境之中，企業的行銷活動不可能脫離周圍環境而孤立地進行。企業的市場行銷活動要以環境為依據，主動地去適應環境，同時又要在瞭解、掌握環境狀況及其發展趨勢的基礎上，通過行銷努力去影響外部環境，使環境有利於企業的生存和發展，有利於增強企業行銷活動的有效性。

市場行銷環境一般劃分為微觀行銷環境和宏觀行銷環境。微觀行銷環境和宏觀行銷環境之間不是並列關係，而是主從關係，微觀行銷環境受制於宏觀行銷環境，微觀行銷環境中所有的因素都要受宏觀行銷環境中各種力量的影響，如圖3-1所示。

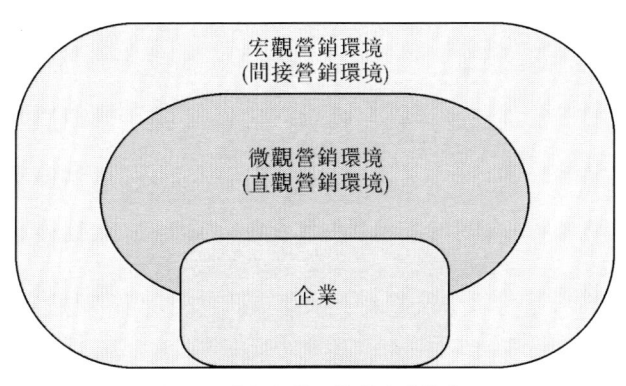

圖3-1　市場行銷環境對企業的作用

微觀行銷環境又稱直接行銷環境，其與企業緊密相連，是企業市場行銷活動的參與者，直接影響和制約企業的行銷能力。同時，其與企業有或多或少的經濟聯繫，包括行銷渠道企業（主要指中間商和供應商）、顧客、競爭者以及社會公眾。宏觀行銷環境是指影響微觀行銷環境的一系列巨大的社會力量，主要有人口、經濟、政治、法律、科學技術、社會文化及自然生態等因素。宏觀行銷環境一般以微觀行銷環境為媒介去影響和制約企業的行銷活動，故又被稱作間接行銷環境（如圖3-2所示）。在特定場合，其也可直接影響企業的行銷活動。行銷環境按其對企業行銷活動的影響，也可分為不利環境和有利環境。不利環境是指對企業市場行銷不利的各項因素的總和；有利環境是指對企業市場行銷有利的各項因素的總和。

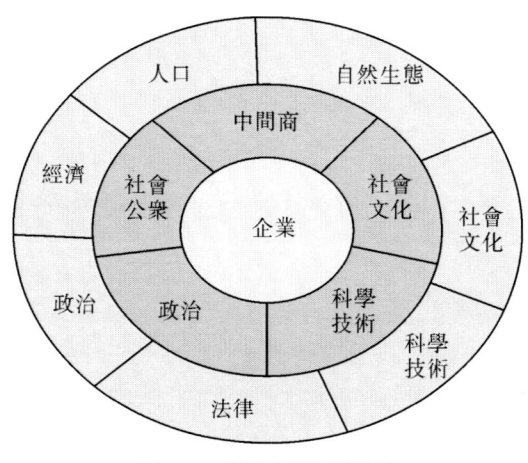

圖3-2 間接市場行銷環境

二、行銷環境的特徵

1. 客觀性

環境作為企業外在的不以行銷者意志為轉移的因素，對企業行銷活動的影響具有強制性和不可控性。一般來說，企業無法擺脫和控制行銷環境，特別是宏觀行銷環境，難以按企業自身的要求和意願改變，如人口因素、政治法律因素、社會文化因素等。但企業可以主動適應環境的變化和要求，制定並不斷調整市場行銷策略。

2. 差異性

不同的國家或地區之間，宏觀行銷環境存在廣泛的差異，不同的企業之間微觀行銷環境也千差萬別。為適應不同的環境及其變化，企業必須根據環境的不同狀況制定有針對性的行銷策略。環境的差異性也表現為同一環境的變化對不同企業有不同的影響。例如，中國加入世界貿易組織，意味著大多數中國企業進入國際市場，進行「國際性較量」，而這一經濟環境的變化，給不同行業所造成的衝擊並不相同。企業應根據環境變化的趨勢和行業的特點，採取相應的行銷策略。

3. 多變性

市場行銷環境是一個動態系統。構成行銷環境的諸因素都受眾多因素的影響，每

一環境因素都隨著社會經濟的發展而不斷變化。20世紀60年代，中國處於短缺經濟狀態，短缺幾乎成為社會經濟的常態。改革開放20年後，中國已遭遇「過剩利」經濟，不論這種「過剩」的性質如何，僅就賣方市場向買方市場轉變而言，市場行銷環境已發生了重大變化。行銷環境的變化，既會給企業提供機會，也會給企業帶來威脅，雖然企業難以準確無誤地預見未來環境的變化，但可以通過設立預警系統，追蹤不斷變化的環境，及時調整行銷策略。

4. 相關性

行銷環境諸因素之間相互影響、相互制約，某一因素的變化會帶動其他因素的連鎖變化，形成新的行銷環境。例如，競爭者是企業重要的微觀行銷環境因素之一，而宏觀行銷環境中的政治法律因素或經濟政策的變動，均能影響一個行業競爭者加入的多少，從而形成不同的競爭格局。又如，市場需求不僅受消費者收入水準、愛好以及社會文化等方面因素的影響，政治法律因素的變化往往也會產生決定性的影響。再如，各個環境因素之間有時存在矛盾，如某些地方消費者有購買家電的需求，但當地電力供應不正常，這無疑是擴展家電市場的制約因素。

三、行銷部門與內部環境

企業行銷系統是指行銷者的企業整體。微觀行銷環境是指企業外部所有參與行銷活動的利益相關者。

從行銷部門的角度看，行銷活動能否成功，會要受企業內部各種因素的直接影響，如圖3-3所示。企業行銷部門需要面向其他職能部門以及高層管理部門。行銷部門與財務、採購、製造、研究與開發等部門之間既有多方面的合作，也存在爭取資源的矛盾。這些部門的業務狀況如何，它們與行銷部門的合作以及它們之間的協調發展，對行銷決策的制定與實施影響極大。例如，生產部門對各生產要素的配置、生產能力和所需要的人力、物力的合理安排有著重要的決策權，行銷計劃的實施，必須取得生產部門的充分支持；市場行銷調研預測和新產品的開發工作，需要研究與開發部門的配

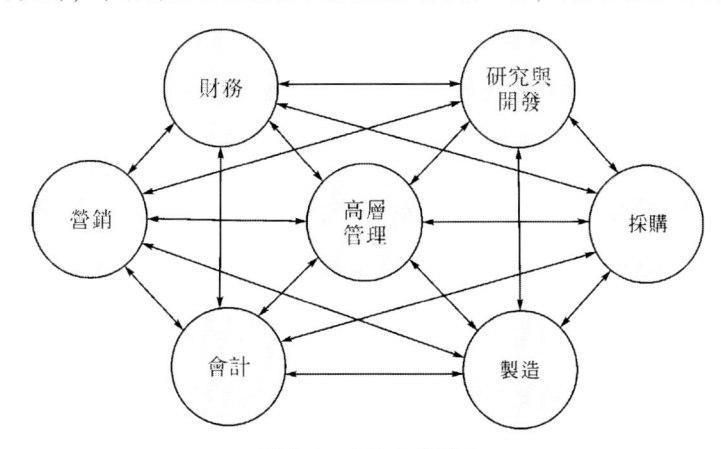

圖3-3 企業內部環境

合和參與。高層管理部門由董事會、總經理及其辦事機構組成，負責確定企業的任務、目標、方針政策和發展戰略。行銷部門在高層管理部門規定的職責範圍內做出行銷決策，市場行銷目標從屬於企業總目標，行銷部門所制定的計劃也必須在高層管理部門的批准和推動下才能實施。

第二節　微觀行銷環境

微觀行銷環境既受制於宏觀行銷環境，又與企業行銷形成協作、競爭、服務、監督的關係，直接影響與制約企業的行銷能力。微觀行銷環境是指直接制約和影響企業行銷活動的力量和因素，即那些與企業有雙向運作關係的個體、集團和組織。在一定程度上，企業可以對其進行控制或對其施加影響（如圖 3-4 所示）。

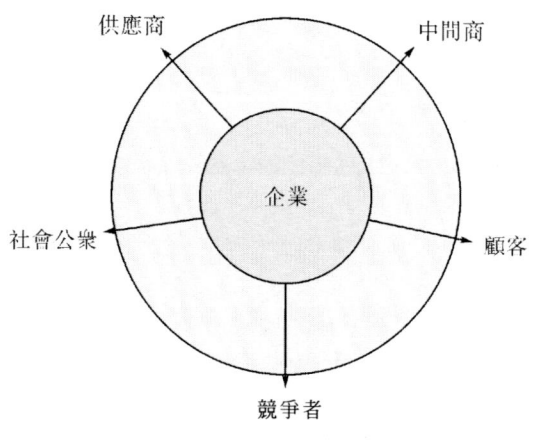

圖 3-4　微觀行銷環境

一、行銷渠道

1. 供應商

供應商是向企業及其競爭者提供生產經營所需資源的企業或個人，包括提供原材料、零配件、設備、能源、勞務、資金及其他用品等。供應商對企業行銷業務有實質性的影響，其所供應的原材料數量和質量將直接影響產品的數量和質量，所提供的資源價格會直接影響產品成本、價格和利潤。供應商對企業供貨的穩定性和及時性，是企業行銷活動順利進行的前提。在物資供應緊張時，供應商的供貨情況更起著決定性的作用。

2. 中間商

中間商主要指協助企業促銷、銷售和經銷其產品給最終購買者的機構，包括批發商、零售商、實體分配公司、行銷服務機構和財務仲介機構等。

二、顧客

顧客是企業的目標市場，是企業服務的對象，也是行銷活動的出發點和歸宿。企業的一切行銷活動都應以滿足顧客的需求為中心，因此，顧客是企業最重要的環境因素。企業面對的市場類型如圖 3-5 所示，包括生產者市場、中間商市場、政府市場、消費者市場、非營利組織市場和國際市場。各類市場都有其獨特的顧客，它們不斷變化著需求，要求企業以不同的方式提供相應的產品和服務，從而影響企業行銷決策的制定和服務能力的形成。

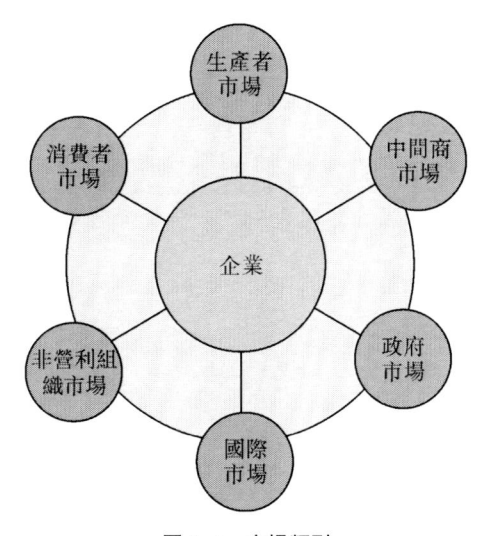

圖 3-5　市場類型

三、競爭者

在競爭性的市場上，企業都會面對形形色色的競爭對手。除來自本行業的競爭外，還有來自替代品生產者、潛在加入者、原材料供應者和購買者等多種力量的競爭。從消費需求的角度看，競爭者可以分為以下幾種類型：慾望競爭者，指提供不同產品、滿足不同消費慾望的競爭者；屬類競爭者，指滿足同一消費慾望的可替代的不同產品之間的競爭者，屬類競爭是消費者在決定需要的類型之後出現的次級競爭，也稱平行競爭；產品競爭者，指滿足同一消費慾望的同類產品的不同產品形式之間的競爭者；品種競爭者，指滿足同一消費慾望的同一產品形式的不同品種之間的競爭者；品牌競爭者，指滿足同一消費慾望的同一品種的不同廠家產品之間的競爭者。以上幾種競爭方式緊密關聯，如圖 3-6 所示。

市場行銷學原理

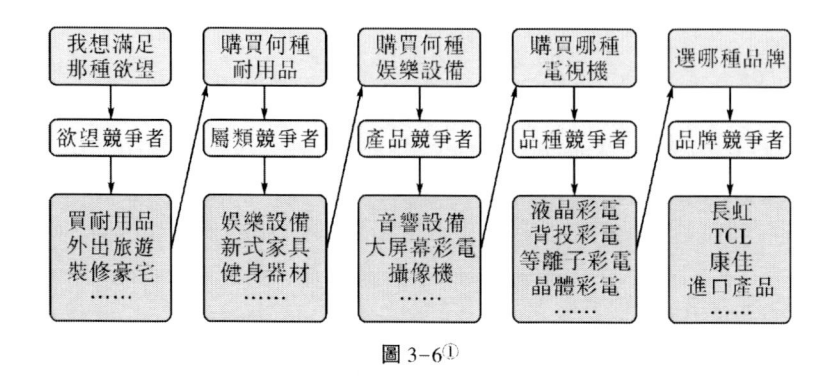

圖 3-6①

四、社會公眾

社會公眾是指對企業實現行銷目標的能力有實際或潛在利害關係和影響力的團體或個人。企業所面對的廣大公眾的態度，會協助或妨礙企業行銷活動的正常開展。所有的企業都必須採取積極措施，樹立良好的企業形象，力求保持與主要公眾之間的良好關係。企業所面臨的公眾主要有以下幾種（見圖3-7）：

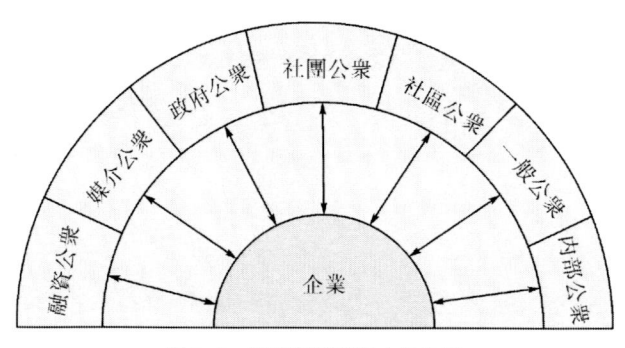

圖 3-7 微觀行銷環境中的公眾

（1）融資公眾：主要指影響企業融資能力的金融機構，如銀行、投資公司、證券經紀公司、保險公司等。

（2）媒介公眾：主要是指報紙、雜誌、廣播電臺、電視臺和網絡等大眾傳播媒體。

（3）政府公眾：主要指負責管理企業行銷業務的有關政府機構。

（4）社團公眾：主要指保護消費者權益的組織、環保組織及其他群眾團體等。

（5）社區公眾：主要指企業所在地鄰近的居民和社區組織。

（6）一般公眾：主要指上述各種關係公眾之外的社會公眾。

（7）內部公眾：主要指企業的員工，包括高層管理人員和一般職工。

---

① 資料來源：何永祺.基礎市場行銷學［M］.廣州：暨南大學出版社，2004：39.

第三節　宏觀行銷環境

宏觀行銷環境是指給企業行銷活動造成市場機會和環境威脅的主要社會力量，包括人口、經濟、自然、科學技術、政治、法律、社會文化等因素，如圖3-8所示。

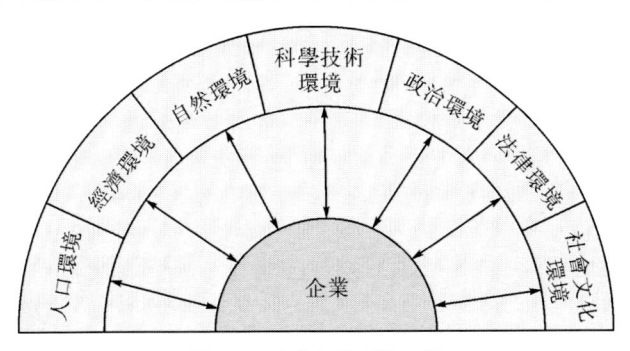

圖3-8　宏觀行銷環境力量

一、人口環境

人口是構成市場的第一要素。市場是由有購買慾望同時又有支付能力的人構成的，人口的多少直接影響市場的潛在容量。

1. 人口總量

一個國家或地區的總人口數量是衡量市場潛在容量的重要因素。人口增長首先意味著人民生活必需品的需求增加，2010年11月中國總人口約為13.4億人，超過歐洲和北美洲的人口總和。隨著社會主義市場經濟的發展，人民收入不斷提高，中國已被視作世界最大的潛在市場。

2. 年齡結構

人口的年齡結構決定著不同的需求取向。隨著老年人口的絕對數和相對數的增加，「銀色」市場迅速擴大。而出生率下降引起市場需求變化，給兒童食品、童裝、玩具等生產經營者帶來威脅，但同時也使年輕夫婦有更多的閒暇時間用於旅遊、娛樂和在外用餐。

3. 地區分佈

人口在地區上的分佈，關係到市場需求的異同。居住在不同地區的人群，由於地理環境、氣候條件、自然資源、風俗習慣的不同，消費需求的內容和數量也存在差異。

4. 家庭狀況

家庭是社會的細胞，也是商品採購和消費的基本單位。人口的家庭狀況主要包括家庭結構與家庭生命週期。家庭結構是指家庭組成的類型及各成員相互間的關係；家庭生命週期是指一個家庭從形成到解體的運動過程。家庭結構的不同狀況和家庭生命週期的不同階段，都會產生不同的需求，形成不同的購買決策。

5. 人口性別

性別差異給消費需求帶來差異，從而在購買習慣與購買行為上也有差別。

在家庭生命週期的不同階段，家庭生命週期按年齡、婚菸、子女等狀況，可劃分為以下七個階段：

(1) 未婚期：年輕的單身者。

(2) 新婚期：年輕夫妻，沒有孩子。

(3) 滿巢期一：年輕夫妻，有6歲以下的幼童。

(4) 滿巢期二：年輕夫妻，有6歲或6歲以上兒童。

(5) 滿巢期三：年紀較大的夫妻，有已能自立的子女。

(6) 空巢期：身邊沒有孩子的老年夫妻。

(7) 孤獨期：單身老人獨居。

二、經濟環境

經濟環境一般指影響企業市場行銷方式、結構與規模的經濟因素，主要包括消費者收入與支出狀況、經濟發展狀況等。

1. 消費者收入與支出狀況

(1) 收入

市場消費需求是指人們有支付能力的需求。僅僅有消費慾望，並不能創造市場；只有既有消費慾望，又有購買力，才具有現實意義。這是因為，只有既想買又買得起，才能產生購買行為。

在研究收入對消費需求的影響時，常使用以下指標：

①人均國內生產總值。一般指價值形態的人均 GDP，它是一個國家或地區所有常住單位在一定時期內（如一年），按人口平均所生產的全部貨物和服務的價值，超過同期投入的全部非固定資產貨物和服務價值的差額。國家的 GDP 總額反應了全國市場的總容量、總規模，人均 GDP 則從總體上影響和決定了消費結構與消費水準。

②個人收入。這是指城鄉居民從各種來源所得到的收入。各地區居民收入總額可用於衡量當地消費市場的容量，人均收入的多少反應了購買力水準的高低。

③可任意支配收入。在個人可支配收入中，有相當一部分要用來維持個人或家庭的生活以及支付必不可少的費用。只有在可支配收入中減去這部分維持生活的必需支出，才是個人可任意支配收入，這是影響消費需求變化的最活躍的因素。

(2) 支出

支出主要是指消費者支出模式和消費結構。收入在很大程度上影響著消費支出模式與消費結構。隨著消費者收入的變化，支出模式與消費結構也會發生相應變化。

(3) 消費者的儲蓄與信貸

①儲蓄。這是指城鄉居民將可任意支配收入的一部分儲存待用。儲蓄的形式可以是銀行存款、購買債券，也可以是手持現金。較高儲蓄率會推遲現金的消費支出，加大潛在的購買力。

②信貸。這是指金融或商業機構向有一定支付能力的消費者融通資金的行為，其

主要形式有短期賒銷、分期付款、消費貸款等。消費信貸使消費者可用貸款先取得商品使用權，再按約定期限歸還貸款。消費信貸的規模與期限在一定程度上影響著某一時限內現實購買力的大小，也影響著提供信貸的商品的銷售量。如購買住宅、汽車及其他昂貴消費品，消費信貸可提前實現這些商品的銷售。

2. 經濟發展狀況

企業的市場行銷活動要受到一個國家或地區經濟發展狀況的制約，在經濟全球化的條件下，國際經濟形勢也是企業行銷活動的重要影響因素。

（1）經濟發展階段

經濟發展階段的高低，直接影響企業的市場行銷活動。經濟發展階段高，企業的市場行銷活動表現為：著重投資於較大的、精密的、自動化程度高、性能好的生產設備；在重視產品基本功能的同時，強調款式、性能及特色；大量進行廣告宣傳及營業推廣活動；分銷途徑複雜且廣泛，製造商、批發商與零售商的職能逐漸獨立，連鎖商店的網點增加。美國學者羅斯托（W. W. Rostow）的經濟成長階段理論，將世界各國經濟發展歸納為五種類型：①傳統經濟社會；②經濟起飛前的準備階段；③經濟起飛階段；④邁向經濟成熟階段；⑤大量消費階段。凡屬前三個階段的國家稱為發展中國家，處於後兩個階段的國家稱為發達國家。

（2）經濟形勢

就國際經濟形勢來說，2007年8月，一場由美國次級抵押貸款市場動盪引起的風暴，席捲美國、歐盟和日本等世界主要金融市場，使全球大多數國家都受到了嚴重的衝擊。美國金融危機不斷擴張，從次級貸到優級貨、從抵押貸款到普通商業信貸和消費信貸的風險迅速上升，主要投資銀行虧損嚴重甚至破產，金融企業惜貸，短期資金異常緊張，實體經濟受到嚴重衝擊，經濟下行風險加大。通過經濟全球化，美國將次貸危機的風險轉移到了世界各個角落，這場百年罕見的金融危機，沒有一個國家可以獨善其身。為了應對經濟危機，2009年以來，中國政府陸續出抬了一系列進一步擴大內需的措施，以維護經濟、金融和資本市場穩定，促進經濟平穩較快發展。這是中國應對這場危機最重要、最有效的手段，也是對世界經濟做出的最大貢獻。由於國際或國內經濟形勢都是複雜多變的，機遇與挑戰並存，企業必須認真研究，力求正確的認識與判斷，以制定相應的行銷戰略和計劃。

三、自然環境

自然環境主要指行銷者所需要或受行銷活動所影響的自然資源。行銷活動要受自然環境的影響，也對自然環境的變化負有責任。行銷管理者當前應正視自然環境面臨的難題和趨勢，如資源短缺、環境污染嚴重、能源成本上升等。因此，從長期的觀點來看，自然環境應包括資源狀況、生態環境和環境保護等方面。許多國家的政府對自然資源管理的干預日益加強。人類只有一個地球，自然環境的破壞往往是不可彌補的，企業行銷戰略中實行生態行銷、綠色行銷等，都是維護全社會的長期福利的體現。

四、政治法律環境

1. 政治環境

政治環境指企業市場行銷的外部政治形勢。在國內，安定團結的政治局面，不僅有利於經濟發展和人民貨幣收入的增加，而且影響群眾心理預期，導致市場需求的變化。黨和政府的方針、政策，規定了國民經濟的發展方向，也直接關係到社會購買力的提高和市場消費需求的增長變化。對國際政治環境的分析，應瞭解「政治權力」與「政治衝突」對企業行銷活動的影響。政治權力對市場行銷的影響往往表現為由政府機構通過採取某種措施約束外來企業或其產品，如進口限制、外匯控制、勞工限制、綠色壁壘等。政治衝突指國際上的重大事件與突發性事件，這類事件在和平與發展為主流的時代從未絕跡，對企業市場行銷工作的影響或大或小，有時帶來機會，有時帶來威脅。

2. 法律環境

法律環境指國家或地方政府頒布的各項法規、法令和條例等。法律環境對市場消費需求的形成和實現具有一定的調節作用。企業研究並熟悉法律環境，既可保證自身嚴格依法管理和經營，也可運用法律手段保障自身的權益。

各個國家的社會制度、經濟發展階段和國情不同，體現統治階級意志的法制也不同，從事國際市場行銷的企業必須對有關國家的法律制度和有關的國際法規、國際慣例和準則進行學習研究，並在實踐中遵循。

五、科學技術環境

科學技術是第一生產力，科技的發展對經濟發展有巨大的影響，不僅直接影響企業內部的生產和經營，還同時與其他環境因素互相依賴、互相作用，給企業行銷活動帶來有利或不利的影響。例如，一種新技術的應用，可以為企業創造一個明星產品，產生巨大的經濟效益，也可能迫使企業的某種曾獲得巨大成功的傳統產品退出市場。新技術的應用會引起企業市場行銷策略的變化，也會引起企業經營管理的變化，還會改變零售商業業態結構和消費者購物習慣。

當前，世界新科技革命正在興起，生產的增長越來越多地依賴科技進步，產品從進入市場到市場成熟的時間不斷縮短，高新技術不斷改造傳統產業，加速了新興產業的建立和發展。值得注意的是，高新技術的發展，促進了產業結構趨向尖端化、軟性化、服務化，行銷管理者必須更多地考慮應用尖端技術，重視軟件開發，加強對用戶的服務，適應知識經濟時代的要求。

六、社會文化環境

社會文化主要是指一個國家、地區的民族特徵、價值觀念、生活方式、風俗習慣、宗教信仰、倫理道德、教育水準、語言文字等的總和。主體文化是占據支配地位的，起凝聚整個國家和民族的作用，由千百年的歷史沉澱所形成的文化，包括價值觀、人生觀等。次級文化是在主體文化支配下所形成的文化分支，包括種族、地域、宗教等。

文化對所有行銷參與者的影響是多層次、全方面、滲透性的，它不僅影響企業的行銷組合，而且影響消費心理、消費習慣等，這些影響是通過間接的、潛移默化的方式進行的，這裡擇要分析以下幾方面：

1. 教育水準

教育水準不僅影響勞動者的收入水準，而且影響消費者對商品的鑒賞力、消費者心理、購買的理性程度和消費結構，從而影響企業行銷策略的制定和實施。

2. 價值觀念

價值觀念指人們對社會生活中各種事物的態度和看法。在不同的文化背景下，人們的價值觀念差異很大，影響著消費需求和購買行為。對於不同的價值觀念，行銷管理者應研究並採取不同的行銷策略。

3. 消費習俗

消費習俗指歷代傳承下來的一種消費方式，是風俗習慣的一項重要內容。消費習俗在飲食、服飾、居住、婚喪、節日、人情往來等方面都表現出獨特的心理特徵和行為方式。

4. 消費流行

由於社會文化多方面的影響，使消費者產生了共同的審美觀念、生活方式和情趣愛好，從而導致社會需求的一致性，這就是消費流行。消費流行在服飾、家電以及某些保健品方面表現得最為突出。消費流行在時間上有一定的穩定性，但有長有短，有的可能幾年，有的則可能幾個月；在空間上有一定的地域性，同一時間內，不同地區流行的商品品種、款式、型號、顏色可能不盡相同。

第四節　環境分析與行銷對策

一、環境威脅與市場機會

市場行銷環境通過對企業構成威脅或提供機會而影響行銷活動。

環境威脅是指環境中不利於企業行銷的因素及其發展趨勢，對企業形成挑戰，或對企業的市場地位構成威脅。這種挑戰可能來自國際經濟形勢的變化，如1997年爆發的東南亞金融危機，2007年由美國次貸危機引發的全球金融危機，都給世界多數國家的經濟和貿易帶來了負面影響。挑戰也可能來自社會文化環境的變化，如國內外對環境保護要求的提高，某些國家實施「綠色壁壘」，這些對某些產品不完全符合新的環保要求的生產者來說，無疑是一種嚴峻的挑戰。

市場機會是指由環境變化造成的對企業行銷活動富有吸引力和利益空間的領域。在這些領域，企業擁有競爭優勢。市場機會對不同企業有不同的影響力，企業在每一特定的市場機會中成功的概率，取決於其業務實力是否與該行業所需要的成功條件相符合，如企業是否具備實現行銷目標所必需的資源，企業能否比競爭者利用同一市場機會獲得更大的「差別利益」。

二、威脅與機會的分析、評價

企業面對威脅程度不同和市場機會吸引力不同的行銷環境時，需要通過環境分析來評估環境機會與環境威脅。企業最高管理層可採用「威脅分析矩陣圖」和「機會分析矩陣圖」來分析、評價行銷環境。

1. 威脅分析

對環境威脅的分析，一般著眼於兩個方面：一是分析威脅的潛在嚴重性，即影響程度；二是分析威脅出現的可能性，即出現概率。其分析矩陣如圖 3-9 所示。

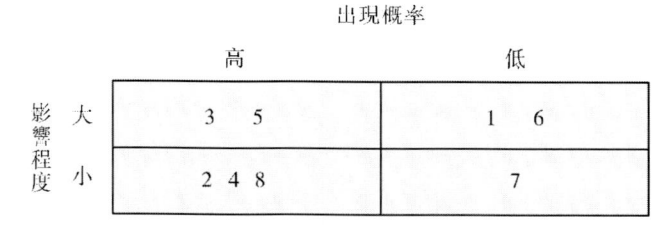

出現概率

	高	低
影響程度 大	3　5	1　6
影響程度 小	2　4　8	7

圖 3-9　威脅分析矩陣圖

在圖 3-9 中，處於 3、5 位置的威脅出現的概率和影響程度都大，必須特別重視，並制定相應對策；處於 7 位置的威脅出現的概率和影響程度均小，企業不必過於擔心，但應注意其發展變化；處於 1、6 位置的威脅出現概率雖小，但影響程度較大，必須密切關注其出現與發展；處於 2、4、8 位置的威脅影響程度較小，但出現的概率大，也必須充分重視。

2. 機會分析

機會分析主要考慮其潛在的吸引力（盈利性）和成功的可能性（企業優勢）大小。其分析矩陣如圖 3-10 所示。

成功的可能性

	大	小
潛在的影響力 大	3　7	4　2
潛在的影響力 小	6	1　5　8

圖 3-10　機會分析矩陣圖

在圖 3-10 中，處於 3、7 位置的機會，潛在的吸引力和成功的可能性都大，有極大可能為企業帶來巨額利潤，企業應把握時機，全面發展；而處於 1、5、8 位置的機會，不僅潛在吸引力小，而且成功的概率也小，企業應改善自身條件，關注機會的發展變化，審慎而適時地開展行銷活動。

用上述矩陣法分析、評價行銷環境，可能出現 4 種不同的結果，綜合評價如圖 3-11 所示。

		威脅水平	
		低	高
機會水平	高	理想業務	風險業務
	低	成熟業務	困難業務

圖 3-11　環境分析綜合評價圖

對市場機會的分析，還必須深入分析機會的性質，以便企業尋找對自身發展最有利的市場機會。

（1）環境市場機會與企業市場機會

市場機會實質上是「未滿足的需求」。伴隨著需求的變化和產品生命週期的演變，會不斷出現新的市場機會。但對不同企業而言，環境機會並非都是最佳機會，只有理想業務和成熟業務才是最適宜的機會。一些成功的企業運用 SWOT 分析法，對企業內部因素的優勢（Strengths）和劣勢（Weaknesses）按一定標準進行評價，並與環境中的機會（Opportunities）和威脅（Threats）結合起來權衡抉擇，力求內部環境與外部環境協調和平衡，牢牢把握住對企業最有利的市場機會。

（2）行業市場機會與邊緣市場機會

企業通常都有其特定的經營領域，出現在本企業經營領域內的市場機會，稱為行業市場機會；出現於不同行業之間的交叉與結合部分的市場機會，則稱為邊緣市場機會。一般來說，邊緣市場機會的業務進入難度要大於行業市場機會的業務，但行業與行業之間的邊緣地帶有時會存在市場空隙，企業可在該空間通過發揮自身的優勢獲得發展。

（3）目前市場機會與未來市場機會

從環境變化的動態性來分析，企業既要注意發展目前環境變化中的市場機會，也要面對未來，預測未來可能出現的大量需求或大多數人的消費傾向，發現和把握未來的市場機會。

三、企業行銷對策

在環境分析與評價的基礎上，企業對威脅與機會水準不等的各種行銷業務，應分別採取不同的對策。

對理想業務，應看到機會難得，甚至轉瞬即逝，必須抓住機遇，迅速行動；否則，喪失時機，將後悔不及。

對風險業務，面對高利潤與高風險，即不宜盲目冒進，也不應遲疑不決，坐失良機，應全面分析自身的優勢和劣勢，揚長避短，創造條件，爭取突破性的發展。

對成熟業務，機會與威脅處於較低水準，可作為企業的常規業務，用以維持企業的正常運轉，並為開展理想業務和冒險業務準備必要的條件。

對困難業務，要麼是努力改變環境，走出困境或減輕威脅，要麼是立即轉移，擺脫無法扭轉的困境。

【本章小結】

　　市場行銷環境是存在於企業行銷部門外部不可控制或難以控制的因素和力量，是影響企業行銷活動及其目標實現的外部條件。環境的基本特徵有客觀性、差異性、多變性和相關性，是企業行銷活動的制約因素，行銷管理者應採取積極、主動的態度能動地去適應行銷環境。微觀行銷環境包括企業內部、行銷渠道企業、顧客、競爭者和社會公眾等方面。宏觀行銷環境包括人口、經濟、政治、法律、科學技術、社會文化及自然生態。按市場行銷環境對企業行銷活動的影響，可分為威脅環境與機會環境，前者指對企業行銷活動不利的各項因素的總和，後者指對企業行銷活動有利的各項因素的總和。企業需要通過環境分析來評估環境威脅與環境機會，避害趨利，爭取在同一市場機會中比競爭者獲得更大的成效。

【思考題】

1. 市場行銷環境有哪些特點？分析市場行銷環境的意義何在？
2. 微觀行銷環境由哪些方面構成？競爭者、消費者對企業行銷活動有何影響？
3. 宏觀行銷環境包括哪些因素？各有何特點？
4. 消費者支出結構變化對企業行銷活動有何影響？
5. 結合中國實際說明法律環境對整個行銷活動的重要影響。
6. 市場環境分析的方法有哪些？試用其中的一種方法剖析一個行銷實例。

第四章　購買者市場與購買者行為分析

【學習目標】

　　通過本章的學習，學生應瞭解消費者市場的特點和消費者購買行為的模式，瞭解市場購買動機的類型及其具體表現；掌握市場購買行為的形成過程以及影響購買行為的因素；掌握市場購買習慣和購買類型、購買程序，明確消費者購買決策過程各階段的特點，探討相應的市場行銷對策。

　　購買者構成企業的市場，是企業市場行銷活動的出發點和歸宿點。各類企業要提高市場行銷效益，實現企業發展的願景，就必須深入研究購買者行為的規律，據此進行市場細分和目標市場選擇，有的放矢地制定市場行銷組合策略。企業的市場可以分為消費者市場和組織市場兩大類。消費品生產經營企業應當著重研究消費者的購買行為，工業品生產企業應當著重研究組織市場的購買行為。

第一節　消費者購買決策過程和參與者

　　市場是指有購買願望且有購買能力的顧客群體。消費者市場和組織市場是按照顧客購買目的或用途的不同而劃分的。其中，消費者市場是個人或家庭為了生活消費而購買產品和服務的市場。生活消費是產品和服務流通的終點，因而消費者市場也稱為最終產品市場。消費者行為研究包含消費者購買決策過程和購買行為影響因素兩大內容。

一、消費者購買決策過程

　　消費者購買決策過程一般分為五個階段，如圖4-1所示。

確認問題 → 信息收集 → 備選產品評估 → 購買決策 → 購後過程

圖4-1　消費者購買決策過程

1. 確認問題

　　確認問題指消費者確認自己的需要是什麼。需要是購買活動的起點，升高到一定閾限時就變成一種驅動力，驅使人們採取行動予以滿足。行銷人員在這個階段的任

務是：

（1）瞭解需要

瞭解與本企業產品有關的現實和潛在的需要。在價格和質量等因素既定的條件下，產品如果能夠滿足消費者某一或某些需要就能吸引購買。

（2）設計誘因

瞭解消費者需要隨時間推移以及外界刺激強弱而波動的規律性，設計誘因，增強刺激，喚起需要，從而促成購買行動。

2. 信息收集

在社會生產力高度發達的條件下，消費者的某一需要往往會有許多品牌、品種的商品給予滿足，究竟如何選擇，需要進行信息收集。行銷人員在這一階段的任務是：

（1）瞭解消費者信息來源

①經驗來源。這是指消費者直接接觸產品得到的信息。

②個人來源。這是指家庭成員、朋友、鄰居、同事和其他熟人所提供的信息。

③公共來源。這是指社會公眾傳播的信息，如消費者權益組織、政府部門、新聞媒介、消費者和大眾傳播的信息等。

④商業來源。這是指行銷企業提供的信息，如廣告、推銷員介紹、商品包裝的說明、商品展銷會等。

（2）瞭解消費者不同信息來源的信任程度

分析可知，消費者對經驗來源和個人來源信息信任度最高，其次是公共來源信息，最後是商業來源信息。

（3）設計信息傳播策略

除利用商業來源傳播信息外，還要設法利用和刺激信息的公共來源、個人來源和經驗來源，也可多種渠道同時使用，以加強信息的影響力和有效性。

3. 備選產品評估

消費者在獲得全面的信息後就會根據這些信息和一定的評價方法對同類產品的不同品牌加以評價並決定選擇。一般而言，消費者評價行為涉及三個方面：

（1）產品屬性

產品屬性指產品所具有的能夠滿足消費者需要的特性。產品在消費者心中表現為一系列基本屬性的集合。例如，下列產品應具備的屬性是：

①冰箱：制冷效率高、耗電少、噪音低、經久耐用。

②計算機：信息儲存量大、運行速度快、圖像清晰、軟件適用性強。

因此，行銷人員應瞭解顧客主要對哪些屬性感興趣以確定產品應具備的屬性。

（2）品牌信念

品牌信念指消費者對某品牌優劣程度的總看法。每一品牌都有一些屬性，消費者對每一屬性實際達到了何種水準給予評價，然後將這些評價連貫起來，就構成其對該品牌優劣程度的總看法，即對該品牌的信念。

（3）效用要求

效用要求指消費者對該品牌每一屬性的效用功能應當達到何種水準的要求。或者

說，該品牌每一屬性的效用功能必須達到何種水準其才會接受。

明確了上述三個問題以後，消費者會有意或無意地運用一些評價方法對不同的品牌進行評價和選擇。

4. 購買決策

購買決策階段主要涉及兩個問題：一是是否購買；二是如何購買。

（1）購買意向到實際購買之間的介入因素

消費者經過產品評估後會形成一種購買意向，但是不一定導致實際購買，從購買意向到實際購買還有一些因素介入其間，如他人態度、意外因素等。

（2）購買決策內容

消費者一旦決定實現購買意向，必須做出以下決策：

①產品種類決策，即在資金有限的情況下優先購買哪一類產品。

②產品屬性決策，即該產品應具有哪些屬性。

③產品品牌決策，即在諸多同類產品中購買哪一品牌。

④時間決策，即在什麼時間購買。

⑤經銷商決策，即到哪一家商店購買。

⑥數量決策，即買多少。

⑦付款方式決策，即一次付款還是分期付款，現金購買還是其他方式等。

5. 購後過程

與傳統市場觀念相比，現代市場觀念最重要的特徵之一是重視對消費者購後過程的研究以及提高其滿意度。消費者的購後過程分為三個階段：購後處置、購後評價、購後行為。

（1）購後處置

消費者的購後處置有頻繁使用、較少使用、偶然使用、閒置不用、廢物丟棄、轉賣他人等多種情況。行銷人員應當關注消費者如何處置產品。如果一個應該高頻率使用的產品而消費者實際使用率很低或丟棄，說明消費者認為該產品無用或對該產品不滿意。

（2）購後評價

當前廣泛運用的購後評價理論是預期滿意理論。預期滿意理論認為，滿意是消費者將產品可感知效果與自己的期望值相比較後所形成的心理感受狀態，即消費者購買產品以後的滿意程度取決於購前期望得到實現的程度。如果購後感受達到或超過購前期望，則感到滿意或非常滿意；反之，則不滿意。行銷企業如果希望實現消費者購後滿意，在商品宣傳上應實事求是，不誇大其詞，以免造成消費者購前期望高於其購後感受。

（3）購後行為

消費者對產品的評價決定了購後行為，如信賴產品、重複購買、推薦給周圍人群，或者抱怨、索賠、個人抵制不再購買、勸阻他人購買、向有關部門投訴等。企業應當採取有效措施促進消費者購後的正面態度與行為，減少或消除負面態度與行為。

二、消費者購買決策過程的參與者

消費者在購買活動中可能扮演下列五種角色中的一種或幾種：
（1）發起者：第一個提議或想到去購買某種產品的人。
（2）影響者：有形或無形地影響最後購買決策的人。
（3）決定者：最後決定整個購買意向的人。
（4）購買者：實際執行購買決策的人。
（5）使用者：實際使用或消費商品的人。

消費者以個人為單位購買時，五種角色可能由一人擔任；以家庭為購買單位時，五種角色往往由家庭不同成員分別擔任。行銷人員應最關心決定者是誰，但也不能忽視其他角色在購買活動中的作用。

第二節　影響消費者購買行為的因素

影響消費者購買行為的因素主要有個體因素與環境因素兩個方面，如圖4-2所示。

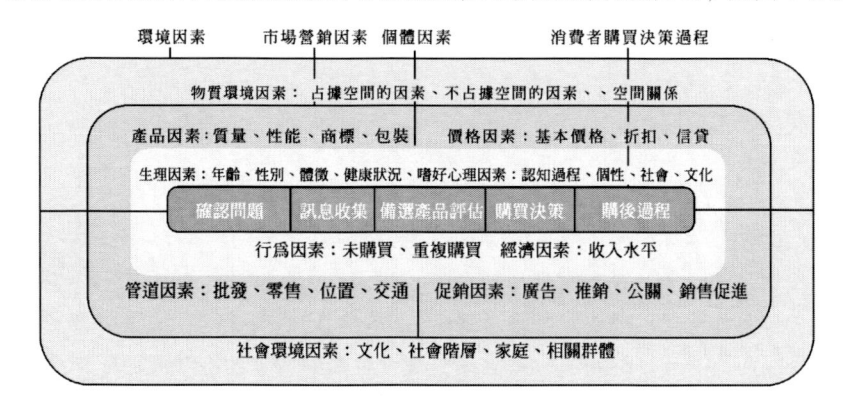

圖4-2　消費者行為影響因素

一、影響消費者購買行為的個體因素

影響消費者購買行為的個體因素主要有消費者的生理因素、心理因素、行為因素與經濟因素等。生理因素是指年齡、性別、體徵（高矮胖瘦）、健康狀況和嗜好（如飲食口味）等生理特徵的差別。生理因素決定著對產品款式、構造和細微功能的需求。心理因素包含消費者的認知過程、消費者的個性等。行為因素是指消費者已經發生或正在發生的行為對其後續行為的影響。經濟因素指消費者收入水準的影響。

1. 消費者的感覺與知覺

消費者的感覺與知覺是消費者認知過程的兩個階段。認知過程是指人由表及裡、由現象到本質反應客觀事物的特性與聯繫的過程，可以分為感覺、知覺、記憶、想像

和思維等階段。

(1) 感覺

感覺是人腦對當前直接作用於感覺器官的客觀事物個別屬性的反應。企業行銷人員應當通過調查確定一些重要的感覺評價標準，瞭解消費者對各種商品的感覺，在產品開發、產品定位、使用方法、促銷方法、廣告設計中考慮消費者的感覺與感受性變化，設計相應的市場行銷組合策略。

(2) 知覺

知覺是人腦對直接作用於感覺器官的客觀事物各個部分和屬性的整體的反應。知覺與感覺的區別是：感覺是人腦對客觀事物的某一部分或個別屬性的反應；知覺是對客觀事物各個部分、各種屬性及其相互關係的綜合的、整體的反應。

(3) 知覺的性質及其在市場行銷中的應用

①知覺的整體性。它也稱為知覺的組織性，是指知覺能夠根據個體的知識經驗將直接作用於感官的客觀事物的多種屬性整合為同一整體，以便全面地、整體地把握該事物。有時，刺激本身是零散的，而由此產生的知覺卻是整體的。

②知覺的選擇性。它是指知覺對外來刺激有選擇地反應或組織加工的過程，包括選擇性注意、選擇性扭曲和選擇性保留。選擇性注意是指在外界諸多刺激中僅僅主意到某些刺激或刺激的某些方面，而對其他刺激加以忽略。知覺的選擇性保證了人能夠把注意力集中到重要的刺激或刺激的重要方面，排除次要刺激或刺激的次要方面的干擾，更有效地感知和適應外界環境。選擇性扭曲是指人們有選擇地將某些信息加以扭曲，使之符合自己的意向。受選擇性扭曲的作用，人們在消費品購買和使用過程中往往忽視所喜愛品牌的缺點和其他品牌的優點。選擇性保留是指人們傾向於保留那些與其態度和信念相符的信息。知覺的選擇性給行銷人員的啟示是：第一，人們選擇哪些刺激物作為知覺對象以及知覺過程和結果受到主觀與客觀兩方面因素的影響。第二，企業提供同樣的行銷刺激，不同的消費者會產生截然不同的知覺反應，與企業的預期可能並不一致。第三，企業應當分析消費者的特點，使本企業的行銷信息被選擇成為其知覺對象，從而形成有利於本企業的知覺過程和知覺結果。

2. 消費者的個性

(1) 個性的含義及其構成

個性是指人的整個心理面貌，是個人心理活動穩定的心理傾向和心理特徵的總和。個性心理結構包括個性傾向性和個性心理特徵兩個方面。

①個性傾向性。這是指人所具有的意識傾向，決定著人對現實的態度以及對認識活動對象的趨向和選擇，主要包括需要、動機、興趣、理想、價值觀和世界觀。個性是人的行為的基本動力，是行為的推進系統。

②個性心理特徵。這是指一個人身上經常地、穩定地表現出來的心理特點的總和，主要包括能力、氣質和性格。當一個人的個性傾向性成為一種穩定而概括的心理特點時，就構成了個性心理特徵。

(2) 需要與動機

①需要。需要是指個體對內在環境和外部條件的較為穩定的要求。西方心理學對

需要的解釋主要分為兩種：一是重視它的動力性意義，把需要看作一種動力或緊張；二是把需要看作個體在某方面的不足或缺失。德國心理學家勒溫認為，個人與環境之間有一定的平衡狀態，如果這種平衡狀態遭到破壞，就會引起一種緊張，產生需要或動機。如果需要得不到滿足或遭到阻遏，緊張狀態就會保持，推動著人們從事消除緊張、恢復平衡、滿足需要的活動。需要滿足後，緊張才會消除，因此，需要是行為的動力。

②動機。動機是指人產生某種行為的原因。購買動機是指人們產生購買行為的原因。動機的產生必須有內在條件和外在條件。內在條件是達到一定強度的需要，需要越強烈，則動機越強烈。外在條件是誘因的存在。誘因是指驅使有機體產生一定行為的外在刺激，可分為正誘因和負誘因。正誘因是指能夠滿足需要，引起個體趨向和接受的刺激因素。負誘因是指有害於需要滿足，引起個體逃離和躲避的刺激因素。比如，對於饑餓的人來說，米飯是正誘因，體罰是負誘因。誘因可以是物質的，也可以是精神的，如同事對某種服裝的稱贊可以成為消費者購買的精神誘因。當內在與外在條件同時具備時就會產生動機。比如，當消費者感受到的炎熱強烈到一定程度並且商店有空調出售時，才會產生購買空調的動機。

(3) 馬斯洛需要層次論

第二次世界大戰後，美國行為科學家馬斯洛（A. H. Maslow）提出了需要層次論，將人類的需要分為由低到高的五個層次，即生理需要、安全需要、社交需要、尊重需要和自我實現需要，如圖 4-3 所示。

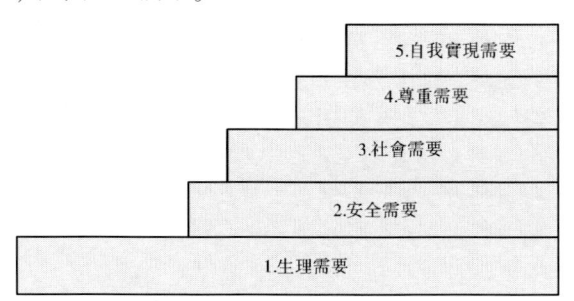

圖 4-3　需要層次圖

①生理需要。這是指為了生存而對必不可少的基本生活條件產生的需要。如由於饑渴冷暖而對吃、穿、住產生需要，它能保證一個人作為生物體而存活下來。

②安全需要。這是指維護人身安全與健康的需要。如為了人身安全和財產安全而對防盜設備、保安用品、人壽保險和財產保險產生需要；為了維護健康而對醫藥和保健用品產生需要等。

③社會需要。這是指參與社會交往，取得社會承認和歸屬感的需要。在這種需要的推動下，人們會設法增進與他人的感情交流和建立各種社會聯繫。消費行為必然會反應這種需要，如為了參加社交活動和取得社會承認而對得體的服裝和用品產生需要；為了獲得友誼而對禮品產生需要等。

④ 尊重需要。這是指在社交活動中受人尊敬，取得一定社會地位、榮譽和權力的

需要。如為了在社交中表現自己的能力而對教育和知識產生需要；為了表明自己的身分和地位而對某些高級消費品產生需要等。

⑤自我實現需要。這是指發揮個人的最大能力，實現理想與抱負的需要。這是人類的最高層次的需要，滿足這種需要的產品主要是思想產品，如教育與知識等。

一般而言，人類的需要由低層次向高層次發展，低層次需要滿足以後才會追求高層次的滿足。例如，一個食不果腹、衣不蔽體的人可能會鋌而走險而不考慮安全需要，可能會向人乞討而不考慮社會需要和尊重需要。行銷人員應當分析消費者的需要層次並制定相應的行銷策略予以滿足。

二、影響消費者購買行為的環境因素

影響消費者購買行為的環境因素是指外部世界中影響消費者行為的所有物質和社會要素的總和。

1. 物質環境與社會環境

物質環境是指自然界中各類物質對消費者行為的影響，可分為占據空間的因素、不占據空間的因素和空間關係等。占據空間的因素是指所有有形的物質因素，如有形產品和品牌、城市與鄉村的建築與交通、地理資源、商場及其裝修、商品陳列等；不占據空間的因素是指無形的物質因素，如氣候、噪音、光線和時間等；空間關係是指消費者與商品、商品銷售場所的空間位置關係以及各物質因素相互之間的空間位置關係，如消費者與商場的空間距離、商場在商業區中的相對位置、商品在商場或櫃臺中的相對位置等。

社會環境因素是指人與人之間社會意義上的直接或間接的相互作用。如某地區的文化與亞文化，政治制度與氛圍，個人、家庭、組織等相關群體的影響等。

2. 微觀環境與宏觀環境

微觀環境是指在特定場合或較小範圍內影響消費者行為的物質因素和社會因素的總和，如商場的購物環境、商場人流量、售貨員的服務技能和態度、家人和朋友對某商品的看法等。宏觀環境是指大規模的、具有普遍性的、影響廣泛的物質因素和社會因素的總和，包括人口因素、經濟因素、政治法律因素、社會文化因素、自然因素和科學技術因素等。物質環境和社會環境都可以分為微觀與宏觀兩個方面。

第三節　組織市場與購買行為

一、組織市場的概念和類型

1. 組織市場的概念

組織市場是指工商企業為從事生產、銷售等業務活動以及政府部門和非營利組織為履行職責而購買產品和服務所構成的市場。簡言之，組織市場是以某種正規組織為購買單位的購買者所構成的市場。就賣主而言，消費者市場是個人市場，組織市場則

是法人市場。

2. 組織市場的類型

組織市場包括生產者市場、中間商市場、非營利組織市場和政府市場。

（1）生產者市場

生產者市場是指購買產品或服務用於製造其他產品或服務，然後銷售或租賃給他人以獲取利潤的單位和個人。組成生產者市場的主要產業有：工業、農業、林業、漁業、採礦業、建築業、運輸業、通信業、公共事業、銀行業、金融業、保險業和服務業等。

（2）中間商市場

中間商市場也稱為轉賣者市場，是指購買產品用於轉售或租賃以獲取利潤的單位，其包括批發商和零售商。

（3）非營利組織市場

非營利組織泛指所有不以營利為目的、不從事營利性活動的組織。中國通常把非營利組當織稱為「機關團體、事業單位」。非營利組織市場是指為了維持正常運作和履行職能而購買產品或服務的各類非營利組織所構成的市場。

（4）政府市場

政府市場是指為了執行政府職能而購買或租用產品的各級政府和下屬各部門所構成的市場。各國政府通過稅收、財政預算掌握了相當部分的國民收入，形成了潛力極大的政府採購市場。組織市場與消費者市場的購買行為既有相似性，又有較大差異性，表現在購買類型、購買決策的參與者、購買決策影響因素、交易導向與購買決策過程等方面。

二、組織市場的交易導向與購買類型

1. 組織市場的交易導向

組織市場採購的基本原則是用相對較低的成本獲得最高利益。行銷人員的任務是給目標顧客提供盡可能高的消費價值。圍繞著採購的基本原則，組織市場有三種交易導向：購買導向、利益導向和供應鏈管理導向。

（1）購買導向

購買導向是指組織市場以最大限度地維護自身利益，實現短期交易作為採購指導思想。在這種思想指導下，購買者與供應商之間的交易行為是不連續的，關係是不友好的甚至是敵對的。

（2）利益導向

利益導向是指組織市場以建立交易雙方長期的良好關係作為採購指導思想。購買者建立了與更多小型供應商保持良好合作關係的制度與方法，通過更好的管理詢價、轉換及成本控制來尋求節約，不是單純壓低供應商的價格，而是分享節約的利益。

（3）供應鏈管理導向

供應鏈管理導向是指組織市場以建立交易雙方密切的夥伴關係，實現雙方價值最大化作為採購指導思想。購買者把採購工作視為價值鏈中的重要環節，制訂精益計劃

與供應商建立更加緊密的關係，讓供應商參與產品設計與成本節約過程，通過拉動需求而不是推動供應來增進價值。

2. 組織市場購買類型

（1）直接重購

直接重購是指組織用戶的採購部門按照過去的訂貨目錄和基本要求繼續向原先的供應商購買產品，這是最簡單的購買類型。採購部門對以往的所有供應商加以評估，選擇感到滿意的作為直接重購的供應商。被列入直接重購名單的供應商應盡力保持產品質量和服務質量，提高採購者的滿意程度。未列入名單的供應商會試圖提供新產品和滿意的服務，以便促使採購者轉移或部分轉移，從而以少量訂單入門，然後逐步爭取買方擴大其採購份額。

（2）修正重購

修正重購是指組織用戶改變原先所購產品的規格、價格或其他交易條件後再進行購買。用戶與原先的供應商協商新的供貨協議或者更換供應商，原先選中的供應商感到有一定的壓力，會全力以赴地繼續保持交易；新的供應商為獲得新的交易機會，也會努力爭取。這種決策過程較為複雜，買賣雙方都有較多的人參與。

（3）新購

新購是指組織用戶初次購買某種產品或服務，這是最複雜的購買類型。新購產品大多是不常購買的項目，如大型生產設備、建造新的廠房或辦公大樓、安裝辦公設備或計算機系統等，採購者要在一系列問題上做出決策，如產品的規格、購買數量、價格範圍、交貨條件及時間、服務條件、付款條件、可接受的供應商和可選擇的供應商等。購買的成本和風險越大，購買決策的參與者就越多，需要收集的信息就越多，購買過程就越複雜。由於顧客還沒有一個現成的供應商名單，因此，購買需求對所有的供應商都是機會，也是挑戰。

三、組織市場購買決策過程

組織市場購買類型決定了購買決策過程的複雜性。從理論上說，組織用戶完整的購買過程可分為 8 個階段，但是具體過程依不同的購買類型而定，直接重購和修正重購可能跳過某些階段，新購則會完整地經歷各個階段，見表 4-1。

表 4-1　　　　　　　　　　組織市場購買決策過程

購買階段	購買類型		
	新購	修正重購	直接重購
1. 問題識別	是	可能	否
2. 總需要說明	是	可能	否
3. 明確產品規格	是	是	是
4. 物色供應商	是	可能	否
5. 徵求供應建議書	是	可能	否

表4-1(續)

購買階段	購買類型		
	新購	修正重購	直接重購
6. 選擇供應商	是	可能	否
7. 簽訂合約	是	可能	否
8. 績效評價	是	是	是

1. 問題識別

問題識別是指組織市場用戶認識自己的需要，明確所要解決的問題。問題識別可以由內在刺激或外在刺激引起。

（1）內在刺激。比如，企業決定推出一種新產品，需要新設備或原材料來製造；機器發生故障，需要更新或需要新零件；已購進的商品不理想或不適用，需要更換供應。

（2）外在刺激。採購人員通過廣告、商品展銷會或賣方推銷人員介紹等途徑瞭解到有更理想的產品，從而產生需要。供應商應利用上述方式刺激買方認識需要。

2. 總需要說明

總需要說明是指通過價值分析確定所需項目的特徵和數量。標準化產品易於確定，而非標化產品須由採購人員和使用者、技術人員乃至高層經營管理人員共同協商確定。賣方行銷人員應向買方介紹產品特性，協助買方確定需要。

3. 明確產品規格

明確產品規格是指說明所購產品的品種、性能、特徵、數量和服務，寫出詳細的技術說明書，作為採購人員的採購依據。賣方應通過價值分析向潛在顧客說明自己的產品和價格比其他品牌更理想。未列入買方選擇範圍的供應商可通過展示新工藝、新產品把直接重購轉變為新購，爭取打入市場的機會。

4. 物色供應商

物色供應商是指採購人員根據產品技術說明書的要求尋找最佳供應商。如果是新購或所需品種複雜，組織市場用戶為此花費的時間就會較長。調查表明，企業採購部門信息來源及重要性的排列順序是：內部信息，如採購檔案、其他部門信息和採購指南，推銷員的電話訪問和親自訪問；外部信息，如賣方的產品質量調查、其他公司的採購信息、新聞報導、廣告產品目錄、電話簿、商品展覽等。供應商應當進入「工商企業名錄」和計算機信息系統，制訂強有力的廣告宣傳計劃和促銷體系，尋找潛在和現實的購買者。

5. 徵求供應建議書

徵求供應建議書是指邀請合格的供應商提交供應建議書。對於複雜和花費大的項目，買方會要求每一位潛在供應商提出詳細的書面建議，經選擇淘汰後，請餘下的供應商提出正式供應建議書。賣方的行銷人員必須擅長調查研究、寫報告和提建議，這些建議應當是行銷文件而不僅僅是技術文件，從而能夠堅定買方的信心，使本公司在

6. 選擇供應商

選擇供應商是指組織市場用戶對供應建議書加以分析評價，確定供應商。評價內容包括供應商的產品質量、性能、產量、技術、價格、信譽、服務、交貨能力等屬性，各屬性的重要性隨著購買類型的不同而不同。組織用戶在做出決定前，還可能與較為中意的供應商談判，以爭取較低的價格和較好的供應條件。供應商的行銷人員可以從產品的服務和「生命週期成本」等方面制定應對策略以防止對方壓價和提出過高要求。組織用戶的採購中心還會決定使用多少供應商，有時他們偏好一家大供應商，以保證原材料供應和獲得價格讓步；有時他們同時保持幾條供應渠道，以免受制於人，並促使賣方展開競爭。各供應商都要及時瞭解競爭者的動向，制定競爭策略。

7. 簽訂合約

簽訂合約是指組織市場用戶根據所購產品的技術說明書、需要量、交貨時間、退貨時間、擔保書等內容與供應商簽訂最後的訂單。許多組織市場用戶願意採取長期有效合同的形式，而不是定期採購訂單。買方若能在需要產品的時候通知供應商隨時按照條件供貨，就可實行「無庫存採購計劃」，從而降低或免除庫存成本。賣方也願意接受這種形式，因為可以與買方保持長期的供貨關係，增加業務量，抵禦新競爭者。

8. 績效評價

績效評價是指組織市場用戶對各個供應商的績效加以評價，以決定維持、修正或中止供貨關係。評價方法有：①詢問使用者；②按照若干標準加權評估；③把績效差的成本加總，修正包括價格在內的採購成本。供應商必須關注該產品的採購者和使用者是否使用同一標準進行績效評價，以求評價的客觀性和正確性。

四、組織市場購買決策的參與者

購買類型不同，購買決策的參與者也就不同。直接重購時，採購部門負責人起決定作用；新購時，企業高層領導起決定作用；在確定產品的性能、質量、規格、服務等標準時，技術人員起決定作用；在供應商選擇方面，採購人員起決定作用。這說明在新購的情況下，供應商應當把產品信息傳遞給買方的技術人員和高層領導，在買方選擇供應商的階段應當把產品信息傳遞給採購部門負責人。

組織用戶的採購決策組織稱為採購中心，指圍繞同一目標而直接或間接參與採購決策並共同承擔決策風險的所有個人和群體。採購中心通常由來自不同部門和執行不同職能的人員所構成。採購中心成員在購買過程中分別扮演著以下七種角色中的一種或幾種：

（1）發起者。它是指提出購買要求的人。他們可能是使用者，也可能是其他人。

（2）使用者。它是指組織用戶內部使用這種產品或服務的成員。在多數情況下，使用者往往首先提出購買建議，並協助確定產品規格。

（3）影響者。它是指組織用戶的內部和外部能夠直接或間接地影響採購決策的人員。他們協助確定產品規格和購買條件，提供方案評價的情報信息，影響採購選擇。技術人員大多是重要的影響者。

(4) 決策者。它是指有權決定買與不買、決定產品規格、購買數量和供應商的人員。有些購買活動的決策者很明顯，有些卻不明顯，供應商應當設法弄清誰是決策者，以便有效地促成交易。

(5) 批准者。它是指有權批准決策者或購買者所提購買方案的人員。

(6) 採購者。它是指被賦予權力按照採購方案選擇供應商和商談採購條款的人員。如果採購活動較為重要，採購者中還會包括高層管理人員。

(7) 信息控制者。它是指組織用戶的內部或外部能夠控制信息流向採購中心成員的人員。比如，採購代理人或技術人員可以拒絕某些供應商和產品的信息，接待員、電話接線員、秘書門衛等可以阻止推銷者與使用者或決策者接觸。

為了實現成功銷售，企業行銷人員必須分析以下問題：誰是購買決策的主要參與者？他影響哪些決策？他們的影響程度如何？他們使用的評價標準是什麼？

五、組織市場購買決策的主要影響因素

影響組織市場購買決策的基礎性因素是經濟因素，即商品的質量、價格和服務。在不同供應商的產品質量、價格和服務基本沒有差異的情況下，組織市場的採購人員幾乎無須進行理性的選擇，其他因素就會對購買決策產生重大影響。

影響組織市場購買決策的主要因素可分為四大類：環境因素、組織因素、人際因素和個人因素，如圖4-4所示。供應商應瞭解和運用這些因素，引導買方的購買行為，促成交易。

環境				
	組織			
需求水準	目標	人際		
經濟前景	政策	職權	個人	
技術變化率	程序	地位	年齡	
政治與規章制度	組織機構	態度	收入	購買者
競爭發展	制度	說服力	教育	
			工作職位	
			個性	
			動機	
			風險態度	
			文化	

圖4-4　組織市場購買決策的主要影響因素

1. 環境因素

環境因素包括市場需求水準、國家的經濟前景、資金成本、技術發展、政治法律因素、競爭態勢等。例如，經濟前景看好，有關組織市場用戶就會增加投資，增加原材料採購和庫存；技術的進步將導致企業採購者購買需求的改變。

2. 組織因素

組織因素是指組織市場用戶自身的經營戰略、組織和制度等因素的影響。企業行銷人員必須瞭解的問題有：組織市場用戶的經營目標和戰略是什麼？為了實現這些目標和戰略，他們需要什麼產品？他們的採購程序是什麼？有哪些人參與採購或對採購產生影響？他們的評價標準是什麼？該公司對採購人員有哪些政策與限制？等等。比如，以追求總成本降低為目標的企業，會對低價產品更感興趣；以追求市場領先為目標的企業，會對優質高效的產品更感興趣。

3. 人際因素

人際因素是指組織市場內部參與購買過程的各種角色（使用者、影響者、決策者、批准者、採購者和信息控制者）的職務、地位、態度、利益和相互關係對購買行為的影響。供應商的行銷人員應當瞭解每個人在購買決策中扮演的角色是什麼、相互之間關係如何等，利用這些因素促成交易。

4. 個人因素

個人因素是指組織市場用戶內部參與購買過程的有關人員的年齡、教育、個性、偏好、風險意識等因素對購買行為的影響。

受上述因素的影響，採購中心每一成員表現出不同的採購風格有理智型、情感型、習慣型等。

【本章小結】

本章著重論述了消費者市場與組織市場的購買行為。消費者市場是個人或家庭為了生活消費而購買產品和服務的市場。消費者購買決策過程可分為確認問題、信息收集、備選產品評估、購買決策和購後過程五個階段。行銷人員的任務是瞭解消費者在購買決策過程中不同階段的行為特點，制定有效的行銷策略促進購買並提高購後滿意度。

消費者購買行為受到個體因素和環境因素的影響。個體因素包括生理因素、心理因素、行為因素與經濟因素等。環境因素指外部世界中影響消費者行為的所有物質和社會要素的總和。物質環境包括占據空間的因素、不占據空間的因素和空間關係。環境因素可分為宏觀和微觀兩個層次。

組織市場指工商企業為從事生產、銷售等業務活動以及政府部門和非營利組織為履行職責而購買產品和服務所構成的市場。組織市場的交易導向有購買導向、利益導向和供應鏈管理導向三種。組織市場購買行為可分為直接重購、修正重購和新購三種類型。組織市場購買決策過程分為問題識別、總需要說明、明確產品規格、物色供應商、徵求供應建議書、選擇供應商、簽訂合約和績效評價八個階段，在產品同質化的條件下，環境因素、組織因素、人際因素、個人因素會成為影響組織用戶購買的主要因素。供應商應瞭解組織市場購買行為，採取相應的行銷策略促進購買。

【思考題】

1. 消費者購買決策過程分為哪幾個階段？
2. 消費者購買決策過程的信息收集階段，行銷人員的任務是什麼？
3. 影響消費者行為的個體因素有哪些？
4. 試述馬斯洛需要層次論及其在市場行銷中的應用。
5. 試述影響消費者行為的環境因素。
6. 論述組織市場的交易導向、購買類型與購買決策過程及其行銷應用。
7. 分析組織市場購買決策的參與者及其作用。
8. 試述影響組織用戶購買行為的因素及其行銷應用。

第五章　行銷信息系統與行銷調研

【學習目標】

通過本章的學習，學生應瞭解行銷信息系統的內涵、作用、構成；掌握行銷調研的含義、作用、類型、步驟、方法；學會市場需求測量方法；掌握市場需求預測方法。

企業要比競爭者更好地滿足消費需求，贏得競爭優勢，就必須研究市場，預測目前和未來市場需求的大小。實踐證明，有效的行銷管理特別需要詳細、準確和最新的市場信息，市場行銷調研正是為提供這種信息服務的。在深入調研、掌握信息的基礎上，科學的預測方法，可以幫助行銷管理者認識市場的發展規律，做出有利於新企業、新產品投資的決策，為企業制定、評價行銷組合策略指明方向。

第一節　行銷信息系統

一、信息及其特徵

信息是事物運動狀態以及運動方式的表象。廣義的信息由數據、文本、聲音和圖像四種形態組成，主要與視覺和聽覺相關。信息具有以下特徵：可擴散性，即通過各種傳遞方式可被迅速散布；可共享性，即信息可轉讓，但轉讓者在讓出後並未失去它；可存儲性，即通過體內儲存和體外儲存兩種主要方式存儲起來，個人儲存即是記憶；可擴充性，隨著人類社會的不斷發展和時間的延續，信息可以不斷得以擴充；可轉換性，信息可由一種形態轉換成另一種形態。

二、行銷信息系統的內涵與作用

行銷信息系統（Marketing Information System，MIS）由人員、設備和程序構成，該系統對信息進行收集、分類、分析、評估和分發，為決策者提供所需的、及時的和準確的信息。這些信息應能滿足以下要求：

1. 目的性

在產出大於投入的前提下，為行銷決策提供與行銷活動相關聯的、必要的和及時的信息，盡量減少雜亂無關的信息。

2. 及時性

及時性包含速度和頻率，在激烈的市場競爭中，信息傳遞的速度越快就越有價值。頻率也要適宜，低頻率的報告會使管理者難以應對急遽變化的環境，而頻率過高又會使管理者承受處理大量數據的負擔。

3. 準確性

準確的信息要求信息來源可靠，收集整理信息的方法科學，信息能反應客觀實際情況。不確切的市場信息，往往會誤導行銷決策。

4. 系統性

市場行銷信息系統是若干具有特定內容的同質信息在一定時間和空間範圍內形成的有序集合。在時間上具有縱向的連續性，是一種連續作業的系統；在空間上具有最大的廣泛性，內容全面、完整。

5. 廣泛性

市場行銷信息反應的是人類社會的市場活動，是行銷活動中人與人之間傳遞的社會信息，它會滲透到社會經濟生活的各個領域。伴隨市場經濟的發展和經濟全球化，市場行銷活動的範圍由地方性市場擴展為全國性、國際性市場，信息收集的範圍也應兼收並蓄，相當廣泛。

市場行銷信息系統是從瞭解市場需求情況、接受顧客訂貨開始，直到產品交付顧客使用、為顧客提供各種服務為止的整個市場行銷活動有關的市場信息收集和處理的過程，它既是企業進行行銷決策和編製計劃的基礎，也是監督、調控企業行銷活動的依據。

三、行銷信息系統的構成

行銷決策所需的信息一般來源於企業內部報告系統、行銷情報系統和行銷調研系統，再經過行銷分析系統，共同構成行銷信息系統，如圖 5-1 所示。

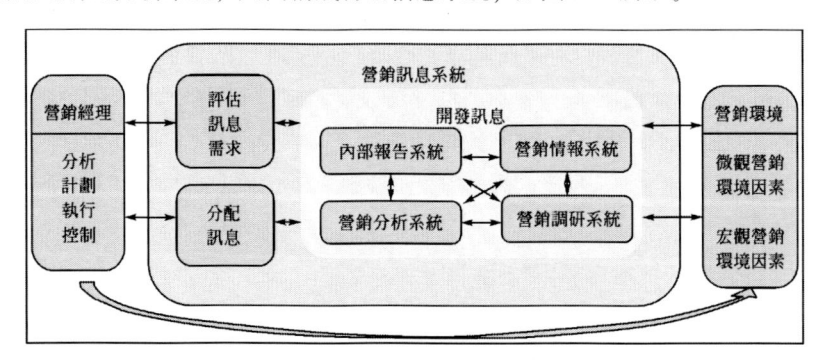

圖 5-1　行銷訊息系統

1. 內部報告系統

內部報告系統向市場行銷管理者及時提供有關交易的信息，包括訂貨數量、銷售額、價格、庫存狀況、應收帳款、應付帳款等各種反應企業行銷狀況的信息。內部報告系統的核心是訂單—收款循環，同時輔之以銷售報告系統。訂單—收款循環涉及企業的銷售、財務等不同的部門和環節的業務流程：訂貨部門接到銷售代理、經銷商和

顧客發來的訂貨單後，根據訂單內容開具多聯發票並送交有關部門。儲運部門首先查詢該種貨物的庫存，存貨不足則回覆銷售部缺貨，如果倉庫有貨，則向倉庫和運輸單位發出發貨和入帳指令。財務部門得到付款通知後，做出收款帳務，定期向主管部門遞交報告。為提高競爭力，所有企業都希望能迅速而準確地完成這一循環的各個環節。

內部報告系統應向企業決策制定者提供及時、全面、準確的生產經營信息，以利於其掌握時機，更好地處理進、銷、存、運等環節的問題。新型內部報告系統的設計，應符合使用者的需要，力求及時、準確，做到簡單化、格式化，加強實用性、目的性，從而真正有助於行銷決策。

2. 行銷情報系統

內部報告系統的信息是企業內部已經發生的交易信息，主要用於向管理人員提供企業營運的「結果資料」。行銷情報系統所要承擔的任務則是及時捕捉、反饋、加工、分析市場上正在發生和將要發生的信息，用於提供外部環境的「變化資料」，幫助行銷主管人員瞭解市場動態並指明未來的新機會及問題。

行銷情報信息不僅來源於市場與銷售人員，也可能來源於企業中所有與外部有接觸的其他員工。收集外部信息的方式主要有以下四種：

（1）無目的的觀察。即無既定目標，在和外界接觸時留心收集有關信息。

（2）有條件的觀察。即並非主動探尋，但有一定目的性，與既定範圍的信息作任意性接觸。

（3）非正式的探索。即為取得特定信息進行有限的和無組織的探索。

（4）有計劃的收集。即按預定的計劃、程序或方法，採取審慎嚴密的行動，來獲取某一特定信息。

行銷情報的質量和數量決定著企業行銷決策的靈活性和科學性，進而影響企業的競爭力。

3. 行銷調研系統

行銷調研系統又稱為專題調查系統，它的任務是系統地、客觀地收集和傳遞有關市場行銷活動的信息，提出與企業所面臨的特定的行銷問題有關的調研報告，以幫助管理者制定有效的行銷決策。

行銷調研系統和行銷信息系統在目標和定義上大同小異，研究程序和方法具有共性。它們的區別如表 5-1 所示。

表 5-1　　　　　　行銷調研系統與行銷信息系統的區別

行銷調研系統	行銷信息系統
著重處理外部信息	處理內部及外部信息
關心問題的解決	關心問題的解決與預防
零碎的、間歇地作業	系統、連續地作業
非以計算機為基礎的過程	是以計算機為基礎的過程
行銷信息系統的信息源之一	包含行銷調研及其他系統

4. 行銷分析系統

行銷分析系統是企業用一些先進技術分析市場行銷數據和問題的行銷信息子系統。完善的行銷分析系統通常由資料庫、統計庫和模型庫三部分組成。

(1) 資料庫

有組織地收集企業內部和外部資料，行銷管理人員可隨時取得所需資料進行研究分析。內部資料包括銷售、訂貨、存貨、推銷訪問和財務信用資料等；外部資料包括政府資料、行業資料、市場研究資料等。

(2) 統計庫

統計庫是指一組隨時可用於匯總分析的特定資料統計程序。其必要性在於：實施一個規模龐大的行銷研究方案，不僅需要大量原始資料，而且需要統計庫提供的平均數和標準差的測量，以便進行交叉分析。行銷管理人員為測量各變量之間的關係，需要運用各種多變量分析技術，如迴歸、相關、判別、變異分析以及時間序列分析等。統計庫分析結果將作為模型的重要輸入資料。

(3) 模型庫

模型庫是由高級行銷管理人員運用科學方法，針對特定行銷決策問題建立的，包括描述性模型和決策模型的一組數學模型。描述性模型主要用於分析實體分配、品牌轉換、排隊等候等行銷問題；決策模型主要用於解決產品設計、廠址選擇、產品定價、廣告預算、行銷組合決策等問題。

第二節　行銷調研

一、行銷調研的含義和作用

行銷調研就是運用科學的方法，有目的、有計劃地收集、整理和分析研究有關市場行銷方面的信息，獲得合乎客觀事物發展規律的見解，提出解決問題的建議，供行銷管理人員瞭解行銷環境，發現機會與問題，從而作為市場預測和行銷決策的依據。菲利普‧科特勒認為：行銷調研是指系統地設計、收集、分析和提交關於一個組織的具體行銷情況的數據報告。

行銷調研是企業行銷活動的出發點，其作用十分重要，具體有以下三個方面：

(1) 有利於制定科學的行銷規劃

行銷調研可以幫助行銷者評估市場潛力和市場份額，根據市場需求及其變化、市場規模和競爭格局、消費者意見與購買行為以及行銷環境的基本特徵，科學地制定和調整企業行銷規劃。

(2) 有利於優化行銷組合

企業根據行銷調研的結果，度量定價、產品、分銷和促銷行為的效果，分析、研究產品的生命週期，開發新產品，制定產品生命週期各階段的行銷策略組合。如根據消費者對現有產品的接受程度，以及對產品及包裝的偏好，改進現有產品，開發新用

途、研究新產品的創意、開發和設計；測量消費者對產品價格變動的反應，分析競爭者的價格策略，確定合適的定價；綜合運用各種行銷手段，加強促銷活動、廣告宣傳和售後服務，提高產品知名度和顧客滿意度；盡量減少不必要的中間環節，節約儲運費用，降低銷售成本，提高競爭力。

（3）有利於開拓新的市場

通過市場調研，企業可發現消費者尚未滿足的需求，測量市場上現有產品及行銷策略的顧客滿意度，從而不斷開拓新的市場。行銷環境的變化，往往會影響和改變消費者的購買動機和購買行為，給企業帶來新的機會和挑戰，企業可據以確定和調整發展方向。

二、行銷調研的類型和內容

1. 行銷調研的類型

市場行銷調研可根據不同的標準，劃分為不同的類型。如按調研時間可分為一次性調研、定期性調研、經常性調研、臨時性調研。按調研目的可分為探測性調研、描述性調研、因果關係調研。以下對後一種分類作詳細介紹。

（1）探測性調研

企業在情況不明時，為找出問題的癥結，明確進一步調研的內容和重點，需進行非正式的初步調研，收集有關資料進行分析。探測性調研研究的問題和範圍比較大，研究方法比較靈活，在調研過程中可根據情況隨時進行調整。有些比較簡單的問題，如果探測性調研已能弄清其來龍去脈，可不再作進一步調研。

（2）描述性調研

在已明確所要研究問題的內容與重點後，通過詳細的調查和分析，對市場行銷活動的某個方面進行客觀的描述，是對已經找出的問題作如實的反應和具體的回答。這時一般要進行實地調查，收集第一手資料，摸清問題的過去和現狀，進行分析研究，尋求解決問題的辦法。描述性調研是市場行銷調研經常採用的一種類型。如某企業產品銷量下降，通過調研，主要原因是產品質量差、售後服務不好等，可將調研結果進行描述，如實反應情況和問題，以利尋求對策。

（3）因果關係調研

企業行銷活動存在許多引發性的關係，大多可以歸納為由變量表示的一些函數。這些變量既包括企業自身可以控制的產品產量、價格、促銷費用等，也包括企業無法完全控制的產品銷售量、市場競爭格局與供求關係等。描述性調研可以說明這些現象或變量之間存在的相互關係，而因果關係調研則在描述性調研的基礎上進一步分析問題發生的因果關係，說明某個變量是否影響或決定著其他變量的變化，解釋和鑑別某個變量的變化究竟受哪些因素的影響，以及各種影響因素的變化對變量產生影響的程度。

2. 行銷調研的內容

行銷調研涉及行銷活動的各個方面，主要有產品、顧客、銷售和促銷調研等。

(1) 產品調研

產品調研包括對新產品設計、開發和試銷進行調研。通過產品調研，可對現有產品進行改良，以及對目標顧客在產品款式、性能、質量、包裝等方面的偏好趨勢進行預測。另外，定價是產品銷售的必要因素，因此也需要對供求形勢及影響價格的其他因素的變化趨勢進行調研。

(2) 顧客調研

顧客調研包括對消費心理、消費行為的特徵進行調查分析，研究這些因素的影響作用到底是發生在消費環節、分配環節還是生產領域。除此之外，還要瞭解潛在顧客的需求情況（包括需要什麼、需要多少、何時需要等）、影響需求的各因素變化的情況、消費者的品牌偏好及對本企業產品的滿意度等。

(3) 銷售調研

銷售調研包括對購買行為的調查，即研究社會、經濟、文化、心理等因素對購買決策的影響；也包括對企業銷售活動的全面審查，如對銷售量、銷售範圍、分銷渠道等方面的調研；還包括對產品的市場潛量與銷售潛量以及市場佔有率的變化情況的調研。銷售調研還應該就本企業相對於主要競爭對手的優劣勢進行評價。

(4) 促銷調研

促銷調研主要是對企業在產品或服務的促銷活動中所採用的各種促銷方法的有效性進行測試和評價。如廣告目標、媒體影響力、廣告設計及效果，公共關係的主要運作及效果，企業形象的設計和塑造等，都需要有目的地進行調研。

三、行銷調研的步驟

行銷調研通常包括五個步驟：確定問題與調研目標、擬定調研計劃、收集信息、分析信息、提交報告。如圖 5-2 所示。

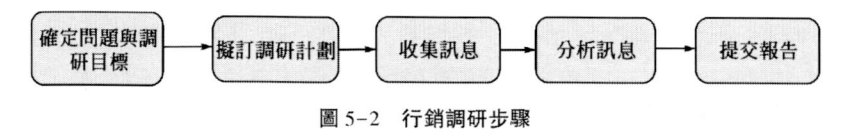

確定問題與調研目標 → 擬訂調研計劃 → 收集訊息 → 分析訊息 → 提交報告

圖 5-2　行銷調研步驟

(1) 確定問題與調研目標

為保證行銷調研的成功和有效，首先，要明確所要調研的問題，既不可過於寬泛，也不宜過於狹窄，要有明確的界定並充分考慮調研成果的實效性。其次，在確定問題的基礎上，提出特定的調研目標。

(2) 擬定調研計劃

設計能夠有效地收集所需要信息的調研計劃，包括概述資料來源、調研方法和工具等，見表 5-2。

表 5-2　　　　　　　　　　　　擬訂調研計劃

資料來源	第二手資料、第一手資料
調研方法	觀察法、訪問法、調查法、實驗法
調研工具	調查表、儀器
抽樣計劃	抽樣單位、抽樣範圍、抽樣程序
接觸方法	電話、郵寄、面談

由於收集第一手資料的花費較大，調研通常從收集第二手資料開始，必要時再採用各種調研方法收集第一手資料。調查表和儀器是收集第一手資料採用的主要工具。抽樣計劃決定三方面的問題：抽樣單位確定調查的對象；抽樣範圍確定樣本的多少；抽樣程序則是指如何確定受訪者的過程。接觸方法是指回答如何與調查對象接觸的問題。

（3）收集信息

在制定調研計劃後，既可由本企業調研人員承擔收集信息的工作，也可委託調研公司收集。進行實驗調查時，調研人員必須主意使實驗組和控制組匹配協調，將調查對象匯集在一起時避免其相互影響，並採用統一的方法對實驗處理過程和外來因素進行控制。

（4）分析信息

分析信息是指從已獲取的有關信息中提煉出適合調研目標的調查結果。在分析過程中，可將數據資料列成表格，制定一維和二維的頻率分佈，對主要變量計算其平均數並衡量其離中趨勢。

（5）提交報告

提交報告是指調研人員向行銷主管提交與進行決策有關的主要調查結果。調研報告應力求簡明、準確、完整、客觀，為管理人員做出科學決策提供依據。如能使管理決策減少不確定因素，則此項行銷調研就是富有成效的。

四、行銷調研的方法

1. 確定調查對象

調查對象的代表性直接影響調查資料的準確性。根據調研的目的及人力、財力、時間情況，要適當地確定調查樣本的多少和確定調查對象。

（1）普查和典型調查

普查是對調查對象進行逐個調查，以取得全面、準確的資料，信息準確度高，但耗時長，人力、物力、財力花費大。典型調查是選擇有代表性的樣本進行調查，據以推論總體。只要樣本代表性強，調查方法得當，典型調查可以收到事半功倍的效果。

（2）抽樣調查

抽樣調查是指當調查對象多、區域廣，而人力、財力、時間又不允許進行普查時，依照同等可能性原則，在所調研對象的全部單位中抽取一部分作為樣本，根據調查分

析結果來推論全體。常用的抽樣方法有：

①純隨機抽樣。即完全不區別樣本是從總體的哪一部分抽出，總體中的每個單位都有同等機會被抽取出來。如採用抽簽法或亂數表法。

②機械抽樣。即遵照隨機原則，將全部調查單位按照與研究標準無關的一個中立標準加以排列，嚴格按照一定的間隔機械地抽取調查樣本。由於樣本在總體中分配較均勻，樣本代表性也較強。

③類型抽樣。實行科學分組與抽樣原理相結合，先用與所研究現象有關的標準，把被研究總體劃分為性質相近的各組，以降低各組內的標準變異度，然後在各組內用純隨機抽樣或機械抽樣的方法，按各組在總體中所占比重成比例地抽出樣本。這種方法也叫類型比例抽樣，樣本代表性更強，可得到比較純隨機抽樣或機械抽樣更準確的結果。

④整群抽樣。上述方法都是從總體中抽取個別單位，整群抽樣則是整群地抽取樣本，對這一群單位進行全面觀察。其優點是比較容易組織，缺點是樣本分佈不均勻，代表性較差。

⑤判斷抽樣。即由專家判斷而決定所選的樣本，又稱立意抽樣。

2. 收集資料

調查收集第一手資料的方法，主要有以下幾種：

（1）固定樣本連續調查。用抽樣方法，從總體中抽出若干樣本組成固定的樣本小組，在一段時期內對其進行反覆調查以取得資料。調查技巧可採用個別面談、問卷調查、消費者日記或觀察記錄調查。固定樣本連續調查能掌握事項的變化動態，分析發展趨勢，但如持續時間長，被調查者會感到厭煩。所以，對一般問題的調查，往往採用一次性調查，其方法包括觀察法、實驗法和詢問法。

（2）觀察法。由調查人員到現場對調查對象的情況，有目的、有針對性地觀察記錄，據以研究被調查者的行為和心理。這種調查多是在被調查者不知不覺中進行的，除人員觀察外，也可利用機械記錄處理。如廣告效果數據，國外多利用機械記錄器來收集。直接觀察法所得資料比較客觀，實用性也強，其局限性在於只能看到事態的現象，往往不能說明原因，更不能說明購買動機和意向。

（3）實驗法。在給定的條件下，通過實驗對比，對行銷環境和行銷活動過程中的某些變量之間的因果關係及其發展變化進行觀察。通過一項推銷辦法在特定地區及時間的小規模試驗，並用市場行銷原理分析其是否值得大規模推進，即銷售實驗。

（4）詢問法。按預先準備好的調查提綱或調查表，通過口頭、電話或書面方式向被調查者瞭解情況，收集資料。

第三節　市場需求的測量與預估

市場需求測量和市場預估是兩個相互關聯的概念，目的都是發現和分析市場機會，研究和選擇目標市場，制定和實施行銷計劃及方案並控制行銷過程。不同的是，前者

指對當前需求的估計，後者指對未來需求的估計。

一、市場需求測量

1. 不同層次的市場

市場作為行銷領域的範疇，是指某一產品的實際購買者和潛在購買者的總和，是對該產品有興趣的顧客群體，因此也稱潛在市場。潛在市場的規模取決於顯示顧客與潛在顧客的多少。購買者身分的確認，一般依據三個特徵，即興趣、收入和購買途徑。興趣指購買需求和慾望，是採取購買行為的基礎。收入決定支付能力，是採取購買行為的條件。購買途徑決定購買者能否買得到所需產品。

同樣的產品，往往因購買者必須具備某一特定條件才能獲取，如成年人才能購買汽車。有效市場中具備這種條件的顧客群體，構成該產品有效的市場。

企業可將行銷努力集中於有效市場的某一細分市場，這便成為企業的目標市場。企業及競爭者的行銷努力，必能售出一定數量的某種產品，購買該產品的顧客群體，便形成滲透市場。

2. 市場需求

某一產品的市場總需求，是指在一定的行銷努力下，一定時期內在特定地區、特定行銷環境中，特定顧客群體可能購買的該種產品總量。對需求的概念，可從以下八方面考察：

（1）產品。首先確定所要測量的產品類別及範圍。

（2）總量。可用數量和金額的絕對數值表述，也可用相對數值表述。

（3）購買。這是指訂購量、裝運量、收穫量、付款數量或消費數量。

（4）顧客群。要明確是總市場的顧客群、某一層次市場的顧客群還是目標市場或者某一細分市場的顧客群。

（5）地理區域。根據非常明確的地理界線測量一定的地理區域內的需求。企業根據具體情況，合理劃分區域，測定各自的市場需求。

（6）時期。市場需求測量具有時間性，如本年度、5 年、10 年的市場需求。由於未來環境和行銷條件變化的不確定性，預測時期越長，預測的準確性就越差。

（7）行銷環境。測量市場需求必須確切掌握宏觀經濟中人口、經濟、政治、法律、技術、文化諸因素的變化及其對市場的影響。

（8）行銷能力。市場需求受可控因素的影響，包括產品價格、促銷和分銷方式等的影響，一般表現出某種程度的彈性，不是一個固定的數值。因此，市場需求也稱為市場需求函數。

3. 企業需求

企業需求指在市場需求總量中企業所占的份額。用公式表示為：

$$Q_i = S_i Q$$

式中：Q_i 為公司需求；

S_i 為 i 公司的市場佔有率；

Q 為市場需求，即總市場需求。

在市場競爭中，企業的市場佔有率與其行銷努力成正比。假定行銷努力與行銷費用支出成正比，則 i 公司的市場佔有率公式為：

$$S_i = M_i / \sum M_i$$

式中：M_i 為 i 公司的行銷費用；

　　　$\sum M_i$ 為全行業的行銷費用。

由於不同企業的行銷費用支出所取得的效果不同，以 a_i 代表公司行銷費用的奏效率，則 i 公司的市場佔有率計算公式為：

$$S_i = a_i M_i / \sum a_i M_i$$

此外，如果行銷費用分配於廣告、促銷、分銷等方面，它們有不同的效果及彈性。如果考慮到行銷費用的地區分配，以及以往行銷努力的遞延效果和行銷組合的協同效果等因素，則上述表達式還可以更進一步完善。

4. 企業預測與企業潛量

企業預測指企業銷售預測，是與企業選定的行銷計劃和假定的行銷環境相對應的銷售額，即預期的企業銷售水準。這裡，銷售預測不是為確定行銷計劃或行銷努力水準提供基礎，而是由行銷計劃所決定的，它是既定的行銷費用計劃產生的結果。與銷售預測相關的還有兩個概念：①銷售定額，即公司為產品線、事業部和推銷員確定的銷售目標，這是一種規範和激勵銷售隊伍的管理手段，分配的銷售定額之和，一般應略高於銷售預測。②銷售預算，主要為當前採購、生產和現金流量作決策。銷售預算一般略低於銷售預測，以避免過高的風險。

企業潛量即企業銷售潛量，指企業的行銷努力相對於競爭者不斷增大時，企業需求所達到的極限。當企業的市場佔有率為100%時，企業潛量就是市場潛量，但這是一種極端情況。

二、估計當前市場需求

1. 總市場潛量

總市場潛量指一定時期內，一定環境條件下和一定行業行銷努力水準下，一個行業中所有企業可能達到的最大銷售量。其公式為：

$$Q = NQP$$

式中：Q 為總市場潛量；N 為既定條件下特定產品的購買人數；Q 為每一個購買者的平均數量；P 為單位產品的平均價格。

由上式還可以導出另一種估算市場潛量的方法，即連鎖比率法。它由一個基數乘以幾個修正率組成，即由一般相關要素移向有關產品大類，再移向特定產品，層層往下推算。

假定某啤酒廠開發出一種啤酒，估計其市場潛量時可借助下式：

新啤酒需求量＝人口×人均可任意支配收入×人均可任意支配收入中用於購買食物的百分比×食物花費中用於飲料的百分比×飲料花費中用於酒類的百分比×酒類花費中用於啤酒額百分比×啤酒花費中用於該新啤酒的預計百分比

2. 區域市場潛量

企業在測量市場潛量後，為選擇擬進入的最佳區域，合理分配行銷資源，還應測量各地區的市場潛量。較為普遍的有兩種方法：市場累加法和購買力指數法。前者多為工業品生產企業採用，後者多為消費品生產企業採用。

（1）市場累加法

市場累加法指先識別某一地區市場的所有潛在客戶並估計每一個潛在客戶的購買量，然後計算得出地區市場潛量。如果公司能列出潛在買主，並能準確估計每個買主將要購買的數量，則此方法無疑是簡單而又準確的。問題是獲得所需要的資料難度很大，花費也較高。目前可以利用的資料，主要有全國或地方的各類統計資料、行業年鑒、工商企業名錄等。

（2）購買力指數法

購買力指數法指借組與區域購買力有關的各種指數以估算其市場潛量。例如，藥品製造商假定藥品市場與人口直接相關，某地區人口占全國人口的2%，則該地區的藥品市場潛量也占全國市場的2%。這是因為消費品市場顧客很多，不可能採用市場累加法。但上述例子僅包含一個人口因素，而現實中影響需求的因素有很多，且各因素影響程度不同。因此，通常採用購買力指數法。美國《銷售與市場行銷管理》雜誌每年都會公布全美各地和各大城市的購買力指數，並提出以下計算公式：

$$B_i = 0.5 y_i + 0.3 r_i + 0.2 p_i$$

式中：B_i 為 i 地區的購買力占全國購買力的百分比；Y_i 為 i 地區個人可支配收入占全國的百分比；R_i 為 i 地區零售額占全國的百分比；P_i 為 i 地區人口占全國的百分比；0.5、0.3、0.2 是三個因素權數，表明該因素對購買力的影響程度。

3. 行業銷售額和市場佔有率

企業為識別競爭對手並估計它們的銷售額，同時正確估量自己的市場定位，以利於競爭中知己知彼，正確制定行銷戰略，有必要瞭解全行業的銷售額和本企業的市場佔有率情況。

企業一般通過國家統計部門公布的統計數字、新聞媒介公布的數字和行業主管部門或行業協會所公布和收集的數字，以此來瞭解全行業的銷售額。通過對比分析，可計算本公司的市場佔有率，還可將本公司的市場佔有率與主要競爭對手進行比較，計算相對的市場佔有率。例如，全行業和主要競爭對手的增長率為8%，本行業增產率為6%，則表明企業在行業中的地位已被削弱。

為分析企業市場佔有率增減變化的原因，通常要剖析以下幾個重要因素：產品本身因素，如質量、裝潢、造型等；價格差別因素；行銷努力與費用因素；行銷組合策略差別因素；資金使用效率因素等。

三、市場需求預測方法

科學的行銷決策，不僅要以市場行銷調研為出發點，而且要以市場需求為預測依據。市場需求預測是在行銷調研的基礎上，運用科學的理論和方法，對未來一定時期的市場需求量及影響需求的諸多因素進行分析研究，尋找市場需求發展變化的規律，以為行銷管理人員提供關於未來市場需求的預測性信息，並以此作為行銷決策的依據。

市場需求預測的方法，常用的主要有以下幾種：

1. 購買者意向調查法

購買者意向調查法即通過直接詢問購買者的購買意向和意見，據以判斷銷售量。如果購買者的購買意向是明確清晰的，這種意向會直接轉化為購買行為，並且其願意向調查者透露，這種預測法就特別有效。但是，潛在購買者數量很多，難以逐個調查，故此法多用於工業用品和耐用消費品。同時，購買者意向會隨著時間的轉移而變化，故適宜作短期預測。調查購買者意向的具體方法比較多，包括直接訪問、電話調查、郵件調查、組織消費者座談會等。例如，採用概率調查表向消費者調查耐用品消費品購買意向，可能會收到較好的效果，調查表如表 5-3 所示。

表 5-3　　　　　　　　　　　購買意向概率調查表

在今後六個月內你打算買 34 寸彩電嗎?					
概率	0.00	0.20	0.40	0.60	0.80	1.00
意向	不買	不太可能	有點可能	很有可能	非常可能	要買

2. 綜合銷售人員意見法

綜合銷售人員意見法及通過聽取銷售人員的意見預測市場需求，銷售人員包括企業的行銷員、推銷員及有關業務人員。銷售人員最接近市場，比較瞭解各競爭者的動向，熟悉所管轄地區的情況，能考慮到各種非定量因素的作用，較快的作出反應。由於銷售人員中沒有受過預測技術教育的居多，往往因所處地位的局限性，對經濟形勢和企業行銷總體規劃不夠瞭解，可能存在過於樂觀或者過於悲觀的估計。但銷售人員較多時，過高或過低的期望值可互相抵消，從而使預測結果趨於合理。這一方法的主要優點是比較簡捷，無需複雜的計算；缺點是容易受個人認識水準等主觀因素影響。調查表如表 5-4 所示。

表 5-4　　　　　　　　　銷售人員銷售預測意見綜合表

銷售人員	預測項目	銷售額（萬元）	概率	銷售額 x 概率
小張	最高銷售	3,000	0.2	600
	可能銷售	2,100	0.5	1,050
	最低銷售	1,200	0.3	360
	期望值			2,010
小王	最高銷售	2,500	0.3	750
	可能銷售	2,000	0.6	1,200
	最低銷售	1,600	0.1	160
	期望值			2,110
小李	最高銷售	2,050	0.2	410
	可能銷售	1,800	0.6	1,080
	最低銷售	1,600	0.2	320
	期望值			1,810

如果三個銷售人員數值接近，權重相同，平均銷售預測值為：

$$\frac{2,010+2,110+1,810}{3}=\frac{5,930}{3}=1,976.7（萬元）$$

3. 專家意見法

專家意見法即根據專家的經驗和判斷以求得預測值。具體形式有三種：一是小組討論法。召集專家集體討論，互相交換意見，取長補短，發揮集體智慧，做出預測。二是單項預測集中法。由每位專家單獨提出預測意見，再由項目負責人綜合專家意見得出結論。三是德爾菲法。由系統的程序，採取不署名和反覆進行的方式，先組成專家組，將調查提綱及背景資料提交給專家，輪番諮詢專家意見後再匯總預測結果。其特點是專家互相不見面，可避免互相影響，且經過反覆徵詢、歸納、修改，最終使意見趨於一致，結論比較切合實際。

4. 市場實驗法

市場實驗法即在新產品投放市場或老產品開闢新市場、啟用新分銷渠道時，選擇較小範圍的市場推出產品，觀察消費者反應，預測銷售量。由於時間長、費用高，因而多用於投資大、風險高和有新奇特色的產品預測。

5. 時間序列分析法

時間序列法即將某種經濟統計指標的數值，按時間序列順序先後排列形成序列，再將此序列數值的變化加以延伸，進行推算，預測未來發展趨勢。其主要特點是以時間的推移來研究和預測市場需求趨勢，排除了外界因素影響。採用此法首先要找出影響變化趨勢的因素，再運用其因果關係進行預測。

產品銷售的時間序列（Y），其變化趨勢主要是以下四種因素發展變化的結果：

（1）趨勢（T）。它是人口、資本累積、技術發展等因素共同作用的結果。其利用過去的銷售資料，描繪出銷售曲線，可觀察到某種趨勢。

（2）週期（C）。許多商品銷售受經濟週期影響，銷售額往往呈波浪形運動。認識循環週期，對中期預測相當重要。

（3）季節（S）。這是指一年內銷售額變化的規律性週期波動。此一變化通常與氣候、假日、交易習慣有關，如具體到周、日，也可能與上下班的時間有關。

（4）不確定因素（E）。其包括自然災害和其他變故。這些偶發事件一般無法預測，應從歷史資料中剔除這些因素的影響，考察較為正常的銷售活動。

上訴因素構成的加法模型，公式如下：

$$Y=T+C+S+E$$

上訴因素構成的乘法模型，公式如下：

$$Y=T\cdot C\cdot S\cdot E$$

上訴因素構成的混合模型，公式如下：

$$Y=T\cdot(C+S+E)$$

6. 直線趨勢法

直線趨勢法即運用最小平方法，以直線斜率表示增長趨勢的外推預測方法。公式如下：

$$Y = a + bX$$

式中：

a 為直線在 Y 軸上的截距；b 為直線斜率，反應年平均增長率；Y 為銷售預測趨勢值；X 為時間。

根據最小平方原理，先計算預測趨勢值的總和，公式如下：

$$\sum Y = na + b \sum X$$

式中：n 為年份數。

再計算 XY 的總和，公式如下：

$$\sum XY = a \sum X + b \sum XX$$

為簡化計算，將 $\sum X$ 取為 0，若 n 為奇數，則取 X 的間隔為 1，將 $X=0$ 置於資料的中央一期；若 n 為偶數，則取 X 的間隔為 2，將 $X=-1$ 與 $X=1$ 置於資料中央的上下兩期。

當 $\sum XY = 0$ 時，上述二式分別變為：

$$\sum Y = na$$
$$\sum XY = b \sum x^2$$

由此推算出 a/b 值為：

$$a = \sum Y/n$$
$$b = \sum XY / \sum x^2$$

所以

$$Y = \sum Y/n + \sum XY / \sum XX \cdot X$$

假設某公司 2006—2010 年銷售額分別為 840 萬元、1,050 萬元、240 萬元、1,480 萬元、1,680 萬元，運用直線趨勢法預測 2011 年的銷售額。

由於 $n=5$，且間隔為 1，故 $X=0$ 置於中央一期即 2008 年，x 商務取值依次為 -2、-1、0、1、2，XY 依次為 $-1,068$、$1,050$、0、$3,360$，x^2 依次為 4、1、0、1、4，所以

$\sum Y = 6,290$

$\sum XY = 2,110$

$\sum x^2 = 10$ 帶入式中得

$$Y = 6,290/5 + \frac{2,110}{10} X = 1,258 + 211X$$

預測 2011 年的銷售額，則帶入 $X=3$，得

$$Y = 6,290/5 + \frac{2,110}{10} \times 3 = 1,891$$

四、統計需求分析法

任何產品的銷售都要受多種因素的影響。統計需求分析是運用一整套統計學方法，

發現影響企業銷售量最重要的實際因素及其影響力的大小，經常分析的因素有價格、收入、人口和促銷等。

統計需求分析將需求量（Q）視為一系列獨立的銷售變量 X_1，X_2，X_3，…，X_n 的函數，即：

$$Q=f(X_1, X_2, \cdots, X_n)$$

應當指出，這些變量同銷售量（因變量）之間的關係不能用嚴格的數學公式表示，只能用統計學分析來揭示和說明。運用多元迴歸技術在尋找最佳因素和方程的過程中，可以找到多個方程。

例：某飲料公司為預測各地區的銷售量，通過運用統計分析方法，發現影響飲料需求量的主要因素是年均氣溫和人均收入，其表達方程式是：

$$Q=-145.5+6.46X_1-2.37X_2$$

式中：Q 為銷售額；

X_1 為地區年平均氣溫（華氏）；

X_2 為地區的人均收入（百元）。

設某地區的年平均溫度為華氏 54 度，人均年收入為 2,400 元，代入上式可測出該地區飲料人均需求量：

$$Q=-145.5+6.46×54-2.37×24=146.46$$

用上述方程預測需求量，首先需要預測平均收入和人均收入，並注意可能影響預測值的影響因素，如觀察值過少，變量之間高度相關，變量與銷售之間關係不明朗和未考慮新變量的出現等。

【本章小結】

行銷管理需要詳細、準確、及時的信息，行銷調研可不斷提供這種服務。市場行銷信息系統由人、設備和程序組成，為行銷決策收集、篩選、分析、評估和分配提供及時、準確的信息。市場行銷信息除具備一般信息的特徵外，還具有目的性、系統性和社會性等特徵。行銷信息系統由內部報告系統、行銷情報系統、行銷調研系統和行銷分析系統構成。行銷調研是運用科學的方法，有目的、有計劃地收集、整理和分析有關行銷的信息，提出建議，以作為市場預測和行銷決策的依據。市場需求的測量和預測，包括市場需求、企業需求和市場潛量的預測，是在行銷調研的基礎上，對未來的市場需求量及影響需求的因素進行分析研究和預測。

【思考題】

1. 走向知識經濟時代，企業應如何改進市場行銷信息工作？
2. 加強行銷調研工作對參與市場競爭有何重要意義？
3. 市場需求預測中應深入研究哪些因素？
4. 怎樣根據不同情況選擇不同的預測方法？
5. 需求預測中容易出現的失誤有哪些？

第六章　行銷戰略

【學習目標】

通過本章的學習，學生要掌握市場行銷戰略的內涵，瞭解市場行銷戰略在企業行銷中的地位與作用，並熟悉市場行銷戰略的分類，學會進行市場行銷戰略的選擇；識別影響戰略實施的各要素；掌握行銷戰略有效實施的原則；選擇適當的戰略實施模式。

市場行銷戰略是企業為長期生存和發展而進行的謀劃和決策，是市場行銷管理的核心，具有全局性、長遠性、綱領性、競爭性、應變性、相對穩定性的特徵。市場行銷戰略的制定過程包括建立戰略業務單位、規劃投資組合、規劃新業務發展等內容。企業在長期的競爭中，有三種基本的戰略方法選擇可以形成競爭優勢，分別是：成本領先戰略、差異化戰略、集中性戰略。企業在開展市場行銷活動的進程中，在行業競爭分析的基礎上具體選擇的市場競爭戰略有：市場領導者戰略、市場挑戰者戰略、市場追隨者戰略和市場補缺者戰略等。

第一節　行銷戰略的主要內容和特徵

企業在動態的市場環境中求得生存和發展，不但要善於創造顧客並滿足其需求和慾望，還必須積極、主動地適應不斷變化的市場。市場行銷戰略是企業面對激烈變化、嚴峻挑戰的競爭環境，為長期生存和發展進行謀略或規劃。制定企業的市場行銷戰略是市場行銷管理的核心內容。

一、行銷戰略的概念

「戰略」一詞源於希臘語 strategos，原意是「將軍」的意思，當時引申為指揮軍隊的藝術和科學。在現代社會和經濟生活中，這一術語主要用來描述一個組織打算如何實現其目標和使命。菲利普·科特勒的觀點是：當一個組織清楚其目的和目標時，它就知道今後要往何處去。問題是如何通過最好的路線到達那裡。公司需要一個達到其目標的全盤的、總的計劃，這就叫做戰略。市場行銷戰略是企業在分析外部環境和內部環境的基礎上，確定企業行銷發展的目標，做出行銷活動總體的、長遠的規劃，以及實現這樣的謀劃所應採取的重大行動措施。它是市場行銷的目標規劃、行銷實施方案規劃、行銷管理的規劃。

二、市場行銷戰略的主要內容和特點

（一）市場行銷戰略的主要內容

企業市場行銷戰略包括兩方面內容，即企業的長遠行銷目標和實現行銷目標的手段，後者也稱為市場行銷策略或戰術。企業市場行銷活動，在某一時期的發展中，總有一個要實現的目標。而企業在行銷活動中往往有多種可供選擇的目標，但企業必須依據資源供應、利用狀況以及環境情況，在一定時期內確定一個對自己最有利的，且也能達到的行銷目標。

（二）市場行銷戰略的特點

1. 全局性

市場行銷戰略是以企業全局和行銷活動全局的發展規律為研究對象，是為指導整個企業行銷總體發展全過程的需要而制定的，它規定的是行銷總體活動，追求的是企業行銷總體效果，著眼點是行銷總體的發展。市場行銷戰略規定了行銷發展的總體目標，指明了行銷的發展方向，起到統率全局的作用。

2. 長遠性

市場行銷戰略是對企業未來較長時期行銷發展和行銷活動的謀劃，因此，它著眼於未來，在分析外部環境變異性和內部條件適應性的基礎上，謀求企業的長遠發展，關注的主要是企業的長遠利益。

3. 綱領性

市場行銷戰略中所規定的戰略目標、戰略重點、戰略對策等都屬於方向性、原則性的東西，是企業行銷發展的綱領，對企業具體的行銷活動具有權威性的指導作用。行銷戰略是企業領導者對重大行銷問題的決定，指導企業行銷發展的過程。企業市場行銷戰略應該通過展開、分解和落實等過程，才能變為具體的行動計劃。

4. 競爭性

市場行銷戰略具有如何在激烈的市場競爭中與競爭對手抗衡，如何應對來自各方面的衝擊、壓力、威脅和挑戰的特性。制定市場行銷戰略的目的是謀求改變企業在市場競爭中的狀況，在未來市場競爭中占據有利地位，不斷壯大自己的實力，在與競爭對手爭奪市場、顧客、資源的鬥爭中佔有相對優勢，以戰勝對手，確保自己的生存和發展。

5. 應變性

市場行銷戰略具有根據企業外部環境和內部條件的變化，適時加以調整，以適應環境變化的特徵。市場行銷戰略是確定企業未來行動的，而未來的企業內、外部環境是發展變化的。企業能否把握環境變化，做出重大戰略決策，帶有很大的風險性。成功的戰略不僅具有承擔更大的風險的能力，更能在條件變化的情況下適時加以調整，以適應變化後的形勢。

6. 相對穩定性

市場行銷戰略必須在一定時期內具有相對穩定性，才能在企業行銷實踐中具有指

導意義。穩定性要求行銷戰略本身具有一定彈性。如果企業行銷戰略朝令夕改，會造成企業行銷活動的混亂，企業各部門不會採取相應的措施去實現戰略，會給企業帶來損失。但由於企業行銷實踐活動是一個動態過程，指導企業行銷實踐活動的戰略也應是動態的，以適應外部環境的多變性，所以，企業行銷戰略的穩定性是相對的穩定性。

第二節　行銷戰略的制定過程

戰略計劃過程是企業及其各業務單位為了生存和發展而制定長期總戰略所採取的一系列重大步驟，包括規定企業任務、確定企業目標、建立戰略業務單位、規劃投資組合、規劃新業務發展。

一、確定企業的行銷任務與目標

在對企業面臨的市場競爭態勢進行分析的基礎上，企業要明確自己的行銷任務和目標。

(一) 規定企業任務

明確規定適當的任務，並向全體員工講清楚，這樣可以提高士氣，調動員工的積極性。並且，企業的任務是一只「無形的手」，它指引全體員工都朝著一個方向前進，使全體員工同心協力地工作。

1. 規定企業任務需要考慮的因素

企業在規定其任務時，可向股東、顧客、經銷商等有關方面廣泛徵求意見，並且需要考慮以下五個主要因素：

(1) 企業過去歷史的突出特徵。
(2) 企業高層的意圖。
(3) 企業周圍環境的發展變化。
(4) 企業的資源情況。
(5) 企業的特有能力。

2. 編寫任務報告書

為了指引全體員工都朝著既定的方向前進，企業要寫出一個正式的任務報告書。一個有效的任務報告書應具備如下條件：

(1) 市場導向。在任務報告書中如何表述企業經營的業務範圍呢？過去表述的方式是以所生產的產品或以所應用的技術來表示。現在，企業在市場行銷觀念指導下，要通過千方百計滿足目標顧客的需要來擴大銷售，取得利潤，實現企業的目標，因此，企業需要寫出一個市場導向的任務報告書，即企業在任務報告書中要按照其目標顧客的需要來規定和表述企業任務。

(2) 切實可行。任務報告書要根據本企業的資源的特長來規定和表述其業務範圍，不要把其業務範圍規定得太窄或太寬，也不要說得太籠統，因為這樣都是不切合實際

的，也是不可能實現的，而且會使企業的員工感到方向不明。

（3）富鼓動性。任務報告書應使企業員工感到其工作有利於提高社會福利並很重要，因而能提高士氣，鼓勵全體員工為實現企業的任務而奮鬥。

（4）具體明確。企業在任務報告書中要規定明確的方向和指導路線，以縮小每個員工的自由處理權限和範圍。例如，在任務報告書中要明確規定有關人員應該如何對待供應商、顧客、經銷商和競爭者，使全體員工在處理一些重大問題上可以遵循一個統一的準則。

（二）確定企業目標

規定了企業的任務後，還要把企業的任務具體化為一系列的各級組織層次的目標。各級經理應對其目標心中有數，並對其目標的實現完全負責，這種制度叫做目標管理。企業的常用目標有貢獻目標、市場目標、競爭目標和發展目標等。企業的任務與目標內容見表 6-1。

表 6-1　　　　　　　　　　　　企業的任務與目標

類　別	內　容	
任　務	What?	幹什麼？
	Who?	為誰服務？
	When?	何時滿足其需求？
	Where?	何處滿足其需求？
	Why?	為什麼這麼干？
	How?	如何滿足其需求？
目　標	貢獻目標	提供給市場的產品；節約資源狀況；保護環境目標；利稅目標。
	市場目標	原有市場的滲透；新市場的開發；市場佔有率的提高等。
	競爭目標	行業地位的鞏固或提升。
	發展目標	企業資源的擴充；生產能力的擴大；經營方向和形式的發展。

為了使企業的目標切實可行，所規定的目標必須符合以下要求：

（1）層次化。一個企業通常有許多目標，但是這些目標的重要性不一樣，應當按照各種目標的重要性來排列，顯示出哪些是主要的，哪些是派生的，同時應將目標層層分解，逐級落實，這樣就可以把企業的任務和目標具體化為一系列的各級目標，等級分明，而且落實到人，以加強目標管理，確保企業任務和目標的實現。

（2）數量化。以數量來表示企業的目標便於企業管理計劃、執行和控制過程。

（3）現實性。企業不能根據其主觀願望來規定目標水準，而應當根據對市場機會和資源條件的調查研究和分析來規定適當的目標水準。

（4）一致性。有些企業提出的各種目標往往是互相矛盾的，例如「最大限度地增加銷售額和利潤」。實際上，企業不可能既最大限度地增加銷售額同時又最大限度地增加利潤。所以，各種目標必須是一致的，否則就失去了指導作用。

二、制定市場行銷戰略

SWOT分析模型也稱SWOT分析法、道斯矩陣，即態勢分析法，是最常被用於企業戰略制定、競爭對手分析的方法。

（一）SWOT分析法的含義

在現在的戰略規劃報告裡，SWOT分析法應該算是一個眾所周知的工具，源自於麥肯錫公司，其中包括分析企業的優勢（Strengths）、劣勢（Weaknesses）、機會（Opportunities）和威脅（Threats）。因此，SWOT分析法實際上是將對企業內外部條件各方面內容進行綜合和概括，進而分析組織的優劣勢、面臨的機會和威脅的一種方法。通過SWOT分析法，可以幫助企業把資源和行動聚集在自己的強項和有最多機會的地方，並讓企業的戰略變得明朗。

SWOT分析法是運用各種調查研究方法，分析出公司所處的各種環境因素，即外部環境因素和內部環境因素。外部環境因素包括機會因素和威脅因素，它們是外部環境對公司的發展有直接影響的有利和不利因素，屬於客觀因素。內部環境因素包括優勢因素和弱點因素，它們是公司在其發展中自身存在的積極和消極因素，屬主動因素。在調查分析這些因素時，不僅要考慮到歷史與現狀，而且更要考慮未來發展問題。

1. 機會與威脅分析

隨著經濟、科技等諸多方面的迅速發展，特別是世界經濟全球化、一體化過程的加快，全球信息網絡的建立和消費需求的多樣化，企業所處的環境更為開放和動盪。這種變化幾乎對所有企業都產生了深刻的影響。正因為如此，識別環境中的機會和威脅成為一種日益重要的企業職能。

環境發展趨勢分為兩大類：一類表示環境威脅，另一類表示環境機會。環境威脅是指環境中一種不利的發展趨勢所形成的挑戰，如新的競爭對手、替代產品增多、市場緊縮、行業政策變化、經濟衰退、客戶偏好改變、突發事件等。如果不採取果斷的戰略行為，這種不利趨勢將導致公司的競爭地位受到削弱。

環境機會是指對公司行為富有吸引力的領域，在這一領域中，該公司將擁有競爭優勢，如新產品、新市場、新需求、外國市場壁壘解除、競爭對手失誤等。

2. 優勢與劣勢分析

識別環境中有吸引力的機會是一回事，擁有在機會中成功所必需的競爭能力是另一回事。每個企業都要定期檢查自己的優勢與劣勢，這可通過設置「企業經營管理檢核表」的方式進行。企業或企業外的諮詢機構都可利用這一方法檢查企業的行銷、財務、製造和組織能力。每一要素都要按照特強、稍強、中等、稍弱和特弱劃分等級。

當兩個企業處在同一市場或者說它們都有能力向同一顧客群體提供產品和服務時，如果其中一個企業有更高的盈利率或盈利潛力，那麼，我們就認為這個企業比另外一個企業更具有競爭優勢。換句話說，所謂競爭優勢是指一個企業超越其競爭對手的能力，這種能力有助於實現企業的主要目標——盈利。但值得注意的是：競爭優勢並不一定完全體現在較高的盈利率上，因為有時企業更希望增加市場份額，或者多獎勵管

理人員或雇員。

競爭優勢可以指消費者眼中一個企業或它的產品有別於其競爭對手的任何優越的東西，它可以是產品線的寬度、產品的大小、質量、可靠性、適用性、風格和形象以及服務的及時、態度的熱情等。雖然競爭優勢實際上是指一個企業比其競爭對手有較強的綜合優勢，但是明確企業究竟在哪一個方面具有優勢更有意義，因為只有這樣，才可以揚長避短，或者以實擊虛。

由於企業是一個整體，而且競爭性優勢來源十分廣泛，所以，在做優劣勢分析時必須從整個價值鏈的每個環節上，將企業與競爭對手做詳細的對比。如產品是否新穎、製造工藝是否複雜、銷售渠道是否暢通以及價格是否具有競爭性等。需要指出的是，衡量一個企業及其產品是否具有競爭優勢，只能站在現有潛在用戶的角度上，而不是站在企業的角度上。

影響企業競爭優勢的持續時間，主要有三個關鍵因素：
（1）建立這種優勢要多長時間？
（2）能夠獲得的優勢有多大？
（3）競爭對手做出有力反應需要多長時間？

(二) SWOT 分析的方法

在適應性分析過程中，企業高層管理人員應在確定內外部各種變量的基礎上，採用槓桿效應、抑制性、脆弱性和問題性四個基本概念進行 SWOT 模式的分析，見圖 6-1。

圖 6-1　SWOT 循環分析

1. 槓桿效應（優勢+機會）

槓桿效應產生於內部優勢與外部機會相互一致和適應時，在這種情形下，企業可以用自身內部優勢撬起外部機會，使機會與優勢充分結合併發揮出來。然而，機會往往是稍瞬即逝的，因此企業必須敏銳地把握時機，捕捉機會，以尋求更大的發展。

2. 抑制性（劣勢+機會）

抑制性意味著妨礙、阻止、影響與控制。當環境提供的機會與企業內部資源優勢不相適合，或者不能相互重疊時，企業的優勢再大也得不到發揮。在這種情形下，企業就需要提供和追加某種資源，以促進內部資源劣勢向優勢方面轉化，從而迎合或適應外部機會。

3. 脆弱性（優勢+威脅）

脆弱性意味著優勢的程度或強度降低或減少。當環境狀況對公司優勢構成威脅時，優勢得不到充分發揮，出現優勢不優的脆弱局面。在這種情形下，企業必須克服威脅，發揮優勢。

4. 問題性（劣勢+威脅）

當企業內部劣勢與企業外部威脅相遇時，企業就面臨著嚴峻挑戰，如果處理不當，可能直接威脅到企業的生死存亡。

(三) 構造 SWOT 矩陣並制定戰略計劃

將調查得出的各種因素根據輕重緩急或影響程度等排序方式，就構成 SWOT 矩陣。在此過程中，將那些對公司發展有直接的、重要的、大量的、迫切的、久遠的影響因素優先排列出來，而將那些間接的、次要的、少許的、不急的、短暫的影響因素排列在後面。

在完成環境因素分析和 SWOT 矩陣的構造後，便可以制定出相應的行動計劃。制定計劃的基本思路是：發揮優勢因素，克服弱點因素，利用機會因素，化解威脅因素；考慮過去，立足當前，著眼未來。運用系統分析的綜合分析方法，將排列與考慮的各種環境因素相互匹配起來加以組合，便得出一系列公司未來發展的可選擇對策。

三、建立戰略業務單位

企業的行銷管理層要對業務組合進行分析和評價，即業務是發展、維持，還是縮減、淘汰，或規劃新的業務，以做出相應的決策和安排。

(一) 戰略業務單位及特徵

大多數的企業，包括規模較小的企業，都有可能同時經營若干項業務。每項業務都會有自己的特點，且面對的市場、環境也未必完全一樣。為了便於從戰略上進行管理，有必要從性質上對組成企業活動領域的各項業務進行區別，將其劃分為若干個戰略業務單位（Strategic Business Units，簡稱 SBU）。戰略業務單位是指企業專門制定的一種經營戰略的最小經營單位，它可能包括一個或幾個部門，或者是某部門的某類產品，或者是某種產品或品牌。

一個戰略業務單位通常具有以下特徵：

(1) 有自己的業務。可能是一項獨立的業務，也可能是一組相互聯繫，但在性質上可與企業的其他業務分開的業務。因為它們有著共同的任務，所以有必要作為一個單位進行管理。

(2) 有共同的性質和要求。不論是一項業務還是一組業務，都有它們共同的經營

性質和要求；否則，無法為其專門制定經營戰略。

（3）掌握一定的資源，能夠相對獨立或有區別地開展業務活動。

（4）有其競爭對手。這樣的戰略業務單位才有其存在的意義。

（5）有相應的管理班子從事經營戰略的管理工作。

區分戰略業務單位的主要依據是，各項業務之間是否存在共同的經營主線。所謂「共同的經營主線」，是指目前的產品中、市場與未來的產品、市場間的一種內在聯繫或相關性。由於區分戰略業務單位的目的是為了將企業使命具體化，並分解為各項業務或某一組業務的戰略任務，在實際工作中還需要注意把握以下問題：

（1）市場導向而不是產品導向。因為依據產品特性或技術區分的業務單位，難有持久的生命力。產品和技術會過時、陳舊，只有需求、顧客才是永恆的。例如一家企業，區分了一個「計算尺業務」的業務單位，計算器問世後，難免陷入被動狀態。要是依據市場導向，將其區分為「滿足人們對小型、快速、精確的計算工具的需要」這樣一個業務單位，就可以順理成章地向計算器方向發展。產品導向和市場導向如表6-2所示。

表6-2　　　　　　　　產品導向和市場導向的業務定義比較

公司	產品導向	市場導向
資生堂	我們生產化妝品	我們出售希望
佳能	我們生產複印機	我們幫助改進辦公效率
標準石油公司	我們出售汽油	我們提供能源
星球電視公司	我們安排衛星節目	我們經營娛樂
大金	我們生產空調器和暖爐	我們為家庭提供舒適的溫度
富士	我們生產膠卷	我們保留記憶
先鋒	我們生產卡拉OK機	我們幫你唱歌

（2）切實可行而不要包羅萬象，否則就會失去共同的經營主線。例如，依據「滿足交通運輸的需要」區分，就會定義過寬。首先，這個單位可供選擇的經營範圍相當廣泛，如市內交通、城市間交通、空中、水上交通等；其次，顧客範圍相當廣泛，如個人、家庭、企業、機關等；最後，產品範圍也相當廣泛，有各種汽車、火車、輪船、飛機。這些變量可以形成無數組合，產生出無數條經營主線。假如一個企業有志於這一活動領域，就要為每個組合、每條經營主線分別確定其經營單位，因為只有一個經營單位，也難以制定經營戰略。

（二）戰略業務的選擇與投資組合

如何把有限的人力、物力、財力資源合理地分配給現狀、前景不同的各個戰略業務單位，是總體戰略必須考慮的主要內容。企業高層必須對各個經營單位及其業務進行評估和分類，確認它們的發展潛力，決定其投資方向和結構。最著名的分類和評價方法是美國波士頓諮詢集團法，見圖6-2。

图 6-2　波士顿谘询集团法

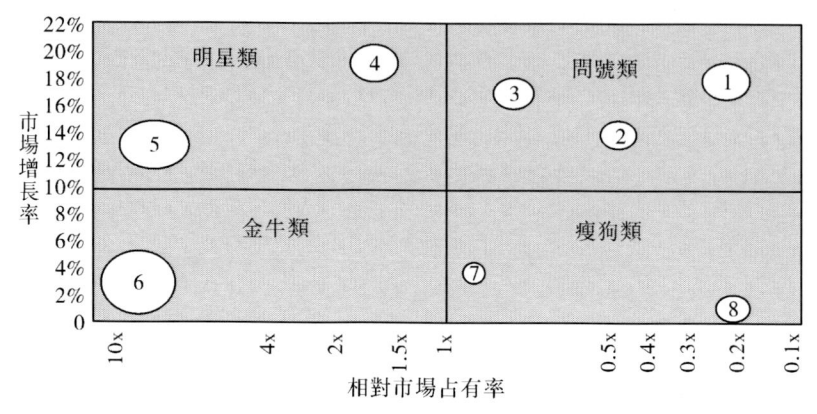

波士顿谘询集团法是用「市场增长率—相对市场佔有率矩阵」来对企业的战略业务单位加以分类和评价的。

矩阵图中的纵坐标代表市场增长率，表示企业的各战略业务单位的年市场增长率。假设以 10% 为分界线，则 10% 以上为高增长率，10% 以下为低增长率。

矩阵图中的横坐标代表相对市场佔有率，表示企业各战略业务单位的市场佔有率与同行业最主要的竞争者（即市场上的领导者或「大头」）的市场佔有率之比。如果企业的战略业务单位的相对市场佔有率为 0.4，也就是市场佔有率为同行业最大竞争者的市场佔有率的 40%；如果企业的战略业务单位的相对市场佔有率为 2.0，那麽，企业的战略业务单位就是市场上的「大头」，其市场佔有率是市场上的「二头」的市场佔有率的两倍。假设以 1.0 为分界线，则 1.0 以上为高相对市场佔有率，1.0 以下为低相对市场佔有率。

矩阵图中的 8 个圆圈代表企业的 8 个战略业务单位。这些圆圈的位置表示各战略业务单位的市场增长率和相对市场佔有率的高低；各个圆圈的面积大小表示各战略业务单位销售额的大小。

矩阵图把企业所有的战略业务单位分为四种不同类型：

（1）问号类。问号类是高市场增长率和低相对市场佔有率的战略业务单位。大多数业务都从问号类开始的，公司力图进入一个高速成长的市场，其中已有市场的领导者，那麽公司能否在市场上取得成功？这类单位需要大量现金，因为企业需要提高其相对市场佔有率，使其赶上市场上的「大头」，必须加大投资力度，如增添一些工厂、设备和人员，才能适应迅速增长的市场。因此，企业要慎重考虑经营这类单位是否划算，如果不划算，就要精简或淘汰。从图 6-2 看，企业有 3 个问号类单位，企业与其把有限的资金分散用於 3 个问号类单位，不如集中力量用於其中一两个单位，这样经营效益也许会好一些。

（2）明星类。问号类的战略业务单位如果经营成功，就会转入明星类。这类战略业务单位是高市场增长率和高相对市场佔有率的单位。明星类是高速成长市场中的领导者，也是竞争者追逐的对象。公司必须投入大量金钱来维持市场增长率和击退竞争

者，因此，明星類業務常常是現金的消耗者；同時，它們也有盈利和成長的空間，並將成為公司未來的金牛類業務單位。在圖6-2中，公司有兩個明星業務。

（3）金牛類。明星類的戰略業務單位的市場增長率下降到10%以下，就轉入金牛類業務單位。這類單位是低市場增長率和高相對市場佔有率的單位。這類業務之所以稱為金牛類業務單位，是因為它為公司帶來了大量的現金收入。由於市場增長率低，公司不必大量投資，同時，也因為該業務是市場領導者，它還享有規模經濟和較高利潤率優勢，能夠不斷地給企業帶來生存發展所必需的資金。企業的流動資金充足，可抽出資金支援問號類、明星類和瘦狗類單位。從圖6-2看，企業只有一個大金牛類業務單位，這種財務狀況是很脆弱的。這是因為如果這個金牛類業務單位的市場佔有率突然下降，企業就不得不從其他單位抽回現金，來加強這個金牛類業務單位以維持其市場領導地位；如果企業把這個金牛類業務單位所放出的現金都用來支援其他單位，這個強壯的金牛類業務單位就會變成弱金牛類業務單位。

（4）瘦狗類。這類戰略業務單位是低市場增長率和低相對市場佔有率的單位，盈利少或有虧損，如同處於饑餓或病痛狀態中的瘦狗一樣。從圖6-2看，公司有兩個瘦狗類單位，這種情況很不利，公司必須考慮這些瘦狗類業務的存在是否有足夠的理由。例如，市場增長率會回升，或者可重新成為市場領導者，或者是出自某種情感上的緣故。瘦狗類業務的繼續經營，通常要占用企業管理層較多時間，這可能是得不償失，因此需要進一步收縮或淘汰。

四、選擇適當戰略

企業對其所有的戰略業務單位加以分類和評價之後，就應採取適當的戰略。一般可供選擇的戰略業務有四種：

（1）發展。這種戰略的目標是提高戰略業務單位的相對市場佔有率。為了達到這個目標，有時甚至不惜放棄短期收入。這種戰略特別適用於問號類業務單位，因為這類業務單位如果要轉入明星類，就必須提高其市場佔有率。

（2）保持。這種戰略的目標是維持戰略業務單位的相對市場佔有率。這種戰略特別適用於金牛類業務單位，尤其是其中的大金牛單位，因為這類單位能提供大量現金。

（3）收割。這種戰略的目標是增加戰略業務單位的短期現金流量，而不顧長期效益。收割活動包括決策在計劃中不斷減少成本，並最終放棄該業務。公司對現金的計劃是「收割」和「對該業務提取利潤」。收割活動常常包括取消研究與開發費用、在設備到期時不更換、不更換銷售人員、減少廣告費用等。其願望是成本的減少快於銷售額的下降，從而使公司的現金流量成為正的增加。這一戰略適用於處境不佳的金牛類業務，這種業務前景黯淡而又需要從它身上獲得大量現金收入。收割也適用於問號類和瘦狗類業務。

（4）放棄。這種戰略的目標是清理、變賣某些戰略單位，以便把有限的資源用於經營效益較高的業務上，從而增加盈利。這種戰略特別適用於那些沒有前途或妨礙企業增加盈利的問號類和瘦狗類單位。

上述四類戰略業務單位在矩陣圖中的位置不是固定不變的。隨著時間的推移，它

在矩陣中的位置會發生變化。成功的戰略業務單位有一個生命週期，它從問號類開始，轉向明星類，然後成為金牛類，最終成為瘦狗類，從而走向生命週期的終點。因此，公司不能僅僅注意其業務在矩陣圖上現有的位置，還要注意它的時間變化規律。如果某項業務的預期軌跡不太令人滿意，公司就應該要求業務經理提出新戰略和可能產生的結果。這樣，市場增長率—相對市場佔有率矩陣就成為公司戰略計劃者的計劃構架。

公司可能犯的最大錯誤就是要求所有的戰略業務單位都要達到同樣的增長率或投資報酬率。戰略業務單位的分析重點是每項業務有不同的潛量與它自己目標的要求。其他的錯誤包括：給金牛業務的留存資金太少（在此情況下，這些業務的發展就會減弱），或留給它們的留存資金太多（使公司無法向新的成長業務投入足夠的資金）；給瘦狗類業務投入大量資金，希望扭轉局面，但每次都失敗；保留太多的問號類業務並逐項投資；問號類業務要麼得到足夠的支持以獲得細分優勢，要麼乾脆放棄。

第三節　市場發展戰略

企業在制定了業務組合計劃之後，還應對未來的業務發展方向制定戰略計劃，即制定企業的市場發展戰略。企業的市場發展戰略有以下三種：

一、密集型增長戰略

如果企業尚未完全開發其現有產品和市場的機會，則可採取密集型增長戰略。這種戰略包括以下三種類型：

1. 市場滲透

市場滲透是指企業通過加強宣傳和推銷工作，選擇多渠道將同一產品送達同一市場，或短期降價等措施，在現有市場上擴大現有產品的銷售。

2. 市場開發

市場開發是指企業通過在新市場增設網點或利用新分銷渠道，加強廣告宣傳和促銷等措施，擴大現有產品的銷售。

3. 產品開發

產品開發是指企業通過增加花色、品種、規格、型號等，向現有市場提供新產品或改進產品。

二、一體化增長戰略

如果企業所處的行業很有發展前途，而且企業在供、產、銷等方面實行一體化能提高效率和擴大銷售，則可實行一體化增長戰略。這種戰略包括以下三種類型：

1. 後向一體化

後向一體化是指企業通過收購或兼併若干原材料供應商，擁有和控制其供應系統，實行供產一體化。例如，某拖拉機製造商過去向輪胎公司採購輪胎，現在決定自己生產輪胎，這就是後向一體化。

2. 前向一體化

前向一體化是指企業通過收購或兼併若干商業企業，擁有和控制其分銷系統，實行產銷一體化。例如，美國勝家公司在全國各地設有縫紉機商店，實行自產自銷，這就是前向一體化。

3. 水準一體化

水準一體化是指企業收購、兼併競爭者的同種類型的企業，或者在國內外與其他同類企業合資生產經營等。例如，中國東南沿海地區的某些現代化企業，利用自己在商標、技術、市場、資金等各方面的優勢，與西部欠發達地區的企業進行聯合，或以其他形式進行合作經營等。

三、多元化增長戰略

多元化增長就是企業盡量增加產品種類，跨行業生產經營多種產品和服務，擴大企業的生產範圍和市場範圍，使企業的特長得到充分發揮，人力、物力、財力等資源得到充分利用，從而提高經營效益。多元化增長的主要方式包括以下三種：

1. 同心多元化

同心多元化是指企業利用原有的技術、特長、經驗等研發新產品，增加產品種類，從同一圓心向外擴大業務經營範圍。例如，生產複印機的企業又研發生產打印機。同心多元化的特點是原產品與新產品的基本用途不同，但有較強的技術關聯性。

2. 水準多元化

水準多元化是指企業利用原有市場，採用不同的技術來發展新產品，增加產品種類。例如，原來生產化肥的企業又投資農藥項目。水準多元化的特點是原產品與新產品的基本用途不同，但存在較強的市場關聯性，可以利用原來的分銷渠道銷售新產品。

3. 集團多元化

集團多元化是指大企業收購、兼併其他行業的企業，或在其他行業投資，把業務擴展到其他行業中。新產品、新業務與企業的現有產品、技術、市場毫無關係。也就是說，企業既不以原有技術也不以原有市場為依託，而是向技術和市場完全不同的產品或服務項目發展。它是實力雄厚的大企業集團採用的一種經營戰略。

【本章小結】

戰略是指企業為了實現預定目標所作的全盤考慮和統籌安排。戰略計劃是企業根據外部行銷環境和內部資源條件而制定的涉及企業管理各方面的帶有全局性的重大計劃。戰略計劃過程又稱戰略管理過程，是指企業的最高管理層通過制定企業的任務、目標、業務組合計劃和新業務計劃，在企業的目標和資源與迅速變化的經營環境之間，發展和保持一種切實可行的戰略適應的管理過程。戰略計劃過程是企業及其各業務單位為生存和發展而制定長期總戰略所採取的一系列重大步驟，包括規定企業任務、確定企業目標、安排業務組合、制定新業務計劃。

【思考題】

1. 什麼是市場行銷戰略？其制定原則有哪些？
2. 怎樣用波士頓諮詢集團法對企業的戰略業務單位進行評價？
3. 行銷管理的實質和任務是什麼？

第七章　目標市場行銷戰略

【學習目標】

　　通過本章的學習，學生應明確市場細分的概念和作用、市場細分的依據及標準；理解目標市場的概念、選擇目標市場的條件和範圍；掌握目標市場的戰略步驟、目標市場的選擇和策略；掌握市場定位的方式和策略策略；能應用市場細分原理、目標市場選擇策略及市場定位方法，分析企業目標市場行銷中存在的各種問題。

　　任何現代企業在開展行銷活動時都會意識到，在通常情況下，它們不可能或至少不能以同一種方式吸引市場上所有的購買者。這不僅是受企業的有限資源和競爭能力的限制，而且因為購買者為數眾多、分佈廣泛並都有著不同的購買習慣與要求。因此，為了充分利用自身可獲得的有限資金和資源，發揮自己的經營優勢，提供適合顧客需要的產品和服務，大多數現代企業都實行目標市場行銷，即選擇與本企業經營目標相適應的、最有吸引力的、本企業可以提供最有效服務的那一部分市場作為自己的目標市場，從而採取相應的市場行銷手段，打入和占領這個市場。

　　目標市場行銷的主要步驟包括：第一步，市場細分（Market Segmentation），即把市場細分為具有不同需要、特點或行為的購買者群體，並描繪細分市場的輪廓。第二步，選擇目標市場（Market Targeting），即估計每個細分市場的吸引程度，選擇進入一個或若干個細分市場。第三步，市場定位（Market Positioning），即對產品進行競爭性定位並制定市場行銷組合戰略以有效傳播市場定位。市場細分、目標市場選擇和市場定位這三者構成了現代市場行銷策略的核心。

第一節　市場細分

　　市場細分的概念是由美國市場學家溫德爾·史密斯於 1956 年在發表在美國《市場行銷雜誌》的「市場行銷策略中的產品差異化與市場細分」一文中提出來的。這個概念一經提出，就受到企業經營管理者的重視，並迅速地廣為利用。

一、市場細分的概念與作用

1. 市場細分的概念

所謂市場細分，是指根據消費者需求的差異性，把整體市場劃分為若干個由相似

需求的消費者組成的消費者群，即子市場，從而確定企業目標市場行銷戰略的過程。對這個概念可以從以下幾個方面來理解：

(1) 細分市場是細分消費者，而不是細分商品

市場細分是把同一產品分為由具有不同特性的消費者所組成的子市場。它不是產品分類，而是同種產品的消費者分類，如「黃金搭檔」保健品將目標市場細分為中老年、青年、兒童市場。

(2) 市場細分的基礎和理論依據是消費需求的異質性理論

產品屬性是影響消費者購買行為的重要因素，顧客對產品的不同屬性的重視程度不同，從而形成不同的需求偏好，這種需求偏好差異的存在是市場細分的客觀依據。一般而言，消費者對一種產品的偏好分佈有三種類型：同質偏好、分散偏好和集群偏好。

假設我們向奶製品購買者詢問蛋白質含量和鈣含量兩個產品屬性，由此產生三種不同的偏好模式（如圖7-1所示）。

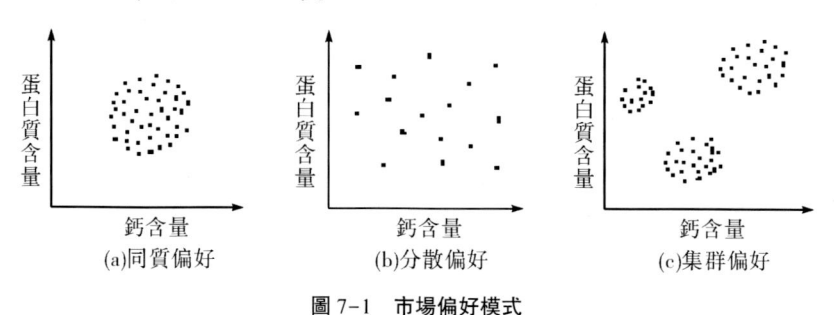

圖 7-1　市場偏好模式

①同質偏好（見圖7-1(a)）是指所有消費者對產品的各屬性都有大致相同的偏好。企業不能對這種偏好分佈的市場進行細分，所有品牌都是類似的，並且都處在蛋白質含量和鈣含量兩者偏好的中心。

②分散偏好（見圖7-1(b)）是指市場中的所有消費者對產品的各屬性都有著不同的偏好，即不同消費者對產品屬性的要求存在較大差異。進入該市場的第一品牌可能定位在市場的中心，以迎合最多的消費者；同時，可使所有的消費者總的不滿為最小。新進入市場的競爭者，可能把其品牌定位在第一品牌的附近，與其搶奪市場份額；也可以遠離市場中心，形成有鮮明特徵的定位，以吸引對第一品牌不滿的消費者群體。如果這個市場中有好幾個品牌，則它們可能被定位於整個空間的各處，以顯示與其他競爭品牌的差異性，來迎合消費者偏好的差異。

③集群偏好（見圖7-1(c)）是指市場中存在具有獨特偏好的密集群體，這些密集群體可稱為常見細分市場。第一個進入此市場的公司有三種選擇，它可將產品定位於中心，以迎合所有的顧客群體（無差異行銷）；也可以將產品定位在最大的細分市場內（集中行銷）；還可以推出好幾種品牌，分別定位於不同的細分市場內（差異行銷）。顯而易見，如果公司只發展一種品牌，那麼競爭者就會進入其他的細分市場，並在那裡引進許多品牌。

在行銷活動中，通常把一個產品的市場分為同質市場和異質市場兩種類型。在同質市場中，顧客對同一產品的要求基本一致，對廠商行銷活動的反應也基本一致。異質市場是指組成這一市場的顧客對同一產品的要求是多樣化的，對廠商的促銷活動的反應是不一致的。嚴格來講，同質市場只能是一個個的個體消費者，因為任何兩個消費者都不可能有完全一致的產品要求和行銷反應。因而同質市場是相對的，異質市場才是絕對的。

（3）市場細分是一個經常性的、反覆的過程

消費者對產品的需求的特徵並非一成不變，它隨著社會、文化和經濟的發展而處於不斷發展變化之中，它也不僅僅是一個自然過程，企業可以通過行銷影響它。

（4）市場細分是企業選擇目標市場和制定市場行銷策略的基礎

企業細分市場的目的在於根據各個細分市場的特點，採取相應的對策，從而進行有效的市場行銷活動。

2. 市場細分對企業的作用

市場細分是企業從事市場行銷的重要手段，因此它對於企業的行銷實踐也有著重要的意義。

（1）市場細分有利於發掘市場機會。通過市場細分，企業可以尋找目前市場上的空白點，即瞭解現有市場上有哪些消費需求沒有得到滿足，如果企業能夠滿足這些消費者的需求，則可以以此作為企業的目標市場，這就是市場給予企業的機會。例如，日本對美國市場的手錶需求做的調查表明：23%的消費者要求價格低廉，能計時就行；46%的消費者要求準確、耐用、價格適中；31%的消費者要求象徵價值、華麗貴重。由於瑞士手錶只著重於最後一種消費者，因此日本人發掘了近70%不能得到滿足的前兩類消費者群，生產物美價廉的機械表和電子表，不到10年日本手錶在美國市場達到了60%以上的市場佔有率。

（2）市場細分有利於企業充分、合理利用現有資源，提高市場競爭能力。這一點對於企業特別重要。企業發展史說明，在全球企業日趨大型化的時代，仍然有眾多的企業得到了生存和發展，原因就在於這些企業通過細分而發現了大企業所留下的市場空隙，最大限度地利用自身資源，在特定市場上確自己的經營優勢。事實上，當今許多著名的大型企業，都是從經營某一獨特的產品起步，在滿足市場空隙地帶的需求過程中成長起來的。在科學技術高度發達、人民生活水準普遍提高的今天，消費需求日趨多樣化，這就給廣大的企業提供了更多的機會。

（3）有利於掌握目標市場的特點，正確制定行銷策略。不進行市場細分，企業選擇目標市場必定是盲目的，不認真地鑑別各個細分市場的特點，就不能進行有針對性的市場行銷。例如，中國某公司向日本出口凍雞，原先的目標市場主要是消費者市場，以超級市場、專業食品商店為主要銷售渠道，但隨著市場競爭的加劇，銷售量呈下降趨勢。為此，該公司對日本凍雞市場作了進一步的調查分析，以掌握不同細分市場的需求特點。調查發現，凍雞購買者一般有三種類型：一是飲食業用戶，二是團體用戶，三是家庭主婦。這三個細分市場對凍雞的品種、規格、包裝和價格等要求不盡相同。飲食業對凍雞的品質要求較高，但對價格的敏感度低於零售市場的家庭主婦；家庭主

婦對凍雞的品質、外觀、包裝均有較高的要求，同時要求價格合理，購買時挑選性較強。根據這些特點，該公司重新選擇了目標市場，以飲食業和團體用戶為主要顧客，並據此調整了產品、渠道等行銷組合策略，使出口量得到大幅度增長。

二、市場細分的標準

我們已經知道，市場細分化的實質就是對某種商品的購買者，按照某種標準加以分類使之劃分為具有不同特點的一系列群體的過程。細分化的基礎是消費需求的差異性，引起需求發生差異的原因有很多，而且對消費者市場和生產者市場的購買者而言又有所區別。下面分別從消費者市場和生產者市場兩個角度分析市場細分的標準。

1. 消費者市場的細分標準

由於消費者為數眾多，需求各異，所以消費者市場是一個複雜多變的市場。不過，總有一些消費者有某些類似的特徵。以這些特徵為標準，就可以把整個消費者市場細分成不同的子市場，並據此選定企業的目標市場。

消費者市場的細分標準有很多，通常可以分成四大類，即人口因素、地理因素、心理因素、行為因素。

（1）地理因素

地理因素是指現代企業按消費者所在的不同地理位置以及其他地理變量（如城市、農村、地形氣候、人口密度等）作為細分消費者市場的標準。這是一種傳統的劃分方法。相對於其他標準，這種劃分標準比較穩定，容易分析，因為，一般來說，處在同一地理條件下的消費者，他們的需求有一定的相似性，對企業的產品、價格、分銷、促銷等行銷措施也會產生類似的反應。現代企業在不同地理區域開展業務時，要注意地區之間消費者對某一類產品的需求差異性。例如，亞都加濕器的經營者在推出產品時，首先選擇了北京市場，因為北方冬季寒冷干燥，室內供暖使空氣干燥的問題更為突出，加濕器正好能緩解這一問題。此外，北京居民收入水準較高，對新穎小家電產品的接受能力強。

（2）人口因素

人口因素是指各種人口統計變量，包括年齡、家庭人數、家庭生命週期、性別、收入、職業、教育、宗教、民族、國籍和社會階層等。人口統計變量是區分消費者群體最常用的標準，這主要是因為人口統計變量比大部分其他類型的變量更容易衡量，並且消費者的需求偏好和購買行為往往與人口統計變量有密切的聯繫。

下面，我們詳細說明一些常用的人口統計變量。

①年齡。年齡是服裝、雜誌、娛樂、化妝品、玩具等商品市場最重要的市場細分變量。按年齡因素，可分為嬰兒、兒童、青少年、成人、老年等市場。消費者的慾望和能力隨年齡而變化。如日本資生堂化妝品公司，根據年齡把女性化妝品市場劃分為15歲以下、15~18歲、18~24歲、25~35歲、35歲以上，並推出與不同年齡階段相適應的化妝品，以滿足人們的不同需要。

②性別。性別細分在服裝、美容、化妝品和雜誌等領域早已普遍採用。一般來說，男性和女性消費者在購買動機和購買行為上存在著較大的差異，因此，企業在產品設

計和經營方式上應考慮到男女有別。

男性購物的特點有：較乾脆、講求效率；較少斤斤計較或精打細算；不大願意擠一個小時的公共汽車去搶購打八折的商品；樂意購買新包裝、新商品；不重價格、重產品特性和屬性；廣告的內容與展示頻率較容易讓男性認識該產品的特性。

女性購物的特點有：把買東西看成是巡視商店的機會，顯示出無窮的樂趣；對商品的特點、價格等心中有數，往往反覆挑選；喜歡表現出自己的優越感和受到誠實店員的接待；容易產生不安感和受冷落感；樂意購買打折商品。

③收入。收入細分是另一種長期習慣做法，它運用於諸如汽車、遊船、服裝、化妝品、旅遊等產品和服務行業。按照當前的平均收入水準，可以分為高收入、中等收入、低收入三類。收入水準的高低，不僅決定其購買各項商品的支出總額，而且也決定其購買商品的種類。如冰激凌等市場常用收入來細分，哈根達斯、和路雪、光明代表了三種不同的冰激凌檔次，以適應不同的消費群體的需要。

④社會階層。社會階層是劃分一國市場的重要依據，現代企業必須對此十分重視。一般來講，每一個社會階層內的成員基本上具有相似的購買力，實際上在一國市場上，社會階層比購買力（人均收入）更能決定消費者購買商品數額的大小，社會階層還影響著企業的分銷渠道的選擇和促銷手段的運用。人們願意到他們感到舒適、自由的地方購買貨物，這就要求現代企業必須精心為不同階層設計廣告和產品或提供服務，選擇各階層都願意接受的銷售渠道。例如，在美國市場上，有的企業就把美國社會劃分為老牌富有家族、新致富的後來者、成功的企業經理和教授，商人、小企業所有者、教師和辦公室職員，有技術的工廠工人和沒有技術的工廠工人。其中，前三層構成等級市場，後三層是大量市場；也有的企業把美國社會分為上上層、上下層、中上層、中下層、下上層、下下層共6個層次。不管如何劃分社會階層，目的是以此為依據來劃分一國市場，發現擴大市場份額的機會。像大多數其他細分變量一樣，社會階層的品位隨著時間也會變化。

（3）心理因素

心理因素是指根據購買者的生活方式或個性特點，將購買者劃分成不同的群體。在同一人口統計群體中的消費者，由於其生活方式、個性或價值取向的不同，往往會表現出差異極大的心理特性，對同一種產品的需求和購買動機存在很大差異。在招待外商時，若不知對方情況，就會鬧出笑話，如日本人認為是很珍貴的美龍爪，南美人卻認為是便宜貨。

①生活方式。生活方式是指一個人或群體對消費、工作和娛樂的特定習慣和傾向性的方式。人們對各種商品的興趣愛好受到他們生活方式的影響。事實上，他們消費的商品也反應了他們的生活方式。例如，對時間態度的不同，就使速溶咖啡在美國很暢銷，在英國則不怎麼受歡迎，因為英國人把能否煮一杯好咖啡，作為自己修養高低的一種標志。現在，越來越多的企業也注意在生活方式細分中尋求良機。國外已趨向按人們的生活方式設計產品，如德國福斯公司設計的交通用車，講究經濟、安全和生態學觀點。

②個性。個性是指個人特性的組合，通過自信、支配、自主、順從、交際、保守

和適應等性格特徵來表現出一個人對其所處的環境相對持續穩定的反應。企業可使用個性變量來細分市場，給其生產出來的產品賦予品牌個性，以吸引相對應個性的消費者。在 20 世紀 50 年代後期，福特與雪佛萊汽車就是按不同的個性來促銷的。福特汽車的購買者被認為是「獨立的、感情容易衝動的、男子漢氣質的、留心改變以及具有自信心的人」，而雪佛萊汽車的擁有者則為「保守的、節儉的、關心聲譽的、較少男子氣質的以及力求避免極端的人」。

（4）行為因素

在行為細分中，根據購買者對產品的認知程度、態度、使用情況與反應等因素，可將市場細分為不同的群體。行為因素包括購買時機、追求的利益、使用率、使用者狀況、品牌忠誠程度、購買準備階段和對產品的態度七個方面。許多行銷人員都認為行為因素是進行市場細分的最佳出發點。

①購買時機。購買者產生購買需要、購買產品或使用產品的時機，可作為細分市場的基礎。購買時機細分可以幫助公司開拓產品的使用範圍。例如，由於商務、度假或探親等有關時機需要，引起了乘飛機旅行。航空公司可以在這些時機中選擇為人們的特定目的服務，如為集體度假的顧客提供包機出租服務。

②追求的利益。這是按購買者對產品追求的不同利益，將其歸入各群體的市場細分方式。這種方法首先要斷定消費者對有關產品所追求的主要利益是什麼，追求各種利益的各是什麼類型的人，各種品牌的商品提供了什麼利益，其次根據這些信息來採取相應的市場行銷策略。例如牙膏，根據人們所追求利益的不同，就可以分為四個利益細分市場，即追求經濟利益、醫用利益、美容化妝利益和味覺利益。每個追求利益的群體都有其特定的行為和心理方面的特點。

③使用率。使用率是指消費者購買產品或服務的數量。對於一些產品或服務，消費者有的可能使用很少，有的使用一些，有的則大量使用。由此，市場也相應地被細分成少量使用者、中量使用者和大量使用者群體。大量使用者的人數通常只占總市場人數的一小部分，但是他們在總消費中所占的比重卻很大。因此，企業通常偏好吸引對它們的產品或服務的重度使用者群體，而不是少量用戶。但企業在致力於為大量使用者細分市場服務時，也不要忽視少量使用者，因為有時少量使用者會轉變為重度使用者，也可能從未使用者中產生出新的使用者。

④使用者狀況。許多市場都可被細分為某一產品的未使用者、曾經使用者、潛在使用者、初次使用者和經常使用者。市場佔有率高的公司特別重視將潛在使用者轉變為實際使用者，而小公司則努力將使用競爭者品牌的顧客轉向使用本公司的品牌。對潛在使用者和經常使用者應分別採用不同的行銷方法。

⑤品牌忠誠程度。品牌忠誠程度是指購買者對某一品牌商品的一種持續信仰和約束。企業必須辨別其忠誠顧客，以便更好地為他們服務，並給品牌忠誠者某種形式的回報或鼓勵。如一些飯店設有金卡、銀卡，針對金卡、銀卡顧客，分別給予不同的折扣。

⑥購買準備階段。消費者對於某種產品總是處於不同的準備階段，如有些人還不知道，有些人瞭解了一些，有些人知之甚詳；有些人已產生購買興趣，有些人正打算

購買。對於處在不同購買準備階段的消費者，企業應採取不同的行銷組合策略。如對產品毫無瞭解的消費者，要設計簡單、易被接受的廣告信息，使消費者產生初步的認識與需求；對於有購買慾望或打算購買的消費者，廣告重點應轉為宣傳產品的好處、銷售地點及服務項目。

⑦對產品的態度。消費者對某種產品的態度一般有熱情、肯定、無所謂、否定、敵視 5 種。企業對持有不同態度的消費者應當分別採取不同的行銷對策。對熱情、肯定者，應給予回報，使他們成為企業產品的忠實擁護者；對無所謂者應通過適當的廣告媒體，加大宣傳力度，設法提高他們的興趣；對否定和敵視者，也應進行必要的宣傳，以緩和他們的態度。

2. 生產者市場的細分標準

細分消費者市場的標準，有些同樣適用於生產者市場。但由於生產者市場細分的對象是用戶，它具有不同於消費者市場的特點。因此，有必要對生產者市場的細分變量作些補充說明。

(1) 產品的最終用途。製造商可以根據產品的最終用途將市場細分為軍用買主市場、工業買主市場、商業買主市場，不同的市場具有不同的要求。一般來說，軍用買主市場屬於質量型市場；工業買主市場屬於質量服務型市場；商業買主市場屬於價格交易型市場。企業應根據最終用戶的不同，來制定不同的行銷組合策略，以促進產品的銷售。

(2) 用戶規模。很多企業根據用戶規模的大小來細分市場。用戶的購買能力、購買習慣等往往取決於用戶的規模。在西方國家，很多企業把用戶劃分為大用戶和小用戶，並建立適當的制度與之打交道。大用戶數目少，但購貨量大，企業往往採用更加直接的方式與之進行業務往來，這樣可以相對減少企業的推銷成本；小用戶則相反，數目眾多但單位購貨量較少，企業可以更多地採用其他的方式，如中間商推銷等，利用中間商的網絡來進行產品的推銷工作。

(3) 用戶的地理位置。很多國家和地區，由於自然資源和歷史的原因，形成了若干工業區，如美國的鋼鐵業集中於匹茲堡，汽車業集中於底特律。用戶的地理位置對於企業的行銷工作，特別是產品的上門推銷、運輸、倉儲等活動有非常大的影響。地理位置相對集中，有利於企業行銷工作的開展。

三、有效市場細分的條件

從企業市場行銷角度看，無論是消費者市場還是生產者市場，並非所有的細分市場都有意義。有效的市場細分必須具備以下條件：

(1) 可衡量性。這是指劃分後的細分市場，其規模大小、購買能力和需求量等，應該是能夠加以測定的。假如根據某種標準劃分出來的市場，顧客分佈分散且偏遠，這樣的細分就很難進行衡量。沒有顧客的詳細資料，企業也就難以制定有針對性的行銷策略。

(2) 可進入性。這是指企業有能力進入並服務於所選定的細分市場。企業細分出來的市場，應該能使企業的資源得到充分的利用，而且企業能夠滿足這個消費市場的

需求。

（3）可盈利性。這是指企業要進入的細分市場應該有一定的規模和市場潛力，使企業有利可圖，或者說是值得為之設計一套行銷方案，並能獲得預期利潤。

企業在選擇市場細分標準時還需要注意以下幾點：

（1）細分變數具有動態性。如收入增減、職業去留、年齡增大、經驗累積、城鎮發展等。

（2）細分變數要進行交叉結合。如人口因素通常與心理因素相結合、人口因素中有關經濟文化方面的變數與地理因素結合等。福特汽車公司在開發野馬牌汽車的目標市場時，就是利用購買者的年齡來劃分的，該車是專為迎合那些希望擁有一輛價格不貴，而外觀華麗的年輕人而設計。可是，福特汽車公司發現，野馬牌汽車的買主各種年齡群體的人都有，於是其認識到它的目標市場並非年齡上年輕的人，而是心理上年輕的人。

（3）反對市場過細劃分。這是指企業在細分市場時，並非把市場分得越細越好。如年齡按一歲一歲細分，職業按各種職業分等，這樣做無實際意義。

第二節　目標市場的選擇

市場細分的目的在於有效地選擇並進入目標市場。所謂目標市場，就是企業要進入的那個市場，是企業擬投其所好或為之服務的、有頗為相似需要的顧客群。任何企業在市場細分的基礎上，都要從眾多的細分子市場中選擇那些有行銷價值的、符合企業經營目標的子市場作為企業的目標市場，然後根據目標市場的特點與企業的資源，實施企業的行銷戰略與策略。

一、細分市場的評估

目標市場的選擇是指在細分市場的基礎上，根據企業的內外條件，選擇對企業最有利的市場。企業要選擇目標市場，首先要確定有哪些細分市場是可供選擇的，因為並不是所有的細分市場都是適合本企業的。因此，在確定目標市場之前，要對細分出來的子市場進行分析評估。評估細分市場主要從以下四方面進行：

（1）市場潛量分析。這是指通過研究細分市場的消費者特性來瞭解該市場的規模大小。市場規模主要由消費者的數量和購買力所決定，同時也受當地的消費習慣及消費者對企業市場行銷策略的反應敏感程度的影響。分析市場規模既要考慮現有的水準，更要考慮其潛在的發展趨勢，如果細分市場現有規模雖然較大，但沒有發展潛力，企業進入一段時間後就會缺乏發展的後勁，從而影響企業的長期利益。因此，企業選定的目標市場應該有足夠的需求量、一定的購買力以及一定的發展潛力。

（2）企業特徵分析。這是指分析企業的資源條件和經營目標是否能與細分市場的需求相吻合。有時候，即使細分市場有相當的規模，但與企業的經營目標不符，企業的資源條件也無法保證，那企業將不得不放棄這個市場。因此，企業應該明確自身的

經營目標，明了現有的資源狀況及資源潛力，如企業的經營規模、技術水準、管理能力、資金來源、人員素質等，只有這樣，才能進入並服務於相應的細分市場，既避免資源不足造成的市場機會損失，也避免資源過剩造成的浪費。

（3）競爭優勢分析。這是指分析細分市場上的競爭狀況對企業進入市場的影響。如果細分市場上競爭者很少，而且進入障礙不多，則對企業而言這是進入該市場的一個好機會，但要防止其他競爭者也看中了這一市場。如果市場上已有了競爭者，但對手實力較弱，競爭不激烈，企業也可以選擇該市場作為目標市場。需要慎重考慮的是，競爭非常激烈且對手實力十分雄厚的細分市場，企業要想進入並獲得發展就要付出一定的代價。當然，假如企業有一定的實力，而且該市場的前景及規模十分看好，則企業也不妨放手一搏，但必須要有足夠的準備。

（4）獲利狀況分析。細分市場所能給企業帶來的利潤可以說是最後的，但又是最為重要的因素。企業經營的目的最終要落實在利潤上，只有有了利潤，企業才能生存和發展。因此，細分的子市場應能使企業獲得預期的或合理的利潤，企業才會選擇其為目標市場。

二、目標市場覆蓋模式

企業在選擇目標市場時，有五種可供考慮的目標市場覆蓋模式，如圖 7-2 所示。

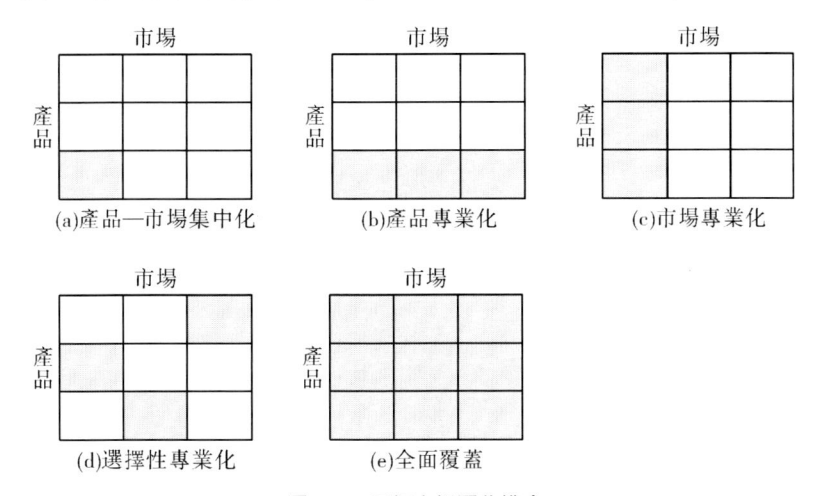

圖 7-2　目標市場覆蓋模式

1. 產品-市場集中化

這是一種最簡單的目標市場覆蓋模式。即企業只選取一個細分市場，只生產一類產品，供應某個單一的顧客群體，進行集中行銷。這種目標市場覆蓋模式，尤為適用於現代企業，如娃哈哈、樂百氏公司在開始的時候都是專一生產軟飲料，目標市場是兒童市場。選擇產品—市場集中化模式一般基於以下考慮：①現代企業具備在該細分市場上從事專業化經營或獲勝的優勢條件；②現代企業資金有限，只能經營一個細分市場；③該細分市場可能沒有競爭對手；④立足該細分市場，獲得成功後，再向更多

的細分市場擴展。

現代企業通過密集行銷，可以更加瞭解本市場的需要，並樹立良好的聲譽，在該細分市場建立牢固的市場地位。另外，通過生產、銷售和促銷的專業化分工，也可以獲得相當的經濟效益。但是，這一方式畢竟市場過於狹小，長此以往，企業很難獲得大規模的發展。所以，這是一種容易進入市場的方式，但不是一種長期的發展方式，它只能是現代企業長期發展戰略的一部分，或者是現代企業整體發展戰略的一部分。

2. 產品專業化

產品專業化即企業集中生產一種產品並向各類顧客銷售這種產品。如一家顯微鏡生產商向大學實驗室、政府實驗室和企業實驗室銷售顯微鏡，公司準備向不同的顧客群體銷售不同種類的顯微鏡，而不去生產這些實驗室可能需要的其他儀器。這一方式通常能使企業比較容易地在某一產品領域樹立起很高的聲譽，而且也有很大的發展空間。如長虹公司一直到1996年以後才向彩電以外的項目發展，它們在這之前都執行了產品專業化策略；可口可樂公司至今仍採用的是產品專業化策略。

3. 市場專業化

市場專業化即企業專門經營滿足某一顧客群體需求的各種產品。如企業為實驗室生產一系列產品，包括顯微鏡、示波器、拉力器、化學燒瓶等。這種方式的好處是企業專門為某一顧客群服務，可以在這一顧客群中建立相當廣泛的信譽和知名度。市場專業化經營的產品類型眾多，能有效地分散經營風險。但由於集中於某類顧客群，當這類顧客的需求下降時，企業也會遇到收益下降的風險。

4. 選擇性專業化

選擇性專業化即現代企業選取若干個有良好的盈利潛力和結構吸引力且符合企業目標和資源的細分市場作為目標市場，分別針對每個細分市場的需求開展行銷活動。其中每個細分市場之間很少有或者根本沒有聯繫。既然每個細分市場都有吸引力，即每個細分市場都可能盈利，這種目標市場選擇相對於上述幾種方式的優點是分散風險。因為即使在某個細分市場失去吸引力，企業仍然可以在其他市場盈利。採用選擇性專業化這一模式的企業應具有相當規模的資源和較強的行銷能力。

5. 全面覆蓋

全面覆蓋即企業生產多種產品去滿足各種顧客群體的需求。只有大公司才能採用全面市場覆蓋戰略。例如，國際商用機器公司（計算機市場）、通用汽車公司（汽車市場）和可口可樂公司（飲料市場）。

三、目標市場行銷策略

大企業和小企業都可能就無差異性市場行銷、差異性市場行銷、集中性市場行銷三種目標市場策略做出進一步選擇。但一般小企業在實施上述策略的範圍、程度和形式上，與大企業應當有所不同。

1. 無差異性市場行銷策略

無差異性市場行銷策略是指企業把整個市場看作一個大的目標市場，不進行細分，以單一的行銷組合手段推出一種產品，試圖吸引所有的購買者的策略（如圖7-3所示）。

```
市場營銷組合  →  整個市場
```

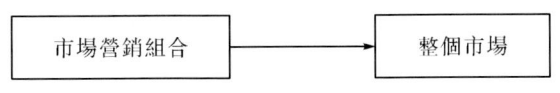

圖 7-3　無差異性行銷策略示意圖

　　這種市場策略認為，所有消費者對這類商品有共同的需求，可以採用同一種價格和同一包裝，通過同一分銷渠道來推銷商品。這種策略比較適合於差別不大的商品和服務。實行無差異性行銷策略的典型代表是早期的可口可樂公司，早期的可口可樂公司面向所有的購買者，只生產一種口味的可樂，採用標準的瓶裝和統一的廣告宣傳。這種策略的優點是有利於大規模生產，可以降低生產、儲存和運輸成本，節省廣告宣傳、促銷、市場調研等費用。其缺點是不能適應複雜多變的市場需要，忽略了市場需求的差異性，易喪失潛在的市場機會。

　　無差異性市場行銷策略在大多數情況下適用於實力雄厚的大企業，要求企業具有產品專利權、規模生產能力、資源優勢、廣泛的銷售渠道、強大的行銷能力。但在現實中也不乏小企業實施無差異性市場行銷策略取得成功的例子。如一家生產金屬墊圈的小企業憑藉著低成本優勢幾乎獨占國內金屬墊圈市場。

　　2. 差異性市場行銷策略

　　差異性市場行銷策略是指企業在將整體市場細分後，根據消費者需求的多樣性和差異性，生產和銷售各種產品，並運用不同的行銷組合策略，以滿足各類消費者不同需求的一種策略（如圖 7-4 所示）。例如，菸臺「北極星」牌木鐘遠銷世界 40 多個國家或地區，除質量優良外，根據用戶需要設計新產品，為國外某些城鎮用戶提供淡雅淺鐘殼；為農村用戶提供紅漆圓頭座鐘和金色雲濤、駿馬的雕花銅座鐘；為歐美用戶提供復古味濃的座鐘；為華僑用戶提供很有民族氣派的木鐘；此外，還根據用戶需要，設計了連續走時 33 天的月鐘、長型深色大掛鐘、雙音響座鐘、落地鐘等 9 個品種、56 個花色式樣的木鐘。

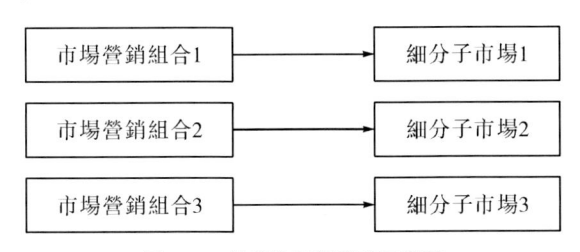

```
市場營銷組合1  →  細分子市場1
市場營銷組合2  →  細分子市場2
市場營銷組合3  →  細分子市場3
```

圖 7-4　差異性行銷策略示意圖

　　這種策略的優點是能有效地滿足不同消費者的不同需求，增強企業對市場的滲透能力和控制能力，有利於提高企業的市場佔有率和競爭力，贏得更多忠誠的顧客群；具有較大的靈活性，有利於降低經營風險。其缺點是使生產組織和行銷管理複雜化，增加了生產成本、管理費用和銷售費用；要求企業擁有高素質的行銷人員、雄厚的財力和技術力量。

　　差異性市場行銷策略在多數情況下適用於那些有較強開發能力和行銷能力的大企業。從今後的趨勢看，隨著生產的發展，人民生活水準的提高，消費者的需求將呈現

多樣化的特徵。為了充分滿足各方面的需要，同時也為了提高企業的市場佔有率和競爭力，企業將越來越多地實行差異性市場行銷策略。小企業在選擇差異性市場行銷策略時，應注意將市場範圍限制於某個特定行業或區域市場內，以便同自己的有限資源相匹配。企業選擇多個細分市場時，應分析各個細分市場的關聯性。關聯性較強，有利於降低生產、存貨、分銷和促銷成本，提高效率和競爭力。制定有效的進入多個細分市場的階段性計劃，有助於提高小企業進入市場的成功率。

3. 集中性市場行銷策略

集中性市場行銷策略又稱為密集性市場行銷策略，是指企業在市場細分的基礎上，選擇一個或少數幾個細分市場作為目標市場，並以某種市場行銷組合集中滿足其消費者需求所採取的行銷策略（如圖 7-5 所示）。

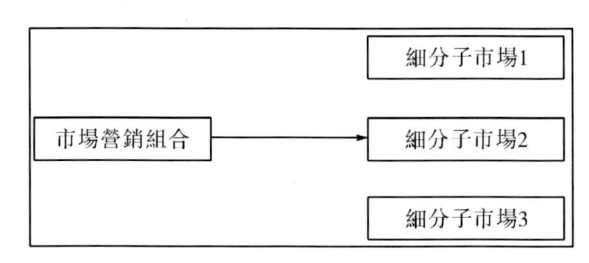

```
                        ┌──────────┐
                     ┌─▶│ 細分子市場1 │
                     │  └──────────┘
  ┌──────────┐       │  ┌──────────┐
  │ 市場營銷組合 │─────┼─▶│ 細分子市場2 │
  └──────────┘       │  └──────────┘
                     │  ┌──────────┐
                     └─▶│ 細分子市場3 │
                        └──────────┘
```

圖 7-5　集中性行銷策略示意圖

集中性市場行銷策略對小企業來說尤其重要。其意義在於小企業能夠高度集中人力、物力、財力於自己最為有利的某個市場，不求在整體市場上取得較低的市場佔有率，而著眼於在某個特定的細分市場上取得較高的佔有率。這種策略的優點是有利於準確把握顧客需求，有針對性地開展行銷活動；有利於降低生產成本和行銷費用，提高投資收益率。其缺點是經營風險較大。企業把全部優勢力量投入到比較單一或幾個狹窄的目標市場上，一旦市場發生重大變化，企業可能陷入困境。所以，小企業在運用這一策略時，一要慎重，二要留有回旋的餘地。

這裡要解釋一下「市場佔有率」這個概念。市場佔有率指本企業某一時期某種產品的銷售量占該產品市場總銷售量的百分率。一般來說，該產品的市場佔有率越高，該產品在市場上的地位就越重要。

四、選擇目標市場策略要考慮的因素

選擇目標市場策略要考慮以下因素：

（1）企業實力。這主要指企業的資金、技術、設備、競爭能力、管理水準、員工素質等。如果企業實力雄厚，管理水準較高，根據產品的不同特性，可以考慮採用無差異性市場行銷策略或差異性市場行銷策略。如果實力有限，適宜採用集中性市場行銷策略。多數情況下，小企業選擇集中性市場行銷策略或小範圍的差異性市場行銷策略容易取得成功。而大企業選擇大範圍的差異性市場行銷策略或較大市場的集中行銷更容易獲利。

（2）產品性質。這主要指產品是否具有同樣的品質或性能。對於同質性產品，如

汽油、大米、鋼鐵等，比較適宜採用無差異性市場行銷策略。而對於規格複雜，消費者感覺差異較大的產品，如服裝、家用電器等，適宜採用差異性市場行銷策略或集中性市場行銷策略。

（3）市場特點。這主要指市場上消費者的需要和對企業行銷策略的反應。如果企業擬進入的市場，消費者的需求、愛好、購買行為相似，市場具有同質性，企業適宜採用無差異性市場行銷策略；反之，則採取差異性市場行銷策略或集中性市場行銷策略。

（4）產品生命週期。這主要指企業隨著產品生命週期的發展而變更目標市場策略。一般來說，當新產品剛剛進入市場，處於投入期時，企業適宜採用無差異性市場行銷策略或集中性市場行銷策略；當產品進入成長期和成熟期之後，競爭者紛紛加入，市場需求向深層次發展，企業應增加產品品種，採用差異性市場行銷策略，以開闢新的市場，延長產品生命週期；而產品進入衰退期時，企業適宜採用集中性市場行銷策略。

（5）競爭對手的市場策略。差異行銷常常是戰勝無差異行銷的有效策略，集中行銷則可能使企業在某個細分市場上擊敗競爭對手。一般來說，當競爭對手實行無差異性市場行銷策略時，企業適宜採用差異性市場行銷策略或集中性市場行銷策略，搶先向市場的深度進軍，占領更深層次的細分市場。相反，當競爭對手實行差異性市場行銷策略時，企業應當在進一步細分的基礎上，開發出更多的新產品，採用差異性市場行銷策略或集中性市場行銷策略。

第三節　市場定位

選定了目標市場以後，企業便應考慮如何使自己的產品在市場上樹立某種獨特的形象，以與競爭者產品相區別，這就是目標市場行銷最後成功的關鍵——市場定位。

一、市場定位的含義

市場定位（Marketing Positioning），也被稱為產品定位或競爭定位。它是由美國的兩位廣告經理艾爾·里斯（Al Ries）和杰克·特勞特（Jack Trout）於 1972 年在《廣告時代》雜誌上發表的題為「定位時代」文章中提出來的。所謂產品定位，是指在企業選定的目標市場上，為了適應消費者心目中某一位置而設計產品和行銷組合的行為，即確立產品在市場上的形象。從根本上來講，產品定位的目的是影響消費者心理，使消費者對企業產品形成一種特殊的偏愛。例如，日本索尼公司在電器方面追求高、精、尖的第一流產品；日立、東芝公司則向著大、全的方面發展；三洋的目標旨在薄利多銷，以價廉物美吸引顧客；松下的戰略是以消費者的潛在需要作為開發新產品的主要方向。上述幾家日本公司在消費者的心目中都有著獨特形象，其電器產品在市場上也各有不同的位置。福特公司把它的汽車定為「靜悄悄的福特」，這定位既風趣，又耐人尋味，其廣告宣傳就圍繞著「靜悄悄」三個字做文章，使人感到乘坐福特汽車安靜、舒適，不會受到噪音的干擾，從而增加消費者對福特汽車的好感和購買慾望。此外，

福特汽車在不同的國家進行不同的產品定位：在美國強調其經濟性、耐久性、安全性，在法國強調其身分與休閒，在德國強調其實用性，在瑞士強調其安全性。

二、市場定位的方式

產品在市場上進行定位和塑造形象，可以從以下幾個方面進行選擇：

1. 特色定位

這是指根據具體產品的特色來定位。特色是對產品基本功能以外的增補，而與眾不同是對特色的基本要求。例如，豐田節能；大眾價廉；沃爾沃安全耐用；德國拜爾發動機強調其性能可靠，被稱為「最後仍在行駛的機械」。

2. 利益定位

這是指根據產品所能滿足的需求或所提供的利益、解決問題的程度來定位，包括顧客購買本企業產品時追求的利益和購買本企業產品所能獲得的附加利益。如「傻瓜」相機的出現使攝影大大簡單化，並進入尋常百姓家，此定位就屬於利益定位。沃爾瑪的天天低價即是對持續為顧客提供低價利益的一種定位明示。

3. 使用者類型定位

這是指根據使用者類型來定位，通過賦予產品與使用者特性相似的特定形象，吸引該類型的使用者注意，並使用本企業的產品。如化妝品，職業女性定位於「自然」，時髦女性定位於「濃烈」，戶外活動的女性定位於「淡雅」。寶潔牙膏在丹麥、德國、荷蘭強調防治齲齒的效果，而在英國、法國、義大利則強調對牙齒的美容作用。

4. 質量—價格定位

這是指結合對照質量和價格來定位。產品的這兩種屬性通常是消費者在作出購買決策時最直觀和最關注的要素，而且往往是綜合考慮的，但這種考慮，不同的消費者會各有側重。如海爾產品定高價以顯示其高質量，樹立海爾產品「國內第一流產品」的地位。

5.「高級俱樂部」定位

這是指企業把自己視作行業最大的幾家公司之一。公司如果不能取得第一名或公司具有某種很有意義的屬性，便可以宣傳說自己是三大公司之一。「三大公司」的概念是由美國第三大汽車公司——克萊斯勒汽車公司提出的（市場上最大的企業不會提出這種概念），其含義是俱樂部的成員都是「最佳」的。如阿文斯公司推出阿文斯小汽車，針對當時獨占鰲頭的福特公司，它宣傳「我們是第2名，我們正在努力」。它巧妙地排除了眾多的競爭對手，而又不致激化與福特公司的矛盾。

6. 競爭定位

這是指根據與競爭有關的不同屬性或利益來進行定位。如七喜汽水強調其不含咖啡因，定位於「非可樂的軟飲料」，新鮮解渴，以區別於可樂型飲料。

三、市場定位的策略

1. 迎頭定位

這是選擇與競爭者相同的市場、與其一比高低的定位策略。採用這一定位策略要

具備以下條件：
(1) 該市場位置最符合企業的業務實力；
(2) 本企業的資源和產品比競爭者有更多的優勢；
(3) 該市場有足夠的市場潛量。

2. 避強定位

這是一種避開強有力競爭對手的市場定位策略。即將企業產品定位在目標市場的空缺處，這樣可以避開市場的激烈競爭，使企業有一個從容發展的機會。如美國的七喜汽水定位為「非可樂」型飲料，吸引了相當部分的品牌轉換者。採用這一定位策略要具備以下條件：
(1) 技術上可行，即有能力生產出符合該市場需要的產品或服務；
(2) 有足夠數量的潛在顧客。

3. 轉移定位

轉移定位又叫重新定位，即指已經初次定位的企業根據市場需求和競爭狀況的變化而改變目標市場或擴展目標市場的定位策略。採用轉移定位策略的企業可能有兩種情況：
(1) 因初次定位失誤而不得不重新定位；
(2) 因企業實力增強而擴展目標市場。

【本章小結】

本章討論的是企業如何計劃實施目標市場行銷戰略管理過程，包括以下幾個方面：市場細分、目標市場、市場定位。在市場細分方面，介紹了市場細分的概念、市場細分的作用、市場細分的依據和方法；在目標市場方面，介紹了選擇目標市場的原則、選擇目標市場的策略和影響目標市場選擇的因素；在市場定位方面，介紹了市場定位的含義、市場定位的方式及市場定位的策略。

【思考題】

1. 現代企業為什麼要進行市場細分？
2. 如何進行市場細分？
3. 可供企業選擇的目標市場覆蓋模式有哪幾種？
4. 目標市場策略的類型和特點有哪些？
5. 選擇目標市場要考慮哪些因素？
6. 如何進行目標市場產品定位？

第八章　競爭性市場行銷戰略

【學習目標】

　　通過對本章的學習，學生應明確競爭者分析的重要性，掌握分析方法，懂得如何根據企業在市場上的競爭地位，制訂相應的競爭戰略和策略；能夠掌握競爭者分析、競爭戰略的三種基本形式以及處於不同市場地位的企業所可能採取的競爭戰略的相關知識，並且具備為企業制定競爭戰略和對競爭對手攻擊性行為制定反擊戰略的能力。

　　競爭是市場經濟的基本特性。市場競爭所形成的優勝劣汰，是推動市場經濟運行的強制力量，它迫使企業不斷研究市場，開發新產品，改進生產技術，更新設備，降低經營成本，提高經營效率和管理水準，獲取最佳效益並推動社會的進步。在發達的市場經濟條件下，任何企業都處於競爭者的重重包圍之中，競爭者的一舉一動對企業的行銷活動和效果具有決定性的影響。現代企業必須認真研究競爭者的優勢與劣勢、競爭者的戰略和策略，明確自己在競爭中的地位，有的放矢地制定競爭戰略，才能在激烈競爭中求得生存和發展。

第一節　競爭者分析

　　現代企業要制定正確的競爭戰略和策略，就要深入地瞭解競爭者，主要包括：誰是我們的競爭者，他們的戰略和目標是什麼，他們的優勢與劣勢是什麼，他們的反應模式是什麼，我們應當攻擊誰、迴避誰等。

一、識別競爭者

　　現代企業的現實和潛在競爭者的範圍是極其廣泛的，如果不能正確地識別，就會患上「競爭者近視症」，企業被潛在競爭者擊敗的可能性往往大於現實的競爭者。現代企業應當有長遠的眼光，要從行業結構和業務範圍的角度識別競爭者。

　　1. 從行業競爭角度識別競爭者

　　行業是一組提供一種或一類密切替代產品的相互競爭的公司。密切替代產品指具有高度需求交叉彈性的產品。

　　經濟學家認為，行業動態首先決定於需求與供應的基本狀況，供求會影響行業結構，行業結構又影響行業的行為，行業的行為決定著行業的績效。這裡主要討論決定

行業結構的主要因素。

決定行業結構的主要因素有：銷售商數量及產品差異程度、進入與流動障礙、退出與收縮障礙、成本結構、縱向一體化、企業化經營的程度。

(1) 銷售商數量及產品差異程度，其包括以下一種行業結構類型：

①完全壟斷。這是指在一定地理範圍內某一行業只有一家公司供應產品或服務。完全壟斷可能是由專利權、許可證、規模經濟或其他因素造成的。在西方國家，完全壟斷可分為「政府壟斷」和「私人壟斷」兩種。在私人壟斷條件下，追求最大利潤的壟斷者會抬高商品價格，少做或不做廣告，並提供最低限度的服務。如果該行業內出現了替代品或緊急競爭危機，壟斷者會改善產品和服務作為阻止新競爭者進入的障礙。

②完全寡頭壟斷。完全寡頭壟斷也稱為無差別寡頭壟斷，指某一行業內少數幾家公司提供的產品或服務占據絕大部分市場並且顧客認為各公司產品沒有差別，對不同品牌無特殊偏好。寡頭企業之間的相互牽制導致每一企業只能按照行業的現行價格水準定價，不能隨意變動，競爭的主要手段是改進管理、降低成本、增加服務。

③不完全寡頭壟斷。不完全寡頭壟斷也稱為差別寡頭壟斷，指某一行業內少數幾家公司提供的產品或服務占據絕大部分市場且顧客認為各公司的產品存在差異，對某些品牌形成特殊偏好，其他品牌不能替代。顧客願意以高於同類產品的價格購買自己所喜愛的品牌，寡頭壟斷企業對自己經營的受顧客喜愛的品牌產品具有壟斷性，可以制定較高價格以增加盈利。

④壟斷競爭。這是指某一行業內有許多賣主相互之間的產品有差別，顧客對某些品牌有特殊偏好，不同的賣主以產品的差異性吸引顧客，展開競爭。企業競爭的焦點是擴大本企業品牌與競爭品牌的差異，突出特色。應當注意，產品的差異性有些是客觀上存在的，易於用客觀手段檢測或直觀感覺證實；有些則是購買者主觀心理上存在的，不易用客觀或主觀方法加以檢測。對於客觀上不易造成差別的同質產品或不易用客觀和主觀手段檢測的產品，企業可以運用有效的行銷手段（如款式、商標、包裝、價格和廣告等）在購買者中造成本品牌與競爭品牌的心理差別，強化特色，奪取競爭優勢。

⑤完全競爭。這是指某一行業內有許多賣主且相互之間的產品沒有差別。完全競爭大多存在於均質產品市場，如食鹽、農產品等。買賣雙方都只能按照供求關係確定的現行市場價格來買賣商品，都是「價格的接受者」而不是「價格的決定者」。企業競爭戰略的焦點是降低成本，增加服務並爭取擴大與競爭品牌的差別。

(2) 進入與流動障礙。一般而言，如果某個行業具有高度的利潤吸引力，其他企業會設法進入。但是，進入一個行業會遇到許多的障礙，主要有：缺乏足夠的資本、未實現規模經濟、無專利和許可證、無場地、原料供應不充分、難以找到願意合作的分銷商、產品的市場信譽不易建立等。其中一些障礙是行業本身固有的，另外一些障礙是先期進入並已經壟斷市場的企業單獨或聯合設置的，以維護其市場地位和利益。即使企業進入了某一行業，在向更有吸引力的細分市場流動時，也會遇到流動障礙。各個行業的進入與流動障礙有所不同，例如，進入食品製造業十分容易，進入飛機製造業則極其困難。某個行業的進入與流動障礙高，先期進入的企業就能夠獲取高於正

常水準的利潤率，其他企業只能望洋興嘆；某個行業的進入與流動障礙低，其他企業就會紛紛進入，使該行業的平均利潤率降低。

（3）退出與收縮障礙。如果某個行業利潤水準低甚至虧損，已進入的企業會主動退出，並將人力、物力和財力轉向更有吸引力的行業。但是退出一個行業也會遇到退出障礙，主要有：對顧客、債權人或雇員的法律和道義上的義務，政府限制，過分專業化或設備陳舊造成的資產利用價值低，未發現更有利的市場機會，高度的縱向一體化，感情障礙等。即使不完全退出該行業，僅僅是縮小經營規模，也會遇到收縮障礙。由於存在退出與收縮障礙，許多企業在已經無利可圖的時候，只要能夠收回可變成本和收回部分固定成本，就會在一個行業內維持經營。它們的存在降低了行業的平均利潤率，打算在該行業內繼續經營的企業出於自身的利益考慮應設法減少它們的退出障礙，如買下退出者的資產、幫助承擔顧客義務等。

（4）成本結構。在每個行業裡從事業務經營所需的成本及成本結構不同。例如，日用品行業所需成本小，而所需分銷和促銷成本大。企業應把注意力放在最大成本上，在不影響業務發展的前提下減少這些成本。日用品製造商將主要成本用於建立廣泛的分銷渠道和廣告宣傳可能比投入生產更有利。

（5）縱向一體化。在許多行業中，實行前向或後向一體化有利於取得競爭優勢。農工商聯合體從事農產品的生產、加工和銷售業務，可以降低成本，控制增值流，還能在各個細分市場中控制價格和成本，使無法實現縱向一體化的企業處於劣勢。

（6）企業化經營的程度。有些行業局限於地方經營；有些行業則適宜發展全球經營，可稱為全球性行業。在全球性行業從事業務經營，必須開展以全球化為基礎的競爭，以實現規模經濟和趕上最先進的技術。

2. 從業務範圍來識別競爭者

每個現代企業都要根據內部和外部條件確定自身的業務範圍並隨著實力的增加而擴大業務範圍。企業在確定和擴大業務範圍時都自覺或不自覺地受一定導向支配，導向不同，競爭者識別和競爭戰略就不同。

（1）產品導向與競爭者識別。產品導向指企業業務範圍限定為經營某種定型產品，在不從事或很少從事產品更新的前提下設法尋找和擴大該產品的市場。

現代企業的每項業務包括四個方面的內容：①要服務的顧客群；②要迎合的顧客需求；③滿足這些需求的技術；④運用這些技術生產出的產品。根據這些內容可知，產品導向指現代企業的產品和技術都是既定的，而購買這種產品的顧客群體和所要迎合的顧客需求卻是未定的，有待於尋找和發掘。在產品導向下，現代企業的業務範圍擴大是指市場擴大，即顧客增多和所迎合需求增多，而不是指產品種類增多。

實行產品導向的現代企業僅僅把生產同一品種或規格產品的企業視為競爭對手。產品導向的適用條件是：市場產品供不應求，現有產品不愁銷路；企業實力薄弱，無力從事產品更新。當原有產品供過於求而企業又無力開發新產品時，主要行銷戰略是市場滲透和市場開發。市場滲透是設法增加現有產品在現有市場的銷售量，提高市場佔有率。市場開發是尋找新的目標市場，用現有產品滿足新市場的需求。

（2）技術導向與競爭者識別。技術導向指企業業務範圍限定為經營用現有設備或

技術生產出來的產品。此時的業務範圍擴大是指運用現有設備和技術或對現有設備和技術加以改進而生產出新的品種。對照現代企業業務的四項內容看，技術導向指現代企業的生產技術類型是確定的，而用這種技術生產出何種產品、服務於哪些顧客群體、滿足顧客的何種需求卻是未定的，有待於根據市場變化去尋找和發掘。

技術導向把所有使用同一技術、生產同類產品的企業視為競爭對手。適用條件是某具體品種已供過於求，但不同花色品種的同類產品仍然有良好前景。與技術導向相適應的行銷戰略是產品改革和一體化發展，即對產品的質量、樣式、功能和用途加以改革，並利用原有技術生產與原產品處於同一領域的不同階段的產品。技術導向未把滿足同一需要的其他大類產品的生產企業視為競爭對手，易於發生「競爭者近視症」。當滿足同一需要的其他行業迅猛發展時，本行業產品就會被淘汰或嚴重供過於求，繼續實行技術導向就難以維持企業生存。

（3）需要導向與競爭者識別。需要導向指企業業務範圍確定為滿足顧客的某一需求，並運用可能互不相關的多種技術生產出分屬不同大類的產品去滿足這一需求。對照現代企業業務範圍的四項內容來看，需要導向指所迎合的需要是既定的，而滿足這種需要的技術、產品和所服務的顧客群體卻隨著技術的發展和市場的變化而變化。根據需要導向確定業務範圍時，應考慮市場需求和企業實力，避免過窄或過寬，過窄則市場太小，無利可圖；過寬則力不能及。

實行需要導向的現代企業把滿足顧客同一需要的企業都視為競爭者，而不論他們採用何種技術、提供何種產品。適用條件是市場商品供過於求，企業具有強大的投資能力，運用多種不同技術的能力和經營促銷各類產品的能力。如果企業受到自身實力的限制而無法按照需要導向確定業務範圍，也要在需要導向指導下密切註視需求變化和來自其他行業的可能的競爭者，在更高的視野上發現機會和避免危險。需要導向的競爭戰略是新產業開發，進入與現有產品和技術無關但滿足顧客同一需要的行業。

（4）顧客導向和多元導向。顧客導向指企業業務範圍確定為滿足某一群體的需要。此時的業務範圍擴大指發展與原顧客群體有關但與原有產品、技術和需要可能無關的新業務。對照現代企業業務的四項內容看，顧客導向指現代企業要服務的顧客群體是既定的，但此群體的需要有哪些，滿足這些需要的技術和產品是什麼，則要根據內部和外部條件加以確定。

顧客導向的適用條件是企業在某類顧客群體中享有盛譽和銷售網絡有優勢，並且能夠轉移到公司的新增業務上。換句話說，該顧客群體出於對公司的信任和好感而樂於購買公司增加經營的與原產品生產技術上有關或無關的其他產品，公司也能夠利用原有的銷售渠道促銷新產品。顧客導向的優點是能夠充分利用企業在原顧客群體的信譽、業務關係或渠道銷售其他類型的產品，減少進入市場的障礙，增加企業銷售和利潤總量。缺點是企業要有豐厚的資金和運用多種技術的能力，並且新增業務若未能獲得顧客信任和滿意將損害原有產品的聲譽和銷售。

多元導向指企業通過對各類產品市場需求趨勢和獲利狀況的動態分析確定業務範圍，新發展業務可能與原有產品、技術、需要和顧客群體都沒有關係。適用條件是企業有雄厚的實力、敏銳的市場洞察力和強大的跨行業經營的能力。多元導向的優點是

可以最大限度地發掘和抓住市場機會，撇開原有產品、技術、需要和顧客群體對企業業務發展的束縛；缺點是新增業務若未能獲得市場承認將損害原成名產品的聲譽。

二、判定競爭者的戰略和目標

1. 判定競爭者的戰略

公司最直接的競爭者是那些處於同一行業同一戰略群體的公司。戰略群體指在某特定行業內推行相同戰略的一組企業。戰略的差別表現在目標市場、產品檔次、性能、技術水準、價格、銷售範圍等方面。區分戰略群體有助於理解以下三個問題：

（1）不同戰略群體的進入與流動障礙不同。例如，某現代企業在產品質量、聲譽等方面缺乏優勢，則進入低價格、中等成本的戰略群體較為容易，而進入高價格、高質量、低成本的戰略群體較為困難。

（2）同一戰略群體內的競爭最為激烈。處於同一戰略群體的現代企業在目標市場、產品類型、質量、功能、價格、分銷渠道和促銷戰略等方面幾乎無差別，任何企業的競爭戰略都會受到其他企業的高度關注並在必要時做出強烈反應。

（3）不同戰略群體之間存在現實或潛在的競爭。這是因為：不同戰略群體的顧客會有交叉；每個戰略群體都試圖擴大自己的市場，涉足其他戰略群體的領地，這在企業實力相當和流動障礙小的情況下尤其如此。

2. 判定競爭者的目標

競爭者的最終目標是追逐利潤，但是每個企業對長期利潤和短期利潤的重視程度不同，對利潤滿意水準的看法不同。有的企業追求利潤「最大化」目標；有的現代企業追求利潤「滿足」目標，達到預期水準就不會再付出更多努力。具體的戰略目標多種多樣，如獲利能力、市場佔有率、現金流量、成本降低、技術領先、服務領先等，每個企業有不同的側重點和目標組合。瞭解競爭者的戰略目標及其組合可以判斷他們對不同競爭行為的反應。例如，一個以低成本領先為目標的企業對競爭企業在製造過程中的技術突破會做出強烈反應，而對競爭企業增加廣告投入則不太在意。美國企業多數按照最大限度擴大短期利潤的模式經營，因為當前經營績效決定著股東滿意度和股票價值；日本企業則主要按照最大限度擴大市場佔有率的模式經營，由於貸款利率低，資金成本低，所以對利潤的要求也較低，在市場滲透方面顯示出更大的耐心。競爭者的目標由多種因素確定，包括企業的規模、歷史、經營管理狀況、經濟狀況等。

三、評估競爭者的實力和反應

1. 評估競爭者的優勢與劣勢

競爭者能否執行和實現戰略目標，取決於資源和能力。評估競爭者可分為以下三步：

（1）收集信息。收集競爭者的信息主要包括銷售量、市場份額、心理份額、情感份額、毛利、投資報酬率、現金流量、設備能力利用等。其中，心理份額是指回答「舉出這個行業中你首先想到的一家公司」這個問題時，提名競爭者的顧客在全部顧客中的比例。情感份額是指回答「舉出你最喜歡購買其產品的一家公司」這一問題時，

提名競爭者的顧客在全部顧客中的比例。收集信息的方法是查找二手資料和向顧客、供應商及中間商調研得到第一手資料。

（2）分析評價。根據所得資料綜合分析競爭者的優勢與劣勢。

（3）優勝基準。這是指找出競爭者在管理和行銷方面的最好做法作為基準，然後加以模仿、組合和改進，力爭超過競爭者。優勝基準的步驟為：①確定優勝基準項目；②確定衡量關鍵績效的變量；③確定最佳級別的競爭者；④衡量最佳級別競爭者的績效；⑤衡量公司績效；⑥制定縮小差距的計劃和行動；⑦執行和監測結果。

2. 評估競爭者的反應模式

瞭解競爭者的經營哲學、內在文化、主導信念和心理狀態可以預測它對各種競爭行為的反應。競爭中常見的反應類型有以下四種：

（1）從容型競爭者。這是指對某些特定的攻擊行為沒有迅速反應或強烈反應。可能原因是：認為顧客忠誠度高，不會轉移購買；認為該行為不會產生大的效果；缺乏做出反應所必需的資金條件等。

（2）選擇型競爭者。這是指只對某些類型的攻擊做出反應，而對其他類型的攻擊無動於衷。例如，對降價行為做出針鋒相對的回擊，而對增加廣告費用則不作反應。瞭解競爭者會在哪些方面做出反應，有利於企業選擇最為可行的攻擊類型。

（3）凶狠型競爭者。這是指對所有的攻擊行為都做出迅速而強烈的反應。這類競爭者意在警告其他企業最好停止任何攻擊。

（4）隨機型競爭者。這是指對競爭者攻擊的反應具有隨機性，有無反應和反應強弱無法根據其以往的情況加以預測。許多小企業往往是隨機型的競爭者。

第二節　企業的一般競爭戰略

一、企業的一般競爭戰略概述

制定競爭戰略的本質在於把某企業與其所處的環境聯繫起來，而廠商環境的關鍵方面在於某企業的相關行業、行業結構，它們對競爭者戰略的選擇有強烈影響。所謂行業，是指生產彼此可密切替代的產品的廠商群。行業內部的競爭狀態取決於五種基本的競爭威脅，即細分市場內激烈競爭的威脅、新競爭者的威脅、替代產品的威脅、買方的討價還價能力、供應方的討價還價能力。

（1）細分市場內激烈競爭的威脅。如果某個細分市場已經有了眾多的、強大的或者競爭意識強烈的競爭者，那麼該細分市場就會失去吸引力。如果該細分市場處於穩定或者衰退狀態，生產能力不斷擴大，固定成本過高，撤出市場的壁壘過高，競爭者投資很大，那麼情況就會更糟。這些情況常常會導致價格戰、廣告爭奪戰，並使參與競爭的企業付出高昂的代價。

（2）新競爭者的威脅。某個細分市場的吸引力隨其進退難易的程度而有所區別。根據行業利潤的觀點，最有吸引力的細分市場應該是進入的壁壘高、退出的壁壘低。

在這樣的細分市場裡，新的企業很難打入，但經營不善的企業可以安然撤退。如果細分市場進入和退出的壁壘都高，那麼這裡的利潤潛量就大，但往往也伴隨較大的風險，因為經營不善的企業難以撤退，必須堅持到底。如果細分市場進入和退出的壁壘都較低，企業便可以進退自如，獲得的報酬雖然穩定，但不高。最壞的情況是進入細分市場的壁壘較低，而退出的壁壘卻很高。於是在經濟良好時，大家蜂擁而入，但在經濟蕭條時，卻很難退出。其結果是大家都生產能力過剩，收入下降。

（3）替代產品的威脅。如果某個細分市場存在著替代產品或者有潛在替代產品，那麼該細分市場就會失去吸引力。替代產品會限制細分市場內價格和利潤的增長，企業應密切關注替代產品的價格趨向。如果在這些替代產品行業中技術有所發展，或者競爭日趨激烈，這個細分市場的價格和利潤就可能會下降。

（4）購買者討價還價能力加強的威脅。如果某個細分市場中購買者的討價還價能力很強或正在加強，則該細分市場就沒有吸引力。購買者便會設法壓低價格，對產品質量和服務提出更高的要求，並且使競爭者加劇競爭，所有這些都會使銷售商的利潤受到損失。如果購買者比較集中或有組織，或者該產品在購買者的成本中占較大比重，或者產品無法實行差別化，或者顧客的轉換成本較低，或者由於購買者的利益較低而對價格敏感，或者顧客能夠向後實行聯合，那麼購買者的討價還價能力就會加強。銷售商為了保護自己，可選擇議價能力最弱或者轉換銷售商能力最弱的購買者。較好的防衛方法是提供顧客無法拒絕的優質產品供應市場。

（5）供應商討價還價能力加強的威脅。如果企業的供應商——原材料和設備供應商、公用事業、銀行等，能夠提價或者降低產品和服務的質量，或減少供應數量，那麼該企業所在的細分市場就會沒有吸引力。如果供應商集中或有組織，或者替代產品少，或者供應的產品是重要的投入要素，或者轉換成本高，或者供應商可以向前實行聯合，那麼供應商的討價還價能力就會較強大。因此，應與供應商建立良好關係和開拓多種供應渠道。

為了長期形成與這五種競爭威脅相抗衡的防禦地位，而且能在行業中超過所有的競爭者，企業可選擇互相有內在聯繫的一般競爭戰略，即成本領先戰略、差異化戰略和集中性戰略。

二、成本領先戰略

1. 成本領先戰略的含義

成本領先戰略是指通過有效途徑，使企業的全部成本低於競爭對手的成本，以獲得同行業平均水準以上的利潤。實現成本領先戰略需要有一整套具體政策，即要有高效率的設備以及降低研究開發、服務、銷售、廣告等方面成本的措施。

2. 成本領先戰略的優點

只要成本低，企業即使面對強大的競爭對手，也還可以在本行業中獲得競爭優勢。這是因為：

（1）在與競爭對手的鬥爭中，企業由於成本低，具有進行價格戰的良好條件，即使競爭對手在競爭中處於不能獲得利潤、只能保本的情況下，本企業仍可獲利。

（2）在面對強有力的購買者要求降低產品價格的壓力時，處於低成本的企業仍可以有較好的收益。

（3）在爭取供應商的鬥爭中，由於企業的成本低，相對於競爭對手具有較大的對原材料、零部件價格上漲的承受能力，能夠在較大的邊際利潤範圍內承受各種不穩定經濟因素所帶來的影響；同時，由於低成本企業對原材料或零部件的需求量一般較大，因而為獲得廉價的原材料或零部件提供了可能，這也便於和供應商建立穩定的協作關係。

（4）在與潛在進入者的鬥爭中，那些形成低成本的因素常常使企業在規模經濟或成本優勢方面形成進入障礙，削弱新進入者對低成本者的進入威脅。

（5）在與替代品的鬥爭中，低成本企業可用削減價格的辦法穩定現有顧客的需求，使之不被替代產品所替代。當然，如果企業要較長時間地鞏固企業的現有競爭地位，還必須在產品及市場上有所創新。

3. 成本領先戰略的缺點

（1）投資較大。企業必須具備先進的生產設備，才能高效率地進行生產，以保持較高的勞動生產率。同時，在進攻型定價以及為提高市場佔有率而形成的投產虧損等方面也需進行大量的預先投資。

（2）技術變革會導致生產工藝和技術的突破，使企業過去大量投資和由此產生的高效率突然喪失優勢，並給競爭對手造成以更低成本進入的機會。

（3）將過多的注意力集中在生產成本上，可能導致企業忽視顧客需求特性和需求趨勢的變化以及忽視顧客對產品差異的興趣。

（4）由於企業集中大量投資於現有技術及現有設備上，提高了退出障礙，因而對新技術的採用以及技術創新反應遲鈍，甚至採取排斥態度。

4. 成本領先戰略的適用條件

低成本戰略是一種重要的競爭戰略，但是它也有一定的適用範圍。當具備以下條件時，採用成本領先戰略會更有效力：

（1）市場需求具有較大的價格彈性；

（2）本行業的企業大多生產標準化產品，從而使價格競爭決定企業的市場地位；

（3）實現產品差異化的途徑很少；

（4）多數客戶以相同的方式使用產品；

（5）用戶從一個銷售商改變為另一個銷售商時，不會發生轉換成本，因而特別傾向於購買價格最優惠的產品。

三、差異化戰略

1. 差異化戰略的含義

所謂差異化戰略，是指為使企業產品與對手產品有明顯的區別、形成與眾不同的特點而採取的戰略。差異化有利於擴大企業品牌和產品的知名度，強化顧客的品牌忠誠度。企業如果要有效地實行差異化戰略必須注意以下幾點：①品牌知名度的擴大有利於促使老顧客重複購買，並且可以促使潛在顧客使用本企業的產品；②品牌知名度

的提升有利於企業降低推廣新產品的成本，或者減小新產品推廣失敗所帶來的對品牌的損傷；③差異化要能夠促使顧客更加關注產品的個性和特色，而忽視價格的重要性；④差異化要有利於提升企業形象；⑤差異化戰略要有利於企業強化創新，從而有利於培養和提升企業的核心能力。

實現差異的途徑多種多樣，主要有以下幾種方法：

（1）產品差異化。產品差異化主要包括：工作質量差異化、產品特色差異化、產品設計差異化。工作質量必須以顧客的需求為起點，以顧客的知覺為終點，如果顧客要求較高的可靠性、耐用性或者高性能，那麼這些要素就構成了顧客眼中的質量。也就是說，企業設計產品必須以顧客的需求為起點，在這一階段，企業必須多聽取顧客的意見。產品質量的優劣必須以顧客的評價為標準。產品特色是指產品基本功能之外的一些增補，它是產品差異化的一個很重要的特點。產品設計是一個綜合的因素，它決定了產品的特色、性能、穩定性、耐用性等，好的設計要求外表美觀、操作簡單、使用方便、經久耐用等。

（2）服務差異化。服務差異化是指企業向顧客提供別具一格的良好服務。服務差異化主要表現在訂貨方便、交貨、安裝、客戶培訓、客戶諮詢、維修和多種服務上。訂貨方便是指企業必須使顧客能夠方便地向公司訂貨。交貨是指企業必須保證貨物準確及時地送達顧客，它包括送貨的及時性、準確性。安裝是為確保產品在預定地點正常使用而需要做的工作。客戶培訓是指企業有義務向顧客提供必要的培訓，以使其能夠方便地使用購買的產品。客戶諮詢是指賣方無償或有償地向買方提供有關資料、信息或提出建議等服務。維修是指企業在產品出現故障的時候，能夠向顧客提供必要的修理服務。多種服務是指企業可以為顧客提供的其他方面的服務。例如，企業可以向顧客提供一個比競爭者更好的產品擔保和保修合同。

（3）人員差異化。人員差異化是指因企業比競爭者擁有更為優秀的員工而形成的差異化。

（4）形象差異化。形象差異化是指企業通過各種不同的途徑，創造性地樹立企業獨一無二的形象。

2. 差異化戰略的優點

（1）實行差異化戰略是利用了顧客對其特色的偏愛和忠誠，由此可以降低對產品的價格敏感性，使企業避免價格競爭，在特定領域形成獨家經營的市場，保持領先。

（2）顧客對企業（或產品）的忠誠性形成強有力的進入障礙，新進入者要進入該行業需花很大氣力去克服這種忠誠性。

（3）產品差異可以產生較高的邊際收益，增強企業對付供應者討價還價的能力。

（4）由於購買者別無選擇，對價格的敏感度又低，企業可以運用產品差異戰略來削弱購買者的討價還價能力。

（5）由於企業具有特色，贏得了顧客的信任，在特定領域形成獨家經營的市場，便可在與替代品的較量中，比其他同類企業處於更有利的地位。

3. 差異化戰略的缺點

（1）保持產品的差異化往往是以高成本為代價，因為企業需要進行廣泛的研究開

發、產品設計、採用高質量原料和爭取顧客支持等工作。

（2）並非所有的顧客都願意或能夠支付產品差異所形成的較高價格。同時，買主對差異化所支付的額外費用是有一定支付極限的，若超過這一極限，低成本低價格的企業與高價格差異化產品的企業相比就會顯示出競爭力。

（3）企業要想取得產品差異，有時要放棄獲得較高市場佔有率的目標，因為它的排他性與高市場佔有率是矛盾的。

4. 差異化戰略的適用條件

（1）有多種使產品或服務差異化的途徑，而且這些差異化是被某些用戶視為有價值的。

（2）消費者對產品的需求是不同的。

（3）奉行差異化戰略的競爭對手不多。

以上我們討論了成本領先戰略和產品差異化戰略。那麼，這兩者之間存在什麼關係呢？在這兩種戰略中如何做出選擇呢？通過對許多成功的企業調查研究，結果表明，許多成功的企業有一個共同的特點，就是在確定企業競爭戰略時都是根據企業內外環境條件，在產品差異化、成本領先戰略中選擇了一個，從而確定具體目標，採取相應措施而取得成功。當然，也有一些企業同時採取兩種競爭戰略而成功，如經營卷菸業的菲利浦·莫里斯公司，依靠高度自動化的生產設備，使生產成本降到很低；同時，它又在商標、銷售促進方面進行巨額投資，在產品差異化方面取得成功。但一般來說，不能同時採用這兩種戰略，因為這兩種戰略有著不同的管理方式、開發重點和企業經營結構，反應了不同的市場觀念。

在同一市場的演進中，常會出現這兩種競爭戰略循環變換的現象。一般來說，為了競爭及生存的需要，企業往往以產品差異化戰略打頭，使整個市場的需求動向發生變化，隨後其他企業紛紛效仿跟進，使差異化產品逐漸喪失了差異化優勢，最後變為標準產品。此時企業只有採用成本領先戰略，努力降低成本，使產品產量達到規模經濟，提高市場佔有率來獲得利潤。這時市場也發展成熟，企業之間的競爭趨於激烈。企業要維持競爭優勢，就必須通過新產品開發等途徑尋求產品差異化，以開始新一輪戰略循環。

四、集中戰略

1. 集中戰略的含義

集中戰略是指企業把經營的重點目標放在某一特定購買者集團，或某種特殊用途的產品，或某一特定地區，來建立企業的競爭優勢及其市場地位。由於資源有限，一個企業很難在其產品市場展開全面的競爭，因而需要瞄準一定的重點，以期產生巨大而有效的市場力量。此外，一個企業所具備的不敗的競爭優勢，也只能在產品市場的一定範圍內發揮作用。

集中戰略所依據的前提是，廠商能比正在更廣泛進行競爭的競爭對手更有效或效率更高地為其狹隘的戰略目標服務，結果，廠商或由於更好地滿足其特定目標的需要而取得產品差異，或在為該目標的服務中降低了成本，或兩者兼而有之。儘管集中戰

略往往採取成本領先和差異化這兩種變化形式，但三者之間仍存在區別，後兩者的目的都在於達到其全行業範圍內的目標，但整個集中戰略卻是圍繞著一個特定目標而建立起來的。

2. 集中戰略的優點

實行集中戰略具有以下幾個方面的優勢：

（1）經營目標集中，可以集中企業所有資源於一特定戰略目標之上。

（2）熟悉產品的市場、用戶及同行業競爭情況，可以全面把握市場，獲取競爭優勢。

（3）由於生產高度專業化，在製造、科研方面可以實現規模效益。

3. 集中戰略的風險

（1）以廣泛市場為目標的競爭對手，很可能將該目標細分市場納入其競爭範圍，甚至已經在該目標細分市場中競爭，構成對企業的威脅。這時企業要在產品及市場行銷各方面保持和加大其差異性，產品的差異性越大，集中戰略的維持力越強；需求者差異性越大，集中戰略的維持力也越強。

（2）該行業的其他企業也採用集中戰略，或者以更小的細分市場為目標，構成了對企業的威脅。這時選用集中戰略的企業要建立防止模仿的障礙，當然其障礙的高低取決於特定的市場細分結構。另外，目標細分市場的規模也會造成對集中戰略的威脅，如果細分市場較小，競爭者可能不感興趣，但如果是在一個新興的、利潤不斷增長的較大的目標細分市場上也採用集中戰略，就會剝奪原實行集中戰略的企業的競爭優勢。

（3）如果政治、經濟、法律、文化等環境的變化，與技術的突破和創新等多方面原因引起替代品出現或消費者偏好發生變化，導致市場結構性變化，此時集中戰略的優勢也將隨之消失。

第三節　在市場中處於不同地位的企業的競爭戰略

每個企業都要依據自己的目標、資源和環境，以及在目標市場上的地位，來制定競爭戰略。即使在同一企業中，不同的業務、不同的產品也有不同要求，不可強求一律。因此，企業應當首先確定自己在目標市場上的競爭地位，然後根據自己的市場定位選擇適當的行銷戰略和策略。企業在市場中的競爭地位有多種分類方法，根據企業在目標市場上所起的領導、挑戰、跟隨或拾遺補缺的作用，可以將企業分為市場領導者、市場挑戰者、市場跟隨者和市場利基者四種類型。

一、市場領導者

1. 市場領導者的含義

所謂市場領導者，是指在相關產品的市場上市場佔有率最高的企業。一般來說，大多數行業都有一家企業被公認為市場領導者，它在價格調整、新產品開發、渠道覆蓋和促銷力量方面處於主導地位。它是市場競爭的導向者，也是競爭者挑戰、效仿或

迴避的對象。這些市場領導者的地位是在競爭中自然形成的，但不是固定不變的。如果它沒有獲得法定的特許權，必然會面臨著競爭者的挑戰。因此，企業必須隨時保持警惕並採取適當的措施。

2. 市場領導者戰略

一般來說，市場領導者為了維護自己的優勢，保持自己的領導地位，通常可採取三種戰略：一是設法擴大整個市場需求；二是採取有效的防守措施和攻擊戰術，保護現有的市場佔有率；三是在市場規模保持不變的情況下，進一步擴大市場佔有率。

（1）擴大市場需求總量

一般來說，當一種產品的市場需求總量擴大時，受益最大的是處於市場領導地位的企業。因此，市場領導者應努力從以下三個方面擴大市場需求量：

①發掘新的使用者。每一種產品都有吸引顧客的潛力，因為有些顧客或者不知道這種產品，或者因為其價格不合適，或者產品缺乏某些特點等而不想購買這種產品。此時，企業可以採取市場滲透策略、新市場策略、地理擴張策略來發掘新的使用者。

②尋找新用途。這是指設法找出產品的新用法和新用途以增加銷售。比如，食品生產者常常在包裝上印製多種食用或烹制方法。產品的許多新用途往往是顧客在使用中發現的，企業應及時瞭解和推廣這些用途。美國的小蘇打製造廠阿哈默公司發現有些顧客把小蘇打當做冰箱除臭劑使用，就開展了大規模的廣告活動宣傳這種用途，使得美國很多家庭把裝有小蘇打的開口盒子放進了冰箱。

③增加使用量。一是勸告消費者提高使用頻率。企業應設法使顧客更頻繁地使用產品，例如，果汁行銷人員應說服人們不僅在待客時才飲用果汁，平時也要飲用果汁以增加維生素。二是促使消費者增加每次使用量。例如，有的調味品製造商將調味品瓶蓋上的小孔略微擴大，銷售量就明顯增加了。

（2）保護市場佔有率

處於市場領導地位的企業，在努力擴大整個市場規模時，必須注意保護自己現有的業務，防備競爭者的攻擊。市場領導者如何防禦競爭者的進攻呢？最有建設意義的答案是不斷創新。領導者不應滿足於現狀，必須在產品創新、提高服務水準和降低成本等方面，真正處於該行業的領先地位；另外，應該在不斷提高服務質量的同時，抓住對方的弱點主動出擊。

市場領導者即使不發動進攻，至少也應保護其所有戰線，不能有任何疏漏。堵塞漏洞要付出很高的代價，隨便放棄一個產品或細分市場，「機會損失」可能更大。由於資源有限，領導者不可能保持它在整個市場上的所有陣地，因此，它必須善於準確地辨認哪些是值得耗資防守的陣地，哪些是可以放棄而不會招致風險的陣地，以便集中使用防禦力量。防禦策略的目標是要減少受到攻擊的可能性，將攻擊轉移到威脅較小的地帶，並削弱其攻勢。具體來說，有以下六種防禦策略可供市場領導者選擇：

①陣地防禦。這是指圍繞企業目前的主要產品和業務建立牢固的防線，根據競爭者在產品、價格、渠道和促銷方面可能採取的進攻戰略而制定自己的預防性行銷戰略，並在競爭者發起進攻時堅守原有的產品和業務陣地。陣地防禦是防禦的基本形式，是靜態的防禦，在許多情況下是有效的、必要的，但是單純依賴這種防禦則是一種「市

場行銷近視症」。企業更重要的任務是技術更新、新產品開發和擴展業務領域。

②側翼防禦。這是指企業在自己主陣地的側翼建立輔助陣地以保衛自己的周邊和前沿,並在必要時作為反攻基地。超級市場在食品和日用品市場占據統治地位,但是在食品方面受到以快捷、方便為特徵的快餐業的蠶食,在日用品方面受到以廉價為特徵的折扣商店的攻擊。為此,超級市場提供廣泛的、貨源充足的冷凍食品和速食品以抵禦快餐業的蠶食,推廣廉價的小品牌商品並在城郊和居民區開設新店以擊退折扣商店的進攻。

③以攻為守。這是指在競爭對手尚未構成嚴重威脅或在向本企業採取進攻行動前搶先發起攻擊以削弱或挫敗競爭對手。這是一種先發制人的防禦,公司應正確地判斷何時發起進攻效果最佳,以免貽誤戰機。有的公司在競爭對手的市場份額接近於某一水準而危及自己市場地位時發起進攻,有的公司在競爭對手推出新產品或推出重大促銷活動前搶先發動進攻,如推出自己的新產品、宣布新產品開發計劃或開展大張旗鼓的促銷活動,壓倒競爭者。公司先發制人的方式多種多樣,如「遊擊戰」,這兒打擊一個對手,那兒打擊一個對手,使各個對手疲於奔命,忙於招架;展開全面進攻;持續性地打價格戰,使未取得規模效益的競爭者陷於困境;開展心理戰,警告對手自己將採取某種打擊措施而實際上並不付諸實施。

④反擊防禦。這是指市場領導者受到競爭者攻擊後採取反擊措施。要注意選擇反擊的時機,可以迅速反擊,也可以延遲反擊。如果競爭者的攻擊行動並未造成本公司市場份額迅速下降,可採取延遲反擊,在弄清競爭者發動攻擊的意圖、戰略、效果和其薄弱環節後再實施反擊。反擊戰略主要有:第一,正面反擊。即與對手採取相同的競爭措施,迎擊對方的正面進攻。如果對手開展大幅度降價和大規模促銷等活動,市場領導者憑藉雄厚的資金實力和卓著的品牌聲譽,也採取降價和促銷活動,可以有效地擊退對手。第二,攻擊側翼。即選擇對手的薄弱環節加以攻擊。第三,鉗形攻勢。即同時實施正面攻擊和側翼攻擊。第四,退卻反擊。這是指在競爭者發動進攻時我方先從市場退卻,避免正面交鋒的損失,待競爭者放鬆進攻或麻痺大意時再發動進攻,收復市場,以較小的代價取得較大的戰果。第五,圍魏救趙。這是指在對方攻擊我方主要市場區域時攻擊對方的主要市場區域,迫使對方撤銷進攻以保衛自己的大本營。

⑤運動防禦。運動防禦要求領導者不但要積極防守現有陣地,還要擴展到可作為未來防禦和進攻中心的新陣地,它可以使企業在戰略上較多的回旋餘地。市場擴展可通過兩種方式實現:市場擴大化和市場多角化。

第一,市場擴大化。這是企業將注意力從目前的產品轉移到有關該產品的基本需要上,並全面研究與開發有關該需要的科學技術。但是市場擴大化必須有一個適當的限度;否則,就違背了兩條基本原則,即目標原則和優勢集中原則。

第二,市場多角化。這是向彼此不相關聯的其他行業擴展,實行多角化經營。例如,美國雷諾和菲利浦·莫里斯等菸草公司認識到社會對吸菸的限制正在加強,而紛紛轉入酒類、軟飲料和冷凍食品等新行業,實行市場多角化經營。

⑥收縮防禦。這是指企業主動從實力較弱的領域撤出,將力量集中於實力較強的領域。當企業無法堅守所有的市場領域,並且由於力量過於分散而降低資源效益的時

候，可採取這種戰略。其優點是在關鍵領域集中優勢力量，增強競爭力。

（3）擴大市場份額

一般而言，如果單位產品價格不降低且經營成本不增加，企業利潤會隨著市場份額的擴大而提高。咖啡市場份額的每個百分點價值為 4,800 萬美元，軟飲料為 12,000 萬美元。但是，切不可認為市場份額提高就會自動增加利潤，還應考慮以下三個因素：

①經營成本。許多產品往往有這種現象：當市場份額持續增加而未超出某一限度的時候，企業利潤會隨著市場份額的提高而提高；當市場份額超過某一限度仍然繼續增加時，經營成本的增加速度就大於利潤的增加速度，企業利潤會隨著市場份額的提高而降低。如果出現這種情況，則市場份額應保持在該限度以內，市場領導者的戰略目標應是擴大市場份額而不是提高市場佔有率。

②行銷組合。如果企業實行了錯誤的行銷組合戰略，如過分地降低商品價格、過高地支出公關費、廣告費、渠道拓展費、銷售員和營業員獎勵費等促銷費用，承諾過多的服務項目導致服務費大量增加等，則市場份額的提高反而會造成利潤下降。

③反壟斷法。為了保護自由競爭，防止出現市場壟斷，許多國家的法律規定，當某一公司的市場份額超出某一限度時，就要強行地將其分解為若干相互競爭的小公司。如果占據市場領導者地位的公司不想被分解，就要在自己的市場份額接近於臨界點時主動加以控制。

二、市場挑戰者

在行業中名列第二的企業稱為亞軍公司或者追趕公司。例如，軟飲料行業的百事可樂公司。這些亞軍公司對待當前的競爭形勢有兩種態度：一種是向市場領導者和其他競爭者發動進攻，以奪取更大的市場佔有率，這對它們稱為市場挑戰者；另一種是維持現狀，避免與市場領導者和其他競爭者產生事端，這時它們稱為市場追隨者。市場挑戰者如果要向市場領導者和其他競爭者挑戰，首先必須確定自己的戰略目標和挑戰對象，其次再選擇適當的進攻策略。

1. 明確戰略目標和挑戰對象

戰略目標同進攻對象密切相關，針對不同的對象存在不同的目標。一般來說，挑戰者可以選擇以下三種類型的公司作為攻擊對象。

（1）攻擊市場領導者。這一戰略風險很大，但是潛在的收益可能很高。為取得進攻的成功，挑戰者要認真調查研究顧客的需要及其不滿之處，這些就是市場領導者的弱點和失誤。如美國米勒啤酒之所以獲得成功，就是因為該公司瞄準了那些想喝「低度」啤酒的消費者為開發重點，而這一市場在以前卻被忽視了。此外，通過產品創新，以更好的產品來奪取市場也是可供選擇的策略。

（2）攻擊規模相當者。挑戰者對一些與自己勢均力敵的企業，可選擇其中經營不善而發生危機者作為攻擊對象，以奪取它們的市場。

（3）攻擊區域性小型企業。一些因經營不善而發生財務困難的地方性小企業，可作為挑戰者的攻擊對象。

2. 選擇進攻戰略

在確定了戰略目標和進攻對象之後，挑戰者可選擇以下五種戰略進行進攻：

（1）正面進攻。正面進攻就是集中兵力向對手的主要市場發動攻擊，打擊的目標是敵人的強項而不是弱點。這樣，勝負便取決於誰的實力更強，誰的耐力更持久，進攻者必須在產品、廣告、價格等主要方面大大領先對手，方有可能成功。

正面進攻策略也可採取一種變通形式，最常用的方法是針對競爭對手實行削價，通過在研究開發方面大量投資，降低生產成本，從而以低價格向競爭對手發動進攻。

（2）側翼進攻。側翼進攻就是集中優勢力量攻擊對手的弱點，有時也可先正面進攻，牽制其防守兵力，再向其側翼或背面發動猛攻，採取「聲東擊西」的策略。側翼進攻可以分為兩種：一種是地理性的側翼進攻，即在全國或全世界尋找對手相對薄弱的地區發動攻擊；另一種是細分性側翼進攻，即尋找市場領導企業尚未很好滿足的細分市場。側翼進攻不是指在兩個或更多的公司之間浴血奮戰來爭奪同一市場，而是要在整個市場上更廣泛地滿足不同的需求。因此，它最能體現現代市場行銷觀念，即「發現需求並且滿足它們」。同時，側翼進攻也是一種最有效和最經濟的策略，較正面進攻有更多的成功機會。

（3）圍堵進攻。圍堵進攻是一種全方位、大規模的進攻，它是在幾個戰線發動全面攻擊，迫使對手在正面、側翼和後方同時全面防禦。進攻者可向市場提供競爭者能供應的一切，甚至比對方還多，使自己提供的產品無法拒絕。當挑戰者擁有優於對手的資源，並確信圍堵計劃的完成足以打垮對手時，這種策略才能奏效。

（4）迂迴進攻。這是一種間接的進攻策略，它避開了對手的現有陣地而迂迴進攻。具體辦法有三種：①研發新產品，實行產品多元化經營。②以現在產品進入新市場，實現市場多元化經營。③通過技術創新和產品開發，替換現有產品。例如，美國高露潔公司在面對寶潔公司強大的競爭壓力下，就採取了這種策略：加強高露潔公司在海外的領先地位，在國內實行多元化經營，向寶潔沒有占領的市場發展，迂迴包抄寶潔公司。該公司不斷收購了紡織品、醫藥產品、化妝品及運動器材和食品公司，獲得了極大成功。

（5）遊擊進攻。遊擊進攻主要適用於規模較小、力量較弱的企業，目的在於通過向對方不同地區發動小規模的、間斷性的攻擊來騷擾對方，使之疲於奔命，最終鞏固永久性據點。遊擊進攻可採取多種方法，包括有選擇的降價、突襲式的促銷行動等。應該指出的是，儘管遊擊進攻可能比正面進攻、圍堵進攻、側翼進攻節省開支，但如果想打倒對手，光靠遊擊戰是不可能達到目的的，還需要發動更強大的攻勢。

從以上戰略可以看出，市場挑戰者的進攻策略是多樣的。一個挑戰者不可能同時運用所有策略，但也很難僅靠某一種策略取得成功，通常是設計出一套策略組合，通過整體策略來改善自己的市場地位。

三、市場追隨者

市場追隨者是指那些在產品、技術、價格、渠道和促銷等大多數行銷戰略上模仿或跟隨市場領導者的公司。在很多情況下，市場追隨者可讓市場領導者和挑戰者承擔

新產品開發、信息收集和市場開發所需的大量經費，自己坐享其成，減少支出和風險，並避免向市場領導者挑戰可能帶來的重大損失。許多居第二位及以後位次的公司往往選擇追隨而不是挑戰。當然，追隨者也應當制定有利於自身發展而不會引起競爭者報復的戰略，可分為以下三類：

（1）緊密跟隨。這是指在各個細分市場和產品、價格、廣告等行銷組合戰略方面模仿市場領導者，完全不進行任何創新的公司。由於它們是利用市場領導者的投資和行銷組合策略去開拓市場，自己跟在後面分一杯羹，故被看作依賴市場領導者而生存的寄生者。有些緊密跟隨者甚至發展成為「偽造者」，專門製造贗品。

（2）有距離跟隨。這是指在基本方面模仿領導者，但是在包裝、廣告和價格上又保持一定差異的公司。如果模仿者不對領導者發起挑戰，領導者不會介意。在同質產品行業，不同公司的產品相同，服務相近，不易實行差異化戰略，這時價格幾乎是吸引購買的唯一手段，但價格由於敏感性高，因而隨時可能爆發價格大戰。正因如此，各公司常常模仿市場領導者，採取較為一致的產品、價格、渠道和促銷戰略，市場份額保持著高度的穩定性。

（3）選擇跟隨。這是指在某些方面緊跟市場領導者，在某些方面又自行其是的公司。它們會有選擇性地改進領導者的產品、服務和行銷戰略，避免與領導者正面交鋒，選擇其他市場銷售產品。這種跟隨者通過改進並在別的市場壯大實力後有可能成長為挑戰者。

雖然追隨戰略不冒風險，但是也存在明顯缺陷。研究表明，市場份額處於第二位及以後位次的公司與第一位的公司在投資報酬率方面有較大的差距。

四、市場利基者戰略

1. 市場利基者的含義與利基市場的特徵

幾乎每個行業都有小企業，它們專心致力於市場中被大企業忽略的某些細分市場，在這些小市場上通過專業化經營來獲取最大限度的收益。這種有利的市場位置就稱為「利基」，市場利基者是指專門為規模較小的或大公司不感興趣的細分市場提供產品和服務的公司。市場利基者的作用是拾遺補缺，見縫插針，雖然其在整體市場上僅佔有很少的份額，但是比其他公司更充分地瞭解和滿足某一細分市場的需求，能夠通過提供高附加值的產品得到高利潤和快速增長。

利基不僅對於小企業有意義，而且對某些大企業中的較小業務部門也有意義，它們也常設法尋找一個或多個既安全又有利的利基。一般來說，一個理想的利基市場具有以下幾個特徵：

（1）具有一定的規模和購買力，能夠盈利；
（2）具備發展潛力；
（3）強大的公司對這一市場不感興趣；
（4）本公司具備向這一市場提供優質產品和服務的資源和能力；
（5）本公司在顧客中建立了良好的聲譽，能夠抵禦競爭者入侵。

2. 市場利基者競爭戰略選擇

市場利基者發展的關鍵是實現專業化，主要途徑有：

(1) 最終用戶專業化。公司可以專門為某一類型的最終用戶提供服務。例如，航空食品公司專門為民航公司生產提供給乘客的航空食品。

(2) 垂直專業化。公司可以專門為處於生產與分銷循環週期的某些垂直層次提供服務。

(3) 顧客規模專業化。公司可以專門為某一規模（大、中、小）的顧客群服務。市場利基者專門為大公司不重視的小規模顧客群服務。

(4) 特殊顧客專業化。公司可以專門向一個或幾個大客戶銷售產品。如許多小公司只向一家大公司提供其全部產品。

(5) 地理市場專業化。公司只在某一地點、地區或範圍內經營業務。

(6) 產品或產品線專業化。公司只經營某一種產品或某一類產品線。

(7) 產品特色專業化。公司專門經營某一種類型的產品或者特色產品。

(8) 客戶訂單專業化。公司專門按客戶訂單生產特製產品。

(9) 質量、價格專業化。公司只在市場的底層或上層經營。

(10) 服務專業化。公司向大眾提供一種或數種其他公司所沒有的服務。

(11) 銷售渠道專業化。公司只為某類銷售渠道提供服務。例如，某家軟飲料公司決定只生產大容器包裝的軟飲料，並且只在加油站出售。

市場利基者是弱小者，面對的主要風險是當競爭者入侵或目標市場的消費習慣變化時有可能陷入絕境。因此，它的主要任務有三項：創造利基市場、擴大利基市場、保護利基市場。

企業在密切注意競爭者的同時不應忽視對顧客的關注，不能單純強調以競爭者為中心而損害更為重要的以顧客為中心。以競爭者為中心指企業行為完全受競爭者行為支配，逐個跟蹤競爭者的行動並迅速作出反應。這種模式的優點是使行銷人員保持警惕，注意競爭者的動向；缺點是被競爭者牽著走，缺乏事先規劃和明確的目標。以顧客為中心指企業以顧客需求為依據制定行銷戰略。其優點是能夠更好地辨別市場機會，確定目標市場，根據自身條件建立具有長遠意義的戰略規劃；缺點是有可能忽視競爭者的動向和對競爭者的分析。在現代市場中，企業在行銷戰略的制定過程中既要注意競爭者，也要注意顧客。

【本章小結】

在市場經濟條件下，企業時刻面臨著激烈的市場競爭。因此，必須為企業制定一個正確的競爭戰略，其包括：對競爭者的分析、選擇競爭戰略、評估競爭對手的反應。對競爭對手的分析包括對競爭對手的戰略和目標的分析。競爭戰略包括成本領先戰略、差異化戰略和集中化戰略。競爭對手的可能反應包括主動攻擊和防禦。總之，知己知彼，百戰不殆，企業競爭戰略的制定必須建立在對競爭者深入分析的基礎之上。

【思考題】

1. 從行業競爭角度看，怎樣識別競爭者？
2. 成本領先的優缺點各是什麼？
3. 試述市場領導者可採取的防禦戰略。
4. 試述市場挑戰者可採用的進攻戰略。
5. 市場追隨者可分為哪些類型？
6. 理想的利基市場具備哪些特徵？

第九章　產品策略

【學習目標】

通過本章的學習，學生應瞭解產品的整體概念、產品組合及其相關概念和常見的幾種產品策略；掌握產品壽命週期的概念及其在不同壽命週期階段的行銷策略；掌握新產品開發的重要意義、程序及相關知識。

產品是市場行銷因素組合中最重要的因素。市場行銷因素組合（Marketing Mix）是由美國哈佛大學教授鮑敦於 1964 年首先提出的。它是指企業以系統方法對自身可以控制的各種行銷手段的綜合運用，其包括四個方面：產品、價格、分銷渠道、促銷。其中，產品是市場行銷因素組合的首要因素。產品策略是企業市場行銷戰略的核心，也是制定其他市場行銷策略的基礎。

第一節　產品整體概念

一、市場行銷學對產品的理解——產品整體概念

我們研究產品，首先要明確什麼是產品，通常人們對產品的理解是指某種具有特定物質形狀和用途的勞動生產物。這是產品的狹義概念。從市場行銷角度來看，產品是指能夠提供給市場以滿足人們某種需要和慾望的任何東西。它不僅包括產品實體，還包括產品的品質、特色、款式、商標、包裝、商譽以及給購買者提供的利益以及服務等。這種新觀念稱為現代產品的概念或產品的整體概念。

現代市場行銷理論認為，產品的整體概念包含五個層次（如圖 9-1 所示）。

1. 核心產品

核心產品是指產品提供給消費者的基本效用和利益。其目的或滿足需要，或追求美感，或達到期望。顧客購買某種產品並不是購買產品本身，而是購買產品所具有的使用價值（功能和效用）以及這種使用價值給他們帶來的消費利益。例如，女性顧客購買「青春寶」美容膠囊是為了使肌膚更白、更細、更光潔，這就是產品整體概念中最基本、最主要的部分。由此可見，某一產品能否被市場接受，不僅取決於能否提供這一產品，更重要的是取決於它能否給購買者帶來某種實實在在的利益，使其需求得到滿足。

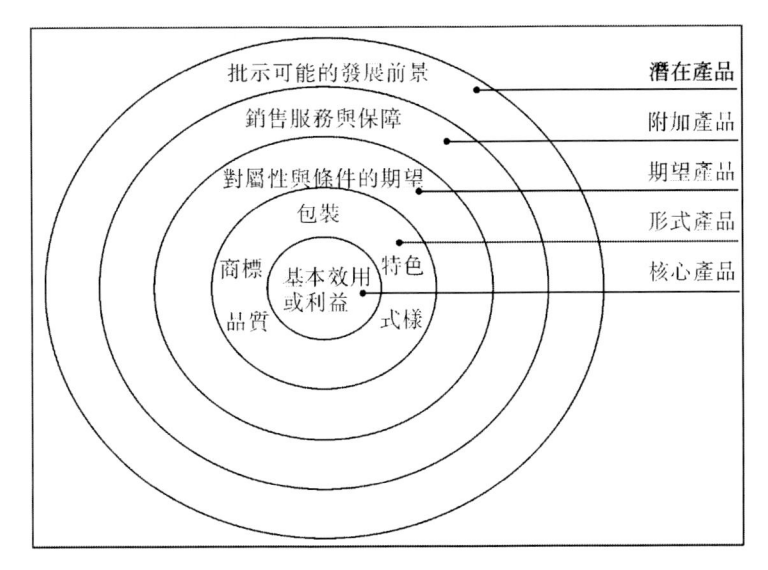

圖 9-1　產品層次

2. 形式產品

形式產品是產品在市場上出售時的具體形態，通常表現為產品的品質、特色、式樣、品牌、包裝五個方面。如電視機畫面的清晰度、音質的好壞、款式的新穎、品牌的知名度等。形式產品是核心產品的載體。由於形式產品更為直觀和形象，更易為消費者所理解，因而也是企業和顧客溝通、表現核心產品的有效工具。企業極其重視對其產品包裝、造型、商標的設計和行銷組合策略的運用，道理就在於此。

3. 期望產品

期望產品是指消費者購買產品時通常希望和默認的一組屬性和條件。這種屬性和條件一般是消費者獲得產品效用的基本保證。脫離了期望產品，企業將無法完美地將產品效用給予消費者。例如，消費者住旅店大多希望享有乾淨的床上用品、淋浴設備和安靜的環境，這是該產品本身所蘊涵的要求，行銷人員的工作必須建立在消費者的期望產品得到提供的基礎之上。

4. 附加產品

附加產品是指生產者或銷售者為了創造產品的差異化而給予消費者的增加服務和利益。例如，大部分的商家都為顧客提供送貨上門、安裝等服務。附加產品有轉化為期望產品的趨勢，當產業內所有的企業都對消費者提供了相同的附加產品之後，附加產品就會被消費者當作理所當然的期望產品看待。

5. 潛在產品

潛在產品是指產品最終可能會帶給消費者的全部附加產品和將來會轉換的部分。潛在產品能夠帶給產品足夠的差異化形象，給企業的產品帶來競爭優勢地位。這主要通過提高顧客的滿意度來實現。美國行銷學者西奧多‧李維特認為，未來競爭的關鍵不在於企業能生產什麼產品，而在於其產品所提供的附加價值，如包裝、服務、廣告、

用戶諮詢、融資、送貨、倉儲和人們所重視的其他價值。

隨著科技的發展，大多數現代企業產品的更新換代能力逐步接近，產品之間的差異縮小，服務競爭的地位將越來越重要。因此，現代企業如果能向顧客提供完善的產品附加利益，就必會在市場競爭中贏得主動。

二、產品整體概念的意義

以上五個層次的結合構成了產品整體概念，它充分體現了以顧客為中心的現代行銷觀念，這一概念的內涵和外延都是以消費者需求為標準，由消費者的需求來決定的。「整體產品概念」是市場行銷理論的重大發展，在現代企業的市場行銷活動中有著極其廣泛的應用。隨著生產力的發展和科學技術的進步，人們的需求日益多樣化，產品的整體概念不斷擴大，企業不但要提供適應消費者需要的形式產品和核心產品，而且還要提供更多的延伸產品。現代企業只有從產品的整體概念出發來研究產品策略，創造自身產品的特色，才能在市場競爭中立於不敗之地。

第二節　產品組合

一、產品組合及其相關概念

產品組合（Product Composition）是指企業生產經營的全部產品線和產品項目的組合。產品組合由多條產品線組成，每條產品線由若干產品項目組成。例如，中國第二汽車廠生產的某種卡車，是該企業許多產品中的一個產品項目，不同載重量的卡車組成了卡車的產品線。載重卡車、越野車、消防車和小汽車等在內的所有產品，則構成了企業的產品組合。

產品線（Product Line）是指產品組合中的某一產品大類，它是一組密切相關的產品。這些產品或者都能滿足某種需要，或者賣給相同的顧客群，或者經由同種商業網點銷售，或者同屬於一個價格幅度。如寶潔公司的產品大類有洗滌劑、牙膏、肥皂、除臭劑、尿布、咖啡等；雅芳的產品組合包括四條主要產品線即化妝品、珠寶首飾、時裝、家常用品。每個產品系列還包括幾個亞產品系列。例如，化妝品可細分為口紅、眼線筆、粉餅等。

產品項目（Product Item）是指產品目錄上所列出的每一種產品。一種產品的型號、規格、價格、外觀等就是一個產品項目。如杭州娃哈哈集團有限公司生產的碳酸飲料系列包括非常可樂、維C可樂、非常檸檬、非常甜橙、非常蘋果、兒童可樂、娃哈哈爽系列、銳舞派對鹽水、銳舞派對礦化汽水等產品。

二、產品組合的測量尺度

產品組合的測量尺度有寬度、長度、深度和關聯性。

產品組合的寬度又稱為廣度，是指一個企業擁有產品線的數目。產品線多，它的

產品組合的廣度就寬，反之則窄。如目前海爾有電冰箱、空調器、彩電、洗衣機、電腦、藥品六條產品線。

產品組合的長度是指產品組合中產品項目的總數。如雅芳的產品組合總共包含了1,300種產品。產品組合的長度能夠反應企業產品在整個市場中覆蓋面的大小。

產品組合的深度是指一個企業的每條產品線的產品項目的數目，同一產品線中的品種規格多，它的產品組合的深度就較大；反之，則較小。例如，樂百氏牛奶系列包括純牛奶、甜牛奶、朱古力奶、草莓奶、高鈣牛奶、學生牛奶六種產品。樂百氏乳酸奶系列包括樂百氏奶、AD鈣奶、健康快車AD鈣+雙歧因子奶飲料等產品。產品組合的深度通常反應某個產品線的專業化程度。

產品組合的關聯性又稱為密度，是指各條產品線在最終用途、生產條件、銷售方式或其他條件方面相互關聯的程度。如通用電器公司產品組合的產品線很多，但是各種產品線都與電氣有關，所以它的產品組合關聯性大；而同時生產機械設備產品與木工家具的企業其產品組合的關聯性就小。

三、產品組合在市場行銷戰略上的重要意義

（1）企業增加產品組合的寬度，可以使企業的資源得到充分利用，同時，實行多元化經營還可以減少經營風險。

（2）企業增加產品組合的深度，可以迎合廣大消費者的不同需要和愛好，以招徠更多顧客。

（3）企業增加產品組合的關聯性，可以提高企業在市場上的地位，提高企業在相關行業的聲譽。

四、產品組合策略

產品組合策略是指企業根據市場需求特點和企業資源特徵，對產品組合的寬度、深度和關聯性實行不同的有機組合。現代企業在調整和優化產品組合時，可採取的產品組合策略有以下幾種類型：

1. 擴大產品組合

這種策略包括擴大產品組合的寬度和深度，即增加產品線和產品項目，擴展經營範圍。當企業預測現有產品線的銷售額和利潤額在未來一段時間可能下降時，就應考慮在現行產品組合中增加新的產品線，或加強其中有發展潛力的產品線；當企業擬增加產品特色，或為更多的細分市場提供產品時，則可選擇在原產品線內增加新的產品項目。一般來說，擴大產品組合，可使企業充分地利用人、財、物資源，分散經營風險，滿足顧客多方面的需要，提高綜合競爭能力。

2. 縮減產品組合

這種策略是指縮減產品組合的寬度和深度，即減少產品線和產品項目。當市場繁榮時，較長、較寬的產品組合會為企業帶來較多的盈利機會，但當市場不景氣或原料、能源供應緊張時，減少一些銷售困難、獲利小甚至虧損的產品線或產品項目，集中力量生產經營市場需求較大、能為企業獲取預期利潤的產品，能使總利潤上升。在以下

情況下，企業應考慮適當減少產品項目；已進入衰退期的虧損的產品項目；無力兼顧現有產品項目時，放棄無發展前途的產品項目；當出現市場疲軟時，刪減一部分次要的產品項目。但這種策略風險性較大，一旦企業生產經營的產品在市場上失利，企業遭受的損失較大。

3. 產品線延伸策略

產品線延伸是針對產品的檔次而言，它是指在原有檔次的基礎上向上、向下或雙向延伸。

（1）產品線向下延伸策略。這是指企業在高檔產品的產品線中增加低檔產品項目。企業採用這一策略可反擊競爭對手的進攻、彌補高檔產品減銷的空缺，以及防止競爭對手乘虛而入。如瑞士鐘表商將電子晶片產品、激光技術、機器人、石黃英測試系統等高技術引入低檔表生產，生產低成本高質量的 Swatch 低檔表出口，戰勝了競爭對手。實行這種策略也有一定的風險，如處理不慎，會影響原有產品特別是名牌產品的形象，可能給人「走下坡路」的不良印象，也可能刺激競爭對手向高檔產品領域滲透，還可能形成內部競爭的局面。為此，企業應在權衡利弊後作出決策。

（2）產品線向上延伸策略。這是指企業在低檔產品的產品線中增加高檔產品項目。企業在原來生產中低檔或低檔產品的基礎上，推出高檔的同類品，這就是產品線向上延伸策略。如精工公司開發價值 5,000 美元的高檔手錶，以滿足高收入層次的消費者的需要。這一策略具有明顯的優點：可獲取更豐厚的利潤；可作為正面進攻的競爭手段；可提高企業的形象；可完善產品線，滿足不同層次消費者的需要。但採用這一策略應具備一定的條件：企業原有的聲譽比較高；企業具有向上伸延的足夠能力；市場存在對較高檔次產品的需求；能應付競爭對手的反擊。採用這種策略的企業往往面臨激烈的競爭，促使企業行銷費用增加，同時需在消費者中扭轉對企業的原有印象。

（3）產品線雙向延伸策略。這是指原來生產中檔產品的企業同時擴大生產高檔和低檔的同類產品。採用這種策略的企業主要是為了擴大市場範圍，開拓新市場，為更多的顧客服務，增強企業的競爭能力。但應注意，只有在原有中檔產品已取得市場優勢，而且有足夠的資源和能力時，才可選擇產品線雙向延伸的策略。

第三節　產品生命週期

一、產品生命週期概述

1. 產品生命週期的概念

產品生命週期（Product Life Cycle，PLC）是指產品從投入市場開始到最終退出市場的全過程。簡而言之就是產品在市場上的壽命。

產品生命週期理論是美國哈佛大學教授雷蒙・弗農（Reymond Vernon）於 1966 年在其《產品週期中的國際投資與國際貿易》一文中首先提出的。它認為產品像生物一樣也有產生、發展和衰落的過程，消費者對產品也有一個從認識、接受到放棄的過程。

這是產品更新換代、推陳出新的客觀過程，也是商品市場活動的必然規律。產品生命週期主要是由生產力的發展水準、產品更新換代的速度、消費者的需求狀況以及生產經營者之間的競爭狀況等因素決定的。在當今時代，科學技術和生產力飛速發展，產品日新月異，產品的生命週期也越來越短。在這種環境下，企業研究產品生命週期有著十分重要的意義。

產品生命週期可分為四個階段：引入期、成長期、成熟期、衰退期。產品生命週期是以在一定時間內銷售量的變化來衡量的，如果以時間為橫坐標、以銷售量為縱坐標，則產品生命週期曲線可表示為圖 9-2。

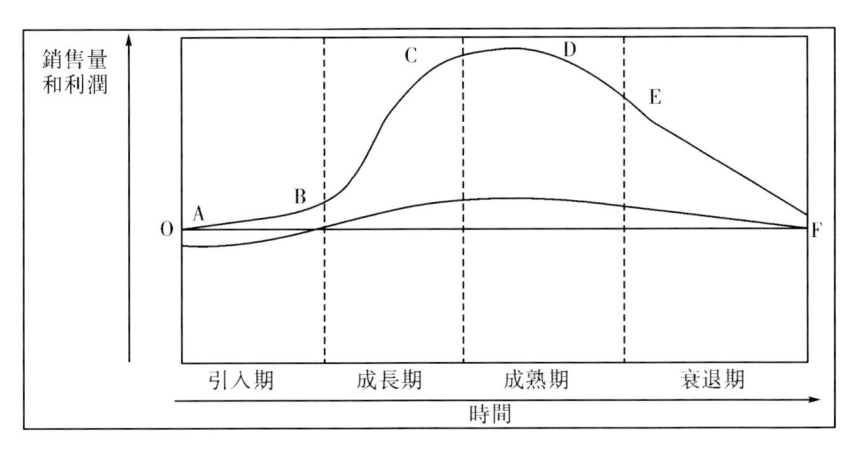

圖 9-2　產品生命週期曲線

AB 為引入期（又叫介紹期或導入期），即產品投入市場的初期階段。這一階段銷售量緩慢上升，利潤通常是負數或利潤很少。

BC 為成長期，是產品的銷售量和利潤迅速增長的時期。

CE 為成熟期，即銷售量和利潤額最大的時期。在 D 點，銷售量達到頂點。通常，利潤的頂點出現在 D 點前。

EF 為衰退期，表明產品已陳舊過時，銷售量下降，利潤減少或出現虧損。

2. 產品種類、產品形式和品牌的生命週期

產品生命週期的內容，由於考察的產品標準不同而不同，它可以是一個產品種類、一種產品形式或一種品牌。產品種類是指具有相同功能及用途的所有產品；產品形式是指同一種類產品中，輔助功能、用途或實體銷售有差別的不同產品；產品品牌是指企業生產與銷售的特定產品。例如，分析冰箱的生命週期，可以是以產品種類冰箱來分析，也可以是以產品形式（單門或雙門）來分析，或是以品牌（海爾、松下、西門子等）來分析。

（1）產品種類的生命週期最長。許多產品種類的銷售在成熟期是沒有期限的，這是因為它們與人口因素變化直接相關，如汽車、冰箱、鋼鐵等。

（2）產品形式比產品種類更能準確地體現標準的產品生命週期，如純牛奶和甜牛奶、液態奶與奶粉、純淨水和礦泉水等，它們一般都有規律地經過引入期、成長期、

成熟期和衰退期四個階段。所以，我們研究產品生命週期，通常是研究產品形式的生命週期。

（3）產品品牌的生命週期最短，其銷售往往表現出不規則的變化。這是因為某種競爭品牌戰略和戰術的改變，會導致本品牌的銷售額和市場佔有率上下波動，甚至處於成熟期的品牌出現成長期的情況。

3. 產品生命週期的其他形態

典型的產品生命週期曲線呈 S 型，它是一條經驗曲線，只概括表明產品在市場上的一般趨勢。同時，它又是一條典型曲線，表示產品在市場上的一般形態。在實際的經濟生活中，並非所有的產品生命週期曲線都呈 S 型，不同的產品，其生命週期曲線也不盡相同。有的產品可能剛投入市場就急速增長；有的產品也可能剛投入市場就夭折了；有的產品可能遲遲進入不了成長期；有的產品也可能即使處在衰退期還在苟延殘喘，沒有新產品及時接替它等。

（1）循環型。循環型又稱「循環—再循環」型，見圖 9-3（a）。如保健產品，當某一種保健品推出時，企業通過大力推銷，使產品銷售出現第一個高峰，然後銷售量下降，於是企業再次發起推銷，使產品銷售出現第二個高峰。一般來說，第二次高峰的規模和持續時間都小於第一次高峰。

（2）流行型。流行品剛上市時一般只有少數消費者感興趣，然後隨著少數消費者的使用和消費，其他消費者也發生興趣，紛紛模仿這種流行的領先者。接下來，產品被大眾廣為接受，進入全面流行階段，銷量大增並推持一定時長的高位。最後，產品緩慢衰退，消費者向另一些吸引他們的流行品轉移，銷量下降。因此，流行型的特徵是成長緩慢，流行後保持一段時間，然後又緩慢下降。見圖 9-3（b）。

（3）時髦型。時髦型產品的生命週期則是快速成長後又快速衰退，其時間較短（見圖 9-3(c)）。原因在於時髦型產品只是滿足人們一時的好奇心或標新立異，並非人們的必須需求。

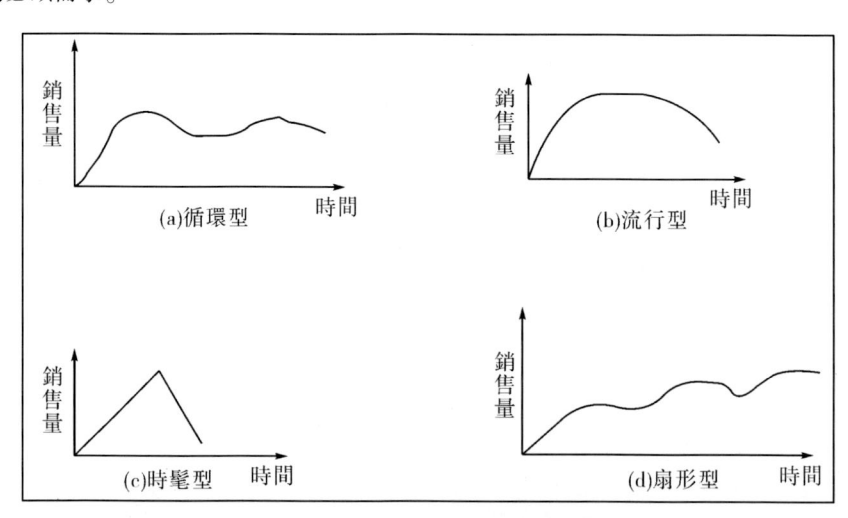

圖 9-3　幾種常見的產品生命週期類型

（4）扇形型。這種產品生命週期的特徵是不斷延伸再延伸（見圖 9-3(d)）。原因是產品不斷創新或發現新的用途、新的市場，因此有連續不斷的生命週期。尼龍的壽命週期就呈扇形型，因為尼龍不僅可作降落傘，還可用來做襪子、襯衫、地毯等，從而使其生命週期一再延伸。

儘管不同產品的生命週期不盡相同，但為了方便起見，這裡討論的僅是具有代表性的 S 型產品生命週期曲線。

4. 產品生命週期各階段的劃分方法

企業在行銷過程中，必須經常瞭解自己的商品正處於生命週期的哪個階段，以確定相應的行銷策略。企業常用的劃分方法有以下三種：

（1）類比法

類比方法是根據類似產品的發展情況來對比分析，進行判斷。如參照黑白電視機的發展資料來判斷彩色電視機的發展趨向。使用這種方法應注意相互類比的產品要有可比性，在各自投入市場後的情況要有相似之處。

（2）銷售增長率法

這是以某一時期的銷售增長率與時間的增長率的比值來劃分產品生命週期各個階段的方法。如以 ΔY 表示銷售量的增長率，ΔX 表示時間的增加量（通常按年計算），則：

當 $\Delta Y/\Delta X<10\%$，產品屬於引入期；

當 $\Delta Y/\Delta X>10\%$，產品屬於成長期；

當 $\Delta Y/\Delta X$ 在 0.1%～10%之間，產品屬於成熟期；

當 $\Delta Y/\Delta X<0$，產品屬於衰退期。

（3）產品普及率法

按人口平均普及率或家庭平均普及率來分析產品生命週期所處的階段，則：

當產品普及率<5%，產品屬於引入期；

當產品普及率在 5%～50%之間，產品屬於成長期；

當產品普及率在 50%～90%之間，產品屬於成熟期；

當產品普及率在 90%以上，產品屬於衰退期。

二、產品生命週期各個時期的特點與策略

1. 引入期（Introduction Phase）

在引入期，由於新產品剛進入市場，消費者對新產品不瞭解。因此，在這一時期的特點為：要進行廣告宣傳，促銷費用高；銷售量低，銷售增長緩慢，利潤少甚至虧本；產品設計未定型，工藝不成熟，批量小，成本高。

企業在引入期的主要行銷目標是擴大產品知名度，吸引消費者試用，盡量縮短引入期。在引入期的策略重點是抓一個「準」字。就價格和促銷費用來看，企業有四種策略可供選擇（如表 9-1 所示）。

表 9-1　　　　　　　　　　　引入期的行銷策略

	促銷費用高	促銷費用低
定價高	快速撇脂策略	緩慢撇脂策略
定價低	快速滲透策略	緩慢滲透策略

（1）快速撇脂策略（Rapid-Skimming Strategy），即採用高價格、高促銷費用策略，以求迅速擴大銷售量，取得較高的市場佔有率。採取這種策略必須具備的條件是：大多數潛在消費者不瞭解該產品；已經瞭解這種新產品的人急於求購且願意按高價購買；企業面臨潛在競爭者的威脅，急需使消費者建立對自己產品的品牌偏好。

（2）緩慢撇脂策略（Slow-Skimming Strategy），即以高價格、低促銷費用推出新產品，以求得到更多的利潤。採取這種策略必須具備的條件是：市場規模有限；市場上大多數消費者已熟悉該產品；購買者願意出高價；潛在競爭威脅不大。

（3）快速滲透策略（Rapid-Penetration Strategy），即以低價格、高促銷費用推出新產品，迅速打入市場，以求取得盡可能多的市場份額。採取這種策略必須具備的條件是：市場容量很大；消費者對這種產品不熟悉，但對價格很敏感；潛在競爭激烈；企業隨著生產規模的擴大可以降低單位產品的製造成本。

（4）緩慢滲透策略（Slow-Penetration Strategy），即以低價格、低促銷費用推出新產品，以達到在市場競爭中以廉取勝、穩步前進的目的。採取這種策略必須具備的條件是：市場容量很大；消費者對該產品已經熟悉，但對價格相當敏感；存在一些潛在競爭者。

2. 成長期（Growth Phase）

在成長期，銷售迅速增長，企業利潤大量增加；企業生產規模也逐步擴大，產品成本逐步降低；新的競爭者會投入競爭；新的產品特性開始出現，產品市場開始細分，銷售渠道增加；企業為維持市場的繼續成長，需要保持或稍微增加促銷費用，但由於銷售的增加，平均促銷費用有所下降。

企業在成長期的主要行銷目標是提高市場佔有率。在成長期，現代企業的策略重點是抓一個「好」字。具體來說，可採取以下行銷策略：

（1）改進產品質量，增加特色和式樣，在創名牌上下工夫。因為消費者在購買產品時，往往對名牌產品比較敏感。

（2）積極開拓新的細分市場，擴展分銷網絡，保持老顧客，爭取新顧客。

（3）改變廣告宣傳的重點，由介紹產品轉為樹立產品形象，培養消費者對產品的信賴與偏愛。

（4）在適當時機，可以採取降價策略或其他有效的定價策略，以吸引一批對價格較敏感的顧客。

3. 成熟期（Maturity Phase）

在成熟期，產品銷量增長緩慢，逐步達到最高峰，然後緩慢下降。這時市場已趨於飽和，市場競爭非常激烈，各種品牌、各種款式的同類產品不斷出現，推銷費用增加，成本開始回升，企業利潤逐步下降。

企業在成熟期的主要行銷目標是維持市場佔有率。在成熟期，現代企業的策略重點是抓一個「改」字。具體來說，可採取以下行銷策略：

（1）市場改進策略。即開發新市場，尋求新用戶。這種策略通常有以下三種途徑：

①進入新的細分市場，從廣度和深度上進一步拓展市場。從廣度上，開拓新市場，擴充老市場，可以由城市市場向農村市場、國內市場向國外市場拓展。如江蘇曾組織黑白電視機出口到美國、日本、德國等市場，獲得了成功。從深度上，擴大產品的使用面，使原來產品只適應某類消費者轉向適應各類消費者使用。例如，強生公司把嬰兒使用的洗髮精和爽身粉擴大到成年人市場。

②刺激現有顧客，增加產品使用頻率。例如，在食品行業，經常採用的方法之一就是在包裝上加印多種烹調方法（不同的烹調方法可得到不同的口味）說明，來提高消費者對此食品的興趣，增加購買數量。

③市場重新定位，尋找有潛在需求的新顧客。如葡萄酒原來只被不常飲酒的顧客飲用，經宣傳葡萄酒對健康的好處，一部分嗜酒的顧客也飲用了葡萄酒，從而擴大了市場面。

任何產品的生產和銷售都會隨著時間的推移而進入飽和階段。但是，由於地理位置的差別，信息的傳播、運輸以及消費心理、購買條件的限制，造成許多產品的成熟和飽和往往是相對的。因而，尋找新的市場，無論是開拓國內市場還是國際市場，都是現代企業在產品進入成熟期以後經常採用的成功而有效的方法。

（2）產品改進策略。此策略又稱為「產品再推出」策略。整體產品概念的任何一個層次的改良都可視為產品再推出，包括提高產品質量、改進產品特性和款式、為顧客提供新的服務內容等。

①品質改進策略。這主要側重於增加產品現有功能的效果，如產品的耐用性、可靠性、速度、口味等。

②特性改進策略。這主要側重於增加產品的新的特性，尤其是擴大產品的多功能性、安全性和方便性。如洗衣機廠商把普通洗衣機改進為具有漂洗、甩干、烘干等多功能的全自動洗衣機。

③式樣改進策略。這主要是指產品款式、外觀的改變，以提高產品對顧客的吸引力。如美國一家公司瞭解到日本人喜歡短柄牙刷，刷毛要硬一些，柄上要有洞，便於懸掛，於是改進產品後投入日本市場，很受消費者歡迎。

在發達國家家用電器已經成了日常的消費品，所以他們對於產品款式和顏色更為敏感。美國沃爾瑪的採購副總裁 Tim Yatsko 在廣交會上告訴記者，美國每年有 20% 的零售增長的拉動力來自創新，包括顏色的創新和款式的創新。

④服務改進策略。對於許多現代企業來說，良好的服務會促進產品的購買，提高產品的競爭能力。

總之，在產品進入成熟期以後，從總體上說市場需求已趨於飽和。在這種情況下，只有對產品進行不斷的改進，使之具有新的功能和新的用途，才能贏得更多的顧客。

（3）市場行銷組合改進策略。該策略是指通過改進定價、分銷渠道及促銷方式來刺激銷售，延長產品成熟期。具體為：

①通過降低價格來吸引顧客，提高競爭能力。
②擴大分銷渠道，增加銷售網點，促進銷售。
③提高促銷水準，有效利用廣告等宣傳工具。

行銷組合改進的主要問題是它們容易被競爭者模仿，尤其是減價、附加服務和大量分銷滲透等方法。這樣，企業不大可能獲得預期的利潤。因此，現代企業在行銷組合措施上，應採取差異性的策略，給處於成熟期的產品以新的創意，使產品重新獲得成長的機會。

4. 衰退期（Decline Phase）

在衰退期，產品銷量急遽下降；產品已經老化，市場上已有新一代產品來接替老產品，消費者的消費習慣已發生轉變；降價、促銷手段已不起作用，企業從這種產品中獲得的利潤很低甚至為零，大量競爭者退出市場。

企業在衰退期的主要行銷目標是榨取品牌剩餘價值。在衰退期，現代企業的策略重點是抓一個「轉」字。具體來說，可採取以下行銷策略：

（1）集中策略。即企業把人力、財力、物力集中到最有利的細分市場和分銷渠道上，縮短經營戰線，以最有利的市場贏得盡可能多的利潤。

（2）持續策略。即保持原有的細分市場，沿用過去的行銷組合策略，把銷售維持在一個低水準上，待到適當時機，便停止該產品的經營，退出市場。

（3）榨取策略。它也稱為緊縮策略，即大大降低銷售費用，如廣告費用削減為零、大幅度精簡推銷人員等。這樣做銷售量有可能會迅速下降，但是可以增加眼前的利潤，因而，它通常作為停產前的過渡策略。

（4）放棄策略。如果企業決定停止生產經營衰退期的產品，應在立即停產還是緩慢停產問題上慎重決策。同時，它必須決定為從前的顧客保留多少零部件庫存量和維修服務，以使企業有秩序轉向新產品經營。

產品衰退期策略運用的總原則是：極力維持局面，積極發展新產品，同時有步驟地撤出老產品，使新老產品順利接替，最大限度地減少企業的損失。

三、產品生命週期理論的總結和應用

1. 產品生命週期的四個階段的特點歸納

產品生命週期的四個階段的特點如表 9-2 所示。

表 9-2　　　　　　　　　產品生命週期四個階段的特點

階段特點	引入期	成長期	成熟期	衰退期
銷售量	低	劇增	達最大後下降	下降
成本	高	下降	低	低
利潤	低或虧損	增長	高	降低
顧客	創新者	早期使用者	大眾	落後者
競爭者	極少	逐漸增多	數量穩定開始減少	減少

2. 產品生命週期的市場行銷策略歸納

在不同的產品生命週期，應採取不同的市場行銷策略（如表 9-3 所示）。

表 9-3　　　　　　　　　　產品生命週期的市場行銷策略

目標策略	引入期	成長期	成熟期	衰退期
行銷目標	提高產品知曉率	提高市場佔有率	維持市場佔有率	榨取品牌剩餘價值
產品策略	確保產品的基本利益	提高質量、增加服務、擴大產品延伸利益	改進工藝、降低成本、擴大用途	逐步淘汰滯銷產品
價格策略	撇脂定價或滲透定價	適當調價	價格競爭	降價或大幅降價
分銷策略	建立選擇性分銷渠道	建立密集廣泛的銷售渠道	建立密集廣泛的銷售渠道	逐步淘汰無盈利的分銷網點
促銷重點	介紹產品	宣傳產品	突出企業形象	維護聲譽

3. 應用產品生命週期理論要注意問題

（1）產品生命週期主要以銷售量和利潤額的變化進行分析，運用時要綜合考慮其他因素，如政策、經濟、科技、供求、競爭等。

（2）產品生命週期曲線是一條經驗曲線，只概括表明產品在市場上的一般趨勢。

（3）產品生命週期曲線是一條典型曲線，只表示產品在市場上的一般形態。

（4）產品生命週期是有區域性的。

（5）產品使用壽命與產品生命週期是兩個不同概念。使用壽命是產品的自然屬性，產品生命週期是產品的經濟壽命。

第四節　新產品開發

在科技發展日新月異的今天，現代企業不能以一成不變的產品參與瞬息萬變的市場競爭，而必須適時推出新產品，以滿足消費者不斷變化的消費需求。競爭的加劇以及模仿產品和替代產品的迅速湧現，使得產品的生命週期日益縮短。在這種嚴峻的態勢下，保持現代企業生存和發展的唯一方法就是進行有效的產品開發。

一、新產品的概念與分類

所謂新產品，是指在原理、用途、性能、結構、材質等某一方面或幾個方面具有創新或改進的產品。市場行銷學中所說的新產品，是從產品的整體概念來理解的。任何產品只要能給顧客帶來某種新的利益，就都可以看作是新產品。因此，新產品不一定都是新發明的、從未出現過的產品。

根據產品的創新程度，一般可以把新產品分成以下四類：

（1）全新產品。這是指新發明創造的產品。不論對於市場還是對於企業來說，它

都屬於新產品。如第一次出現的飛機、汽車、電話等。它是由於存在市場需要或由於科技的進步而開發出來的。在科技高度發達的現代社會，全新產品開發的難度最大，不但需要大量的資金和先進的技術，而且存在很大的風險。一般的企業都不能從事全新產品的開發工作，全新產品大多是發達國家的大企業開發出來的，如日本索尼公司以其革命性產品 TR55 型筆記本型攝錄機一舉奪得大部分歐美市場，該產品被認為是日本廠商發展「幻想」產品的最好例子。

（2）換代新產品。這是指在原有產品的基礎上，部分採用新技術、新材料制成的性能有顯著提高的產品。如從 VCD 到 DVD、黑白電視機改成彩色電視機等。換代新產品的開發難度較全新產品小，是企業新產品開發的重要形式。

（3）改進新產品。這是指在原有產品基礎上採用各種改進技術，對產品的性能、材料、結構、型號等方面進行改進而制成的產品。如在普通牙膏中加入不同物質制成的各種功能的牙膏；在牛奶中加入鈣、鐵、鋅、維生素等不同營養物質制成的各種功能的牛奶。這種新產品的開發難度較小，是企業常用的新產品開發方式。

（4）仿製新產品。它又稱新牌子產品，是指企業仿造市場上已出現的新產品，標上自己的品牌所形成的產品。從市場競爭和企業經營上看，仿製在新產品開發中是不可避免的。如電冰箱廠、電視機廠從國外引進生產線和技術所生產的仿製產品。由於其仿製難度小，投資少，也易為消費者接受，很多現代企業往往會採取仿製這一方式。但這樣做會使市場競爭更加激烈。

這四種類型新產品的創新程度由高到低，其中全新產品的創新程度最高，仿製新產品的創新程度最低。一般來說，創新程度越高，其所需要投入的資源就越多，開發的風險也就越大。由於全新產品包含了非常高的成本和風險，因此大多數現代企業實際上都著力於改進現有產品而不是創造一個全新產品。

二、新產品開發的意義與方式

1. 新產品開發的意義

新產品的研製和開發，無論對一個國家還是對一個企業來說，都具有重要意義。對於現代企業來說，開發新產品有以下幾個方面的作用：

（1）開發新產品是企業生存和發展的關鍵。近二三十年來，由於原子能、電子計算機、系統工程等新興科學的發展以及它們在生產中的應用，使科學技術和生產力飛速發展，產品日新月異，產品生命週期出現縮短的趨勢，這給某些行業或行業裡的企業造成了嚴重威脅。現代企業必須利用科技新成果不斷進行新產品開發，才能在市場上有立足之地。因此，新產品開發已成為現代企業生存和發展的支柱。

（2）開發新產品是適應市場競爭的需要。沒有產品開發能力，企業也就沒有競爭能力。不斷地創新和開發新產品，是增強企業競爭能力的必要條件。在激烈的商戰中，誰擁有新產品，誰就占據著市場競爭的有利地位，優勝劣汰是市場競爭的基本法則。現代企業要想在競爭中立於不敗之地，就必須根據市場需求和競爭對手的變化，不斷推陳出新，給市場注入「新鮮血液」，及時填補市場空白，搶占市場制高點，控制生產、流通和消費的導向權。

（3）開發新產品是企業利潤增長的動力。新產品開發成功與否，直接關係到企業的業績與利潤目標。有3位學者對美國企業所做的一份調查報告顯示，許多主管預期公司未來5年的利潤有40%必須來自於新產品。換言之，公司既有的產品在未來五年內對公司利潤目標的貢獻只有60%左右。新產品上市成功是實現利潤目標的重要變量。

經營企業如逆水行舟，不進則退。沒有新產品的企業，也就等於無視消費者的新需要，從而失去了長足發展的生命動力。

2. 新產品開發的方式

針對不同的新產品以及企業的研究開發能力，可以選擇不同的開發方式，一般以下三種可供選擇的開發方式：

（1）獨立研製方式

這種方式通常分為以下三種情況：

①企業進行基礎理論研究、應用技術研究和產品開發研究。

②企業利用社會上的基礎理論研究成果，進行應用技術研究和產品開發研究。

③企業利用社會上的應用技術研究成果，只進行產品開發研究。

一般來說，基礎理論研究<10%，應用技術研究為20%～30%，產品開發研究為60%～70%。

這種獨立研製方式常用於開發全新產品或換代新產品。這種獨立研製方式的優點是企業擁有自主的知識產權，有較大的利潤空間。缺點是投資多、時間長、風險大。一般適用於具備較強的科研能力和技術力量的企業。

（2）技術引進方式

這是企業經常採用的一種重要的開發新產品的方式，也是企業使產品迅速投放市場的一種行之有效的方式。企業通過這種開發方式，引進國內外先進技術，購買專利或購買關鍵設備等來發展新產品，投資少、見效快，可使企業較快地掌握新的科技成果，在較短的時間內縮小與競爭者的差距，使企業有一個跳躍性的發展。日本在第二次世界大戰後，通過技術引進方式，趕超了世界先進水準，成為一個世界經濟強國。這一事例值得我們借鑑。據有關資料表明，日本在20世紀60年代只用了新技術研製費的1/30，就獲得了這些成果。在第二次世界大戰後的15年間，日本工業產值增長值中，從引進技術中獲得的增值約占72%。日本引進先進技術後，不是簡單地利用，而是還要對它進行研究、改進和提高，生產出具有日本特點的超過原來技術水準的新產品，從而增強了國際競爭力，擴大了國際市場。

但是，企業在採用這種方式時要注意引進適用技術，要進行技術引進的可行性分析，並要消化引進的技術，使其發揮應有的效果。這種方式特別適用於產品開發研究能力較弱而製造能力較強的企業。

（3）技術協作方式

這是指企業與社會團體、大專院校、科研單位或與競爭者聯合開發新產品。這種開發方式，有利於充分利用社會的科研力量，彌補企業力量的不足；有利於把科技迅速轉化為生產力，並使其商品化；有利於發揮各方面的長處和力量，加速新產品的開發進程。因此，這種方式目前在企業中得到廣泛重視和運用。

以上三種產品開發方式各有其獨自的特點，現代企業在選擇時，可根據企業自身的條件和實力進行考慮。一個企業可以側重選用一種方式來進行產品開發，也可以利用其組合形式開發，如研製與引進相結合。

三、新產品開發的組織

為使新產品在開發過程中減少風險，獲得成功，現代企業必須建立一個行之有效的新產品開發組織，對新產品開發的多個環節進行管理。通常有以下五種組織形式可供選擇：

（1）產品經理負責。採取這種形式的優點是產品經理對市場和競爭狀況較熟悉，他們很適合來發現並開發新產品機會。其缺點是產品經理常常忙於管理現有產品線，很少有時間考慮新產品開發；同時，他們一般也缺乏開發新產品所需的專業知識與技能。

（2）設立新產品經理。這種形式的優點是使新產品開發專業化，新產品經理具有開發新產品的專業技術知識。其缺點是新產品經理的開發工作常局限在一定的範圍內。

（3）設立新產品開發委員會。該委員會由技術、質量、生產、銷售、財務、供應等部門的負責人或代表組成，其職責主要是討論確定新產品開發方案和計劃，組織並審批成立新產品開發小組，核算新產品開發預算，組織鑒定、驗收等。不直接從事新產品開發的設計、研製、生產、銷售等工作。這種形式便於協調各部門意見，使各部門的構想和經驗融為一體，而且該委員會還可以根據新產品開發工作的需要而變化，但有時因各自職責不清等問題也會產生不利影響。

（4）設立新產品部。該部的主管擁有較大的自主權，直接受公司最高管理層領導。其職責是全面負責新產品開發的各項工作，不斷地為企業開發新產品。

（5）設立新產品開發小組。它是根據某種新產品開發的需要而成立的專門從事某種新產品開發各項工作的組織。小組通常由技術、生產銷售、質量檢驗等部門的人員組成，制定新產品開發預算、工作任務、期限和市場投放策略並組織實施。這種組織是臨時性的，一旦這種新產品開發成功，轉入正常生產，新產品開發小組即行解散。

四、新產品開發的程序

新產品開發的程序是指從新產品的構思創意到正式投產上市所經歷的階段。由於新產品的種類、行業類別和企業生產類型等的特點不同，尤其是所選擇的新產品開發方式不同，新產品開發的過程不可能完全一樣，但一般來說，新產品的開發可分為八個階段，即構思、篩選、產品概念的形成和測試、制定行銷戰略規劃、商業分析、產品研製、市場試銷和正式上市。

1. 新產品構思

構思是新產品開發的第一個步驟，一個新產品的形成開始於構思。所謂構思，就是對滿足一種新需求的設想。新產品構思的來源很多，一般來自於以下幾個方面：

（1）消費者。消費者的需求不僅代表潛在的利益市場，消費者的建議也是創意的重要來源。新產品開發的目的，主要是為了滿足消費者的需要。通過對消費者使用現

有產品狀況的調查，企業可以瞭解消費者對產品的意見和建議，並進一步預測和瞭解消費者的潛在需求，從而得到對原產品進行改進或直接開發新產品的創意。

（2）科研機構及科研人員。科學技術的進步是新產品開發的動力。新的科技突破和新發明，代表有機會來滿足消費者過去沒有滿足的需求。因此，積極跟蹤科研機構及科研人員等科技領域的最新成果，將會給企業帶來源源不斷的新產品創意。

（3）競爭者。通過對競爭者現有產品的分析，可以知道其產品的成功與失敗之處，給企業帶來有益的借鑑。

（4）企業內部。企業的高層管理人員、科研機構、工程與生產部門、銷售部門以及其他部門的員工提出的設想、建議等也是產生新產品創意的重要來源。

此外，中間商、諮詢公司、各種傳播媒體、專利機構等，往往也能提供有價值的信息而成為新產品的創意。

2. 構思的篩選

好的新產品構思和設想對於開發新產品非常重要，但有了構想並不一定都能付諸實施，因此還需要對這些構思進行篩選，選擇出可行性較高的構思來進行下一步的開發，及時剔除不可行的或可行性較低的構想，以免造成企業資源的浪費。特普斯特拉提出了篩選新產品構思的4項標準，即企業的技術力量、生產能力、行銷能力和市場前景。首先，企業應該選擇與自身技術力量或可以獲得的技術力量相適應的新產品構思，因為整個新產品開發，從構思到實體研製、實體測試乃至市場試銷後的實體改進，都需要一定的技術力量作為保證。如果新產品的構思超過企業現有的技術力量，那麼，就應當篩選掉這樣的構思，否則將很難成功。所以，企業對自身技術力量的評估很重要，評估過高，容易選擇一些不切實際的新產品構思；而評估過低，又容易放棄一些好的、合乎實際的構想。其次，企業應該選擇與自身生產能力和行銷能力相適應的新產品構思。最後，企業應選擇市場潛力大、市場前景良好、企業可以施以有效行銷的新產品構想。

總而言之，在篩選構思時，既要考慮新產品是否有潛力，有發展前途，又要考慮企業的生產、技術以及市場經營能力能否適應。

對新產品構思進行篩選的方法很多，有專家評定法、決策選擇法、多因素加權評定法等。這裡，我們介紹一種企業常用的加權評定方法（如表9-4所示）。

表9-4　　　　　　　　　　　新產品構思評價表

評定新產品成功的因素（A）	權數	企業實際能力水準（C）						評分（B＊C）
		0.2	0.4	0.6	0.8	0.8	1.0	
企業目標	0.2					√		0.18
行銷能力	0.2			√				0.12
技術水準	0.2				√			0.16
市場需求	0.15				√			0.12
生產能力	0.10			√				0.06

表9-4(續)

評定新產品成功的因素(A)	權數	企業實際能力水準（C）					評分(B*C)
		0.2	0.4	0.6	0.8	1.0	
資金來源	0.10				√		0.08
原料供應	0.05			√			0.03
總計	1.00						0.76

新產品構思評價表是因企業而異的。不同的企業，評定新產品成功的因素是不相同的，每一個因素的相對重要程度也不一樣。如表9-4所列的企業認為評定新產品成功的因素有7個，根據這7個因素，企業考察了自身的實際能力水準，最後得出總分值是0.76分。一般來說，總分在0～0.40分為差，0.40～0.75分為較好，0.76～1.00分為好，根據經驗，總分在0.70分以下的構思應予淘汰。本項新產品構思評價得分是0.76分，屬於可進一步開發的範疇。

3. 產品概念的形成和測試

新產品構思經上述篩選後，需進一步發展成更具體、明確的產品概念。產品概念是指已經成型的產品構想，即用文字、圖像、模型等予以清晰闡述，在消費者心目中形成一種潛在的產品形象。任何一個新產品構思都可以形成若干產品概念。對發展出來的產品概念，企業要根據它們對顧客的吸引力、預計銷售量、預計收益率和生產能力等標準進行評價，選出最佳的產品概念。

4. 制定行銷戰略規劃

企業選擇了最佳的產品概念之後，必須制定一個把這種產品引入市場的初步行銷戰略規劃，並在未來的發展階段中不斷完善。初擬的行銷戰略規劃通常包括以下三個部分：

（1）目標市場的規模、結構、消費者的購買行為、前期的銷售額、市場佔有率、利潤目標等。

（2）新產品第一年的預期價格、分銷渠道及促銷預算。

（3）長期銷售量、利潤目標以及不同時期的市場行銷組合策略。

5. 商業分析

商業分析實際上是經濟效益分析。其任務是在初步擬定行銷規劃的基礎上，對新產品概念從財務上進一步判斷它是否符合企業的經營目標。如果符合企業的經營目標，企業可以進入下一步的產品研究開發階段；否則，就需要對原方案進行修正或放棄這個方案。

通常，商業分析包括兩個具體步驟：預測銷售額和推算成本與利潤。預測新產品銷售額可參照市場上類似產品的銷售發展歷史，並考慮消費者的接受程度、科技發展、競爭者的反應、環境因素等，以此來預測可能的銷售額。在完成一定時期內新產品銷售額的預測之後，接下來可以推算出這個時期的產品成本和利潤收益。成本預算主要通過市場行銷部門和財務部門綜合預測一定時期的行銷費用及各項開支，如新產品研

製開發費用、銷售推廣費用、市場調研費用，等等。根據成本預測和銷售額預測，企業即可以預測出各年度的銷售額和淨利潤。審核該項產品的財務收益，可以採用盈虧平衡分析法、投資回收率分析法、資金利潤率分析法等。

6. 新產品研製

新產品概念一旦通過了商業分析，就可以進行產品的研究試製。企業的研究開發部門和工程技術部門將原來用文字、圖像表示的產品概念變成具體的產品，同時進行包裝的研製和品牌的設計，這是新產品開發的一個重要步驟。企業在研製產品時，必須注意：產品特性是否與所預定的利益訴求相符。企業要保證研製出來的產品完全具備產品概念中所提出的各項主要指標，安全可靠，同時通過價值工程分析，爭取以盡量低的成本生產出具有更高使用價值的產品。這是決定產品長期競爭優勢的關鍵。

7. 市場試銷

如果產品測試效果令人滿意，也不能保證產品在市場上的銷路一定很好。因為市場情況很複雜，所以產品必須投入市場進行試銷。企業可以選擇有代表性的小範圍市場進行銷售，並且輔之以廣告、折價券等宣傳促銷，觀察新產品的市場反應，以避免大批量上市所帶來的慘重代價。市場試銷的目的主要是收集市場的反應，以便具體評測消費者的喜愛程度、意見、購買力狀況、預期利潤等有關結論的準確性如何，還可以瞭解競爭對手的情況，作為日後大量投產的決策依據。如果企業只根據產品測試情況就決定投產，一旦進入市場後，產品滯銷，後果是很嚴重的。如美國通用汽車公司曾研製出一種耐用性很高的車輛，準備向非洲和拉丁美洲國家出口，公司在當地進行產品測試時，顧客對產品的各種功能都十分滿意，但公司沒有經過市場試銷，就直接出口了，結果產品在市場上的銷路並不好，原因是受到了競爭對手的干擾。

企業要進行新產品試銷，應該事先制定一個試銷計劃，主要包括試銷地點、範圍、時間長短、準備收集哪些資料、試銷經費預算等。

（1）選擇好試銷地點。要根據新產品服務對象選擇有代表性的試銷地點。試銷地點的數目不宜過多，可根據產品銷售需要和企業的人財物情況而定。

（2）確定試銷時間。試銷時間長短的確定，要考慮以下因素或要求：能反應產品銷售動態、產品競爭情況、試銷費用和經濟收入。

（3）確定試銷所要收集的資料。一般包括銷售量、試用率和再購率、顧客的結構、顧客對產品各方面的反應等。

（4）做好試銷經費預算。試銷規模的大小，一般取決於兩個方面：一是投資成本和風險的大小，二是試銷成本的大小和時間的長短。投資費用和風險越大的新產品，試銷規模應更大一些；投資費用和風險較小的新產品，可小規模試銷；企業有相當把握並存在較大市場潛力的新產品，可不經過試銷，直接進入市場正式銷售。行銷人員可以在不同的地區，用不同的廣告、價格、包裝、銷售渠道等策略來進行實驗，以瞭解某項行銷組合的變化對於品牌認知、品牌轉化和重複購買的影響。一般以試用率和重複購買率高低來判斷是全面投產上市還是重新設計，或是完全放棄（如表 9-5 所示）。

表 9-5　　　　　　　　　　試銷結果及其策略

試用率	重複購買率	試銷結果及其策略
高	高	成功產品，全面投產上市
高	低	重新設計或放棄
低	高	加強廣告宣傳或促銷活動
低	低	失敗產品，放棄

8. 正式上市

新產品試銷成功後，就可以大批量投產上市。此時，企業需要投入大量資金，用來購置設備和原材料，組織生產；支付大量的促銷費用等。這些都使得企業在新產品投放市場的初期往往利潤很小，甚至虧損。

企業在決定新產品批量上市時，必須做好以下四項重要決策：

（1）推出時機。新產品上市要選擇最佳時機。如果新產品會影響本企業的其他產品，一般應延緩上市，直到原有產品庫存較少時；如果新產品仍可繼續改進，一般應待其完善後上市；如果是季節性產品，應在最恰當的季節投放，以便立即引起消費者的注意。大多數產品具有相當強的季節性，如很少有企業會在冬季推出飲料新品。一般來說，都是在消費旺季即將到來時，開始大張旗鼓地做新產品的促銷工作。

如果競爭者也將向市場推出類似的新產品，並且競爭者的新產品的開發進度和企業相近，那麼企業在推出時機上有以下三種選擇：

①搶先進入。這是先發制人，以使新產品取得先入為主的優勢。但不能為了搶先進入市場而推出有缺陷的產品。阿爾·賴斯和杰克·特勞特認為，市場行銷中最重要的一點是創造一類成為市場「第一」的產品，因為「第一」勝過最好。創造一種新產品，在人們心目中先入為主，比起努力使人們相信企業能夠比產品首創者提供更好的產品要容易得多。

②同時進入。採用這種方式，企業和競爭者可以分享成為市場「第一」帶來的好處，並使競爭者與企業共同分擔促銷費用。

③推遲進入。這是採取後發制人的策略。它可以減少企業開拓市場的促銷費用，可以瞭解競爭者產品暴露出的缺陷並進行產品改進工作，可以瞭解市場的規模。採取這種策略，企業必須確信競爭者會出現薄弱之處，企業具有更強大的競爭實力；否則，強有力的無懈可擊的競爭者搶先占領了市場，對於企業將是一場災難。

（2）推出地點。新產品上市地區應決定是在城市還是在農村，是一個地區還是幾個地區，是國內市場還是國際市場。一般情況下，小企業可能選擇一個或幾個有吸引力的城市推出新產品；大企業往往會採取長期和有計劃的市場擴展策略，先在某一地區推出新產品，取得一定的市場佔有率後，再向其他地區市場擴展；而一些具有雄厚實力，並有完備的全國或國際銷售網絡的大企業，也可在全國或國際市場上同時推出新產品。如柯達公司在 1963 年發明的自動式照相機，同時在 28 個國家投放市場。

企業選擇推出地點時，應該對不同市場的吸引力、影響力、輻射力等方面進行評

價，可以從市場潛量、企業在該地區的聲譽、銷售渠道費用、調研資料質量、該市場對其他地區的影響力及競爭者的市場滲透能力等方面進行考察，確定最佳推出地點和制定市場擴展計劃。

（3）目標顧客。企業應針對最佳的顧客群推出新產品。利用他們的影響力，使產品迅速擴散。從市場試銷及更前面的幾個階段所得的資料，可以瞭解主要目標顧客到底有什麽樣的特徵。理想的目標顧客應具有下列幾個特徵：是產品的早期接受者；是產品的經常使用者；具有影響力並對產品評價較高；是用最少的促銷費用可爭取到的消費者。

（4）行銷策略。企業在新產品正式上市前，要制定盡可能完備的行銷策略方案，要在市場行銷組合各因素之間分配行銷預算，確定各項行銷活動的先後次序，有計劃地開展行銷活動。一般來說，新產品在抵達經銷商的前幾周，先要有一次大的宣傳報導活動；到達之後緊接著就要有廣告活動，同時可提供贈品以吸引更多的人到產品展示中心去參觀，使新產品很快在消費者心目中留下深刻的印象。

以上所述的是新產品開發的一般步驟，但在實際開發過程中，有的新產品的開發並沒有遵循上述程序，這稱為非程序性開發。如「隨身聽」的問世就是非程序性開發的例子。開發一種能隨身攜帶和聽磁帶的錄音機的構思是索尼公司的董事長提出來的，但企業的有關人員都認為這是一個沒有開發價值的設想。他們認為，人們聽慣了立體聲後，對這種只有一個聲道的錄音機一定不感興趣，沒有人願意購買。但在公司董事長、總裁堅持要開發並表示由他們承擔後果的情況下，企業開發出了這個產品，投入市場後取得了意想不到的成功。如果按照程序化的開發程序，這個構思肯定要被淘汰出局。

【本章小結】

產品並不是一個簡單的概念，它包含了五個層次，每個層次上都可以創造出企業產品的差異化。企業需要擁有的產品線和產品項目的數量會給予其不同的競爭優勢和劣勢。任何一種產品都不可能永遠在市場上存在，它必然受到產品市場生命週期的制約。進入衰退期的老產品需要新產品來替代，這就需要企業建立一個新產品開發戰略。

【思考題】

1. 如何理解產品的整體概念？
2. 產品組合的概念包括哪些？
3. 試述企業產品組合策略。
4. 簡述產品生命週期各階段的特徵與行銷策略。
5. 簡述新產品開發的原則與程序。

第十章　品牌策略

【學習目標】

　　通過本章的學習，學生應瞭解品牌的概念、內涵及種類，認識品牌、名牌、商標及包裝作為產品整體概念組成部分的重要性；掌握品牌商標決策及如何進行品牌經營；熟悉品牌決策的基本流程，掌握品牌定位、設計及品牌管理的基本內容，正確瞭解包裝的作用及包裝策略。

第一節　品牌的基本概念

　　現代社會中，品牌是一個非常重要的經濟和社會現象。消費者依賴品牌來辨別、選擇產品和服務乃至於依靠品牌表現自身的品位、價值觀和情感取向；製造商或服務商則通過品牌來傳達產品質量、情感乃至價值取向等諸多內容，以贏得顧客忠誠和隨之而來的長遠發展。不僅如此，越來越多的非營利機構也採取了品牌化的做法，積極塑造自身的品牌形象，以求利用強大的號召力實現自身的目標。

一、品牌的概念與內涵

　　有關研究表明，品牌是個多面性的概念，蘊涵著豐富的含義。有學者提出了「品牌的冰山」理論，指出：標志、名稱等僅僅是品牌的可見特徵，完整的品牌概念還包括價值觀、智慧、文化等不可見部分。可見部分與不可見部分的關係可以用一個飄浮在水中的冰山來形容。其中標志、名稱等可見部分僅占品牌內涵的 15% 左右，而價值觀、智慧、文化等不可見部分則大約占品牌內涵的 85%。

　　1. 品牌的定義

　　1960 年，美國市場行銷協會對品牌給出的定義是：品牌是用以區別某個銷售者或某群銷售者的產品或勞務，並使之與競爭對手的產品及勞務區別開來的一個名稱、名詞、標記、符號或設計，或者是它們的組合。

　　我們採用美國市場行銷專家菲利普·科特勒的定義：品牌是用以標志一個或一群行銷者的產品或勞務，並使之與競爭對手的產品或勞務區別開來的一種名稱、標志、圖案、符號、設計或者是它們的組合運用。

　　還必須強調的是：品牌概念是一個集合概念，包括了品牌名稱、品牌標志和可註冊的商標三大部分。

品牌名稱是指品牌中能夠發音、能夠被讀出的那一部分，如「可口可樂」「長虹」「聯想」等。

品牌標誌是指品牌中可以通過視覺辨別，能用語言描述，但不能用語言直接稱呼的部分，如品牌的符號、圖像、圖案、色彩等。作為著名的家電品牌「海爾」的那兩個互相擁抱的兒童形象就是其品牌標誌。

商標，從字面解釋，是商品的標記，以示與其他生產者及經營者的同類商品和勞務的區別。簡而言之，商標是區別驗證商品及勞務的標誌。從專業角度看，商標是一種法律名詞，是經過註冊獲得專用權並受法律保護的一個品牌或品牌的一部分。

2. 品牌的內涵

品牌的作用是使產品或勞務區別於競爭對手的產品及勞務。在行銷活動中，品牌並非是符號、標記等的簡單組合，而是產品的一個複雜識別系統。其內涵包括以下六個方面：

（1）屬性。屬性是指品牌所能夠帶來的、符合消費者需要的產品特徵。例如，「奔馳」代表了高貴、精湛、耐用；「海爾」代表了適用、質量及服務等。屬性是消費者判斷品牌接受性的第一要素。因此，品牌帶來的屬性應當能夠符合消費者的需要。

（2）利益。消費者購買某一品牌產品，購買的並不是該品牌所提供的屬性，而是該產品屬性所能轉化而來的功能或利益。購買「耐用」這一屬性，是因為產品可以使用更長時間；「昂貴」帶給消費者的是受人羨慕的情感利益；「技術先進」帶來的是超凡的舒適及便利性等。因而，行銷人員應當注意，品牌帶來的產品屬性是否能夠提供消費者需要的利益。

（3）價值。品牌提供的價值包括行銷價值和顧客價值。行銷價值就是通常所說的「品牌效應」，即品牌若在市場上被廣泛接受，則可以為企業節省更多的廣告促銷費用，帶來更多的利潤。顧客價值主要指品牌的聲譽及形象可滿足消費者的情感需求。

（4）文化。品牌中所蘊涵的文化是使品牌得到市場高度認可的深層次因素。市場對品牌的偏好反應的恰恰是消費者對品牌中所蘊涵的文化的認同。每個品牌都會從產品中提煉自己的文化。在生活中，文化深深地影響著並滲透在品牌中的例子隨處可見。

（5）個性。品牌個性的塑造是為了使消費者產生一種認同感和歸屬感。不同的品牌有著不同的個性。如「可口可樂」追求的「盡情享樂」的個性，就迎合了許多青年消費者追求自由和快樂的需要；「奔馳」車則追求的是「雍容華貴、沉穩」的個性。

（6）使用者。上述五個品牌層次的綜合已經基本界定或暗示了購買使用該品牌產品的消費者類型。例如，「奔馳」的使用者大多是事業成功人士；「娃哈哈」的使用者最早界定在少年兒童，現在該品牌的內涵有所擴展，對於其延伸和擴展學術界有爭議。使用者對品牌的選用，也反過來恰恰反應出消費者對品牌文化、價值和個性的認同。

品牌的六個層次的內涵之間並不是一種並列關係，它們之間的關係可以歸結為三個層次（如圖10-1所示）。

從顧客認知的過程來看，往往是從品牌的利益、屬性體驗到品牌的功能定位之後才意識到品牌在用戶、文化、個性上的獨特，最後才能夠領悟到品牌的核心價值。如消費者總是先體會到奔馳車的高性能，之後才認同它的市場定位，對它產生文化和個

性的聯想，再通過長期大量的累積才相信其做出的價值承諾——「世界上工藝最完美的汽車」。

從企業品牌塑造來看，則應該是以其做出的價值承諾為核心，建立品牌文化，樹立品牌個性，定位目標市場，從這幾個方面去設計和塑造品牌的屬性和提供利益。以品牌的核心價值統率品牌的塑造過程，才能保證品牌管理的成功。

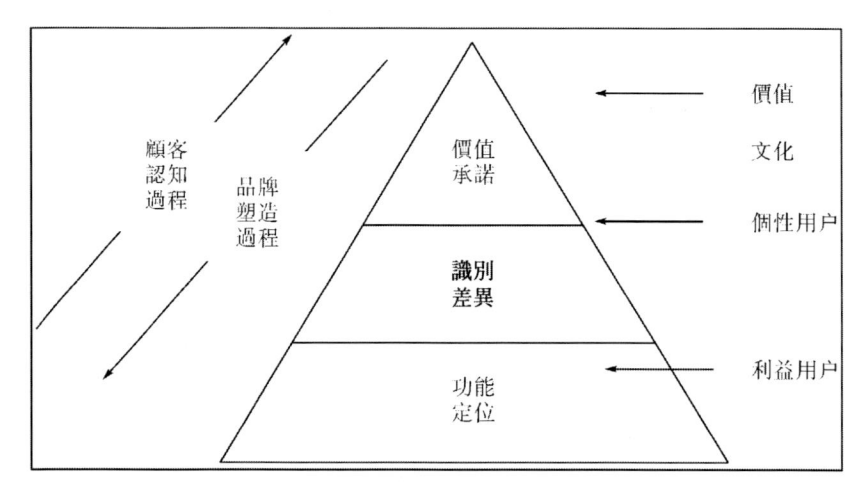

圖 10-1　品牌內涵的金字塔模型

二、品牌的作用

1. 品牌給企業帶來的利益

菲利普·科特勒在其著作《行銷管理》（第9版）中強調，品牌暗示著特定的消費者，即暗示了購買或者使用產品的消費者類型，也即品牌的潛在顧客。他還對品牌功能做了論述，認為擁有高品牌資產的公司具有如下競爭優勢：

（1）由於其高水準的消費者品牌知曉和忠誠度，公司行銷成本降低；

（2）由於顧客希望分銷商與零售商經營這些品牌，加強了公司對他們的討價還價能力；

（3）由於該品牌有更高的認識品質，公司可比競爭者賣出更高的價格；

（4）由於該品牌有高信譽，公司可以較容易地開展品牌拓展；

（5）在激烈的價格競爭中，品牌給公司提供了某些保護作用。

以上這些說明，成功的品牌管理在企業創造競爭優勢過程中發揮著重要的作用。

2. 品牌給消費者帶來的利益

現代品牌理論特別重視和強調品牌是一個以消費者為中心的概念，沒有消費者，就沒有品牌。品牌的價值體現在品牌與消費者的關係之中。事實上，成功的品牌總是牢牢地把握住消費者，引導他們逐漸建立對品牌的忠誠，從而節省行銷成本；還可以利用消費者良好的口碑效應，不斷增加企業的忠誠顧客，提升企業品牌價值。

在現實生活中，品牌代表著特定的品質和價值。如果沒有品牌，消費者即使購買

一瓶飲料也會有相當的麻煩，如要閱讀大量飲料的標籤和說明書；花大量時間去比較和選擇；要考慮購買後是否後悔等。有了品牌之後，這個選擇就變得十分簡單。

品牌不僅可以幫助消費者處理與產品有關的信息，降低購物風險，使購物決策更容易，還可以幫助消費者表現個性、體驗生活品味。概括地說，品牌給消費者帶來的利益表現為八項功能（如表10-1所示），同時也向我們顯示了品牌價值的最終來源。

表10-1　　　　　　　　　　品牌為消費者帶來的利益

功能	消費者利益
識別	識別產品
切實可行	節省時間和精力
保證	無論何時何地購買同一種產品，確保質量
優化	購買該種產品中的最佳品牌
特色	代表特定形象
連續性	多年使用同一品牌，熟悉並提高產品滿意度
愉快感覺	感受產品魅力
倫理	生態平衡、就業、公益廣告

三、品牌、商標及相關概念辨析

在對品牌及其相關概念的理解及實際應用中，往往會出現將品牌等同於商標、產品名稱、名牌的錯誤認識，因此，對相關概念進行區分，弄清這些概念之間的區別和聯繫十分必要。

1. 品牌與產品

產品與品牌的一個重要區別是，產品通過自身帶有的利益及功能屬性，直接滿足消費者的需求。品牌則是通過產品本身體現的功能利益來引發消費者對其用戶（購買者或使用者類型）、個性、文化等方面的聯想，實現企業對消費者的價值承諾。

從消費者角度來看，品牌帶來的滿足是一個間接的過程。產品與品牌的關係如下：

（1）品牌與產品名稱是兩個完全不同的概念

產品名稱體現的主要是辨別功能，即將產品與產品區別開來；而品牌則傳遞更廣泛、豐富的內容，價值、個性、文化都能通過品牌得到表現。

產品可以有品牌，也可以沒有品牌。無品牌商品以其價格低廉而贏得相當的一部分顧客，但如今廠家越來越重視品牌的創建。

一件產品可以被眾多競爭者模仿，但品牌卻是獨一無二的；產品會很快就過時落伍，但成功的品牌卻能夠經久不衰。

一種品牌可以用於一種產品，也可以用於多種產品；當品牌具有足夠的影響力時，還可以進行品牌延伸，借勢推出新產品。

（2）產品是具體的存在，品牌存在於消費者的認知之中

品牌是消費者心中被喚起的某種感受、情感、偏好、信賴的總和。同樣功能的產品被冠以不同的品牌之後，在消費者心目中會產生截然不同的看法，從而導致產品大

相徑庭的市場佔有率。

（3）品牌依據產品而設計，並形成於整個行銷組合環節

行銷組合的每一個環節都需要傳達品牌相同的信息，才能使消費者形成對品牌的認同。例如，一個定位於高檔品牌的產品，必然是高價位、輔之以精美的包裝，在高檔店或專賣店裡出售。商業傳播與品牌的關係也極為密切，名牌產品的廣告投入往往會高於一般品牌。

（4）產品重在質量與服務，品牌貴在傳播

品牌的「質量」在於傳播，品牌的傳播包括品牌與消費者溝通的所有環節與活動，如產品設計、包裝、促銷、廣告等。傳播的效用有兩方面：一是形成和加強消費者對品牌的認知；二是將傳播費用轉化為品牌資產的一部分。

2. 商標與品牌

由於一般國家都採用自願與強制註冊相結合的方式，使得商標有了註冊與非註冊之分。

（1）註冊商標與非註冊商標

註冊商標指由某個經營者或服務者提出，並經一國政府相應機關核准註冊的商品或服務的標志。

非註冊商標指經營者或服務者自己提出並使用的，但未經政府相應機關核准註冊的商標。非註冊商標因此而失去了法律上的保護和發展成為名牌的可能性。

（2）商標與品牌

從品牌與商標的定義內容上看，兩者關係密切，是從不同的角度描述同一個問題。從法律角度講，可以認為品牌是經申請、核准註冊，受法律保護的商標。從經濟學角度講，可以將商標看作是經申請、註冊，受法律保護的品牌。而在現實經濟中，人們往往將它們等同使用。

很顯然，受自願與強制註冊的因素影響，品牌與商標是有區別的：首先，商標是個法律概念，一般指經政府機關認定、核准註冊，受法律保護的註冊商標；而品牌則未必，其含義要廣泛得多，不僅包括了商標，還有商品的通用名稱、非註冊的標志及一些地理標志等。

所以說，品牌是商標概念的擴展及延伸；商標則是品牌的內涵實質。兩者的區別在於是否經過一定的法律程序申請與註冊。

3. 名牌、品牌與商標

名牌，通俗地講是知名的、著名的、馳名的牌子，是指消費者對某一享有較高聲譽、在較大範圍內擁有一定知名度及市場銷售率的品牌或商標的習慣性稱呼。

名牌是由品牌或商標發展而來的。所以，除了具備品牌和商標的所有性質、構成及特徵外，概括地說，還標志著悠久的歷史、雄厚的實力；體現著上乘的品質、良好的信譽；表現出精湛的工藝及典雅的文化風格；具有廣泛的市場知名度及公眾普遍的認同感；擁有較高的市場佔有率和消費率及其由上述內容形成的高效益。

需要注意的是：

（1）名牌不是嚴格意義上的法律概念，人們往往將有一定經營業績的商品牌子、

服務牌子都稱為名牌，並在實踐中廣泛地應用它。

（2）名牌是現代企業經營商標、品牌並使其經營業績達到相當高度後的產物。

（3）每個企業都有自己的商標及品牌，但不是每個商標和品牌都能發展成為名牌，大多數商標品牌會在激烈的市場競爭中被淘汰、廢止或更新。

4. 品牌設計

品牌設計是品牌管理中不可缺少的組成部分，品牌命名及設計得當，品牌就容易辨認與傳播。品牌設計用於表達品牌的內涵，對品牌的防禦、生長、繁衍都有著重要影響。心理學的分析結果也印證了這一點：人們憑感覺接受到的外界信息中，83%的印象來自眼睛，11%來自聽覺，3.5%來自嗅覺。品牌設計正是對人的視覺滿足。世界知名品牌都比較注重品牌的設計與命名，而知名品牌一般都有較為深刻的含義和超越地理界限的能力。因此，品牌命名與設計是品牌管理中的一項基礎性工作。

（1）品牌命名的基本原則

品牌命名是指企業為了能更好地塑造品牌形象、豐富品牌內涵、提升品牌知名度等，遵循一定的命名原則，應用科學、系統的方法提出、評估、最終選擇適合品牌的名稱的過程。

一個品牌走向市場，參與競爭，首先要弄清自己的目標消費者是誰，並以此目標消費者為對象，通過品牌名稱將這一目標對象形象化，並將其形象內涵轉化為一種形象價值，從而使這一品牌名稱即清晰地告訴市場該產品的目標消費者是誰，同時又因此品牌名稱所轉化出來的形象價值而具備一種特殊的行銷力。

①可記憶性（Memorability）。這是建立品牌資產、形成高水準品牌意識的一個必要條件。所以，應當選擇那些可記憶性較強的品牌名稱要素，使得顧客在購買和消費的環境中很容易記憶和辨認。通俗地說，就是品牌的命名應當易於記憶、拼讀和發音。

首先，品牌的命名，讀音響亮、音韻協調、朗朗上口，聽起來悅耳，自然也就便於記憶。

其次，商品出口時能在所有的語言中以單一方式發音，有利於產品在國際市場上的銷售。

最後，要注意語形要求，簡潔與簡單有助於提高傳播效果。

②有意義性（Meaningfulness）。品牌名稱除了應當有利於建立品牌意識之外，其內在的含義同樣可以加強品牌聯想的形成。品牌名稱可以涵蓋各種意義，包括描述性的、說服性的等。一組可記憶和有意義的品牌名稱因素有許多優點，既可以減少為建立品牌意識、品牌聯想而進行宣傳的行銷費用，也容易與競爭對手區別，在顧客心目中留下深刻的印象。

這一點要求品牌名稱本身具有一定含義，其含義能夠直接或間接傳遞出商品的信息（優點、性能、特徵等），從而具有促銷、廣告和說服作用；要求品牌命名能夠提示產品特色和利益，使品牌名稱與產品產生某種固有的聯繫，啓發消費者聯想，促進記憶。例如，「金霸王」電池「Duracell」，百事可樂「Pepsi」等都是成功運用這一準則的上佳例子。

③可轉換性（Transferability）。品牌名稱的可轉換性包括了產品種類和地域兩個層

153

面：首先，品牌名稱要素能夠在多大程度上增加新產品的品牌資產，無論這種品牌名稱是在產品級別內還是在產品級別間引進的。換言之，品牌名稱對產品線和產品種類的延伸能起多大作用，應該如何在相同或者不同的產品種類中盡可能利用品牌來引進新的產品。其次，品牌名稱要素能夠在多大程度上增加地域間和細分市場間的品牌資產。具體來說，就是指某個品牌名稱是否能夠擴展到其他產品品種上或擴展到不同的國家及市場上。

所以，在品牌命名上首先要考慮如何使品牌名稱具有地域的適應性，這在很大程度上取決於品牌名稱的文化內涵及語言特點。一個無意義的品牌名稱就具有較強的可轉換性，因為它可以翻譯成其他語言而不會產生歧義。如索尼、金利來等就具備這一特性。

④可適應性（Adaptability）。這一標準常具體指品牌的命名要考慮名稱在品牌發展過程中的適應性，即要能夠適應市場需求、產品及時代的變化，要具有現代感和時代性，不受時間限制。如「樂百氏」品牌（對應的英文名稱為「Robust」，意為強壯、健康），無論中文還是英文都具有長期的使用價值。

⑤可保護性（Protectability）。為確保品牌不被競爭者模仿和盜取，通過品牌名稱設計保護品牌十分必要。從法律角度來看，選擇可在國際範圍內被保護的品牌名稱、向適當的法律機構正式註冊以及積極防止商標遭受其他未被授權的競爭者侵占是非常重要的，也是品牌命名中需要引起注意的問題。

因此，這一個標準主要指品牌名稱應當具有被保護性，不但在法律意義上能夠得到保護，即能夠註冊，而且在市場意義上也能夠得到保護，即在使用中具有法律的有效性和相對於市場競爭的獨一無二性。後者更具典型意義，因為一個品牌名稱也許能夠很容易地獲得法律保護，但並不能保證它不在市場上被他人模仿。

總之，品牌名稱是品牌設計要素中一個基本而又重要的因素，主要是它簡潔地反應了產品的中心內容，並使人產生聯想，是信息傳遞中極為有效的符號。好的品牌名稱不但使消費者易於記憶，同時也節省了許多行銷費用。

（2）品牌設計的內容

品牌設計包括了品牌標志設計、品牌標準色設計、品牌標準字設計等一系列內容。

品牌標志設計的方法一般有象形法、標志法、象徵法等方法。

品牌色彩的開發設計，應該與品牌名稱、標志的設計密切配合，按照理念設計、色彩設計、色彩管理、反饋等一系列程序進行。

標準字指由特殊字體組成的或是用經過特別設計的文字來表現品牌名稱的字體。目前國內外用普通字體簡單地排列出品牌名稱的標準字幾乎沒有，很多境外品牌在進軍大陸市場時，也要進行品牌漢化工作，用獨特的漢字字形來表現品牌名稱。總地來看，品牌標準字應當是「音」「形」「意」的完美結合，要達到好認、好讀、好看、好聽的要求，以利於品牌名稱的廣泛傳播。

（3）品牌其他方面的設計

在品牌的設計要素中，還包括了象徵圖形設計、品牌形象吉祥物設計、品牌形象宣傳標語設計、品牌形象視覺系統應用要素設計等方面的設計內容。

第二節　品牌決策

品牌決策是品牌管理的基礎，在品牌管理體系中佔有舉足輕重的地位。

新成立的企業會考慮是否為自己的產品設置品牌名稱，如果設置產品品牌，是為自己的公司和產品設置統一的品牌名稱還是選擇不同的品牌名稱。處於發展階段的公司會根據市場情況、消費者行為的變化，做出是否應該對品牌進行調整的決策，這些都屬於品牌決策涉及的內容。隨著企業規模的不斷擴大，產品種類的逐漸增多，還有可能發展為跨行業的多元化經營，企業面臨的品牌決策問題就更加突出。

一、品牌決策的基本流程

1. 品牌化決策

品牌化決策是指企業對其生產和經營的產品是否採用品牌的決策。具體來看，有使用和不使用品牌兩種情況，或稱品牌化和非品牌化兩種決策形式。

在市場經濟的萌芽和早期階段，產品都沒有品牌，因而不存在品牌化決策的問題。隨著市場經濟日趨發達，市場競爭日益激烈，產品在市場上越來越多地採用了品牌，但也仍然存在著不使用品牌的情況。事實上，使用或不使用品牌，除了客觀經濟環境因素之外，也有品牌化的決策問題。

品牌化是企業為其產品確定採用品牌，並規定品牌名稱、標誌以及向有關機關部門申請註冊登記的所有業務活動。品牌化是品牌化決策的主要決策形式。當今世界，絕大多數的商品都有自己的品牌。

品牌（Brand）與品牌化（Branding）的關係就如同市場（Market）與市場行銷（Marketing）的關係一樣。從層次上來看，品牌化似乎屬於市場行銷的範疇，但要注意的是，品牌化有其自身獨特的內容和方法，不能簡單地套用市場行銷的一般研究框架。

2. 品牌化的作用

在現實經濟生活中，有些商品在向無品牌轉變。但總地來看，無品牌商品向品牌化轉變更為普遍、更具代表性一些，這是一種發展趨勢。對企業組織來說，其作用及意義主要體現在：

(1) 實現組織可持續發展的市場戰略原則。

(2) 實現組織傳達產品信息，建立市場信譽，實現組織與產品在市場上的忠誠度、美譽度和指名購買率。

(3) 使組織與產品在滿足目標市場消費需求的同時，最大限度地發揮競爭優勢、擴大自身影響。

(4) 實現品牌資產累積的最有效手段。

(5) 穩定、準確地傳達組織形象的保障。

品牌化已成為成功企業不可缺少的一項重要活動，是集中企業資源及所有職能以實現最終目標——創造差異的一個重要環節。

3. 品牌決策的基本流程

品牌決策就是決定企業是否使用品牌、使用哪種類型的品牌，以及使用什麼形式的品牌的一系列決策的過程。品牌決策過程應當概括所有相關的品牌決策（如圖10-2所示）。

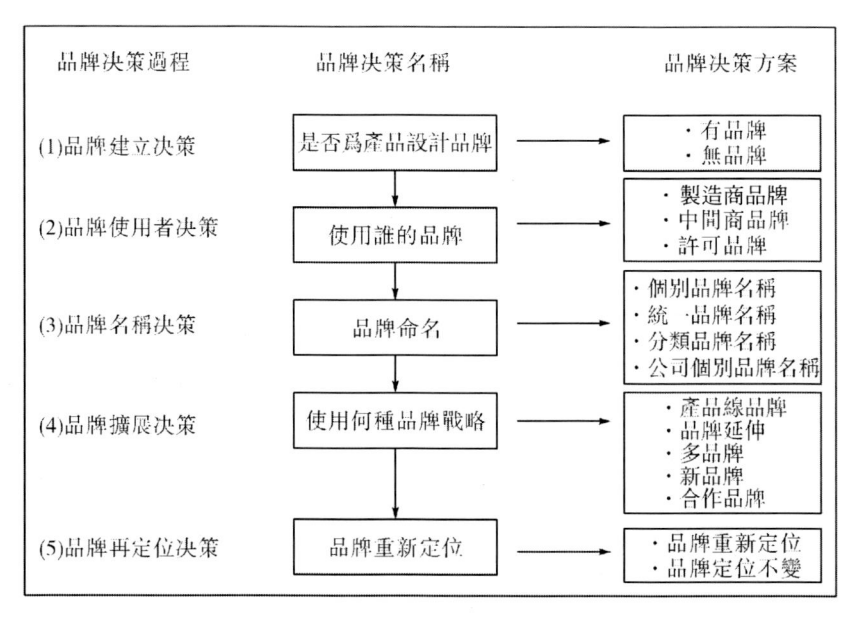

品牌決策過程	品牌決策名稱	品牌決策方案
(1)品牌建立決策	是否為產品設計品牌	・有品牌 ・無品牌
(2)品牌使用者決策	使用誰的品牌	・製造商品牌 ・中間商品牌 ・許可品牌
(3)品牌名稱決策	品牌命名	・個別品牌名稱 ・統一品牌名稱 ・分類品牌名稱 ・公司個別品牌名稱
(4)品牌擴展決策	使用何種品牌戰略	・產品線品牌 ・品牌延伸 ・多品牌 ・新品牌 ・合作品牌
(5)品牌再定位決策	品牌重新定位	・品牌重新定位 ・品牌定位不變

圖10-2　品牌決策流程圖

根據品牌決策的基本流程，企業高層需要在綜合分析外部環境、企業本身情況的基礎上，進行一系列的品牌決策。這些決策之間存在內在的邏輯關係，包括的具體決策很多。

二、品牌決策的類型

1. 品牌建立決策

新成立的公司首先遇到的品牌決策問題就是公司是否要給產品標上品牌名稱。

在早期的經營活動中，許多產品不用品牌。現在，使用品牌已經成為趨勢，時至今日很少有產品不使用品牌。但是，任何事物都不能絕對而論，推行品牌戰略，固然有其長處；但是，實行「放棄品牌」的策略，也有其道理。如果不管自身狀況與條件如何，不管推向市場的產品特點怎樣，一味強調要使用品牌，要創立名牌，這種做法是不可取的。

（1）決定品牌建立的因素

企業在決定使用品牌與否時一般參考以下因素：

①產品所在的行業領域是新興的還是成熟的。產品行業領域的成熟度是一個很重要的因素。在一個已經成熟的市場領域中創品牌的難度肯定大於在新興的市場領域中創品牌，而且不同情況下選擇OEM（原廠設備製造，又稱貼牌生產）或創造品牌的利

潤空間也是不一樣的。

②目標顧客的消費習慣與消費行為。如果目標顧客看中的是低價格，而不是衝著特定的品牌，那麼商家就會傾向於「非品牌化」。由於使用品牌必然要增加廣告、包裝及其他成本，而這些開支最終要轉嫁給消費者，使消費者支出更多的費用。而「非品牌化」的目的，就是要節省廣告和包裝費用，降低成本與價格，增加競爭能力。在美國，無品牌產品的價格要比品牌產品通常低 20%~40%。

③產品特性。不可否認，有些產品由於生產工藝的普遍性，不可能形成一定的特性，以及不易同其他企業生產的同類產品相區別，即產品不具備因製造商差異帶來的質量差異。還有一些產品，其質量難以統一保證或難以統一衡量，以及消費者不需要或不容易有效的辨認。這些產品原則上要採用無品牌策略，使用品牌則意義不大，甚至毫無意義。如工業用原材料、電力以及礦石、粗鋼、鐵和木材等，一般會採用無品牌策略；相反，許多消費類的產品如電子產品、快速消費品和珠寶首飾等，對品牌的依賴性相對高一些。

④企業研發能力。創建一個品牌是一項長期艱苦的活動，首先，產品應該有自己的特點；其次，產品必須能不斷地改善、提高或有新產品推出，這些都有賴於企業的研發能力。全球消費類電子產品領軍者「索尼」和近期快速崛起的韓國三星，它們的品牌優勢就是建立在強大的研發實力基礎上的。

⑤企業在市場上的相對地位及自身實力。打造品牌需要企業大量的人力、物力和財力，企業如果沒有足夠的實力，盲目投資打造品牌，就有可能把企業拖垮。企業需要有極強的管理能力和經濟實力，否則，企業在品牌建立起來以前就很可能因為管理混亂以及財務困難而出現危機甚至倒閉。

⑥企業的品牌行銷能力。建造品牌是一個講求科學及藝術的過程，要使品牌成功，需要很強的行銷能力作為支持。品牌定位、品牌戰略制定、品牌形象推廣和傳播、品牌維護等品牌行銷環節，每一環節都需要企業有強大的品牌行銷能力。綜合以上影響因素，一般認為，在下列情況中可以不使用產品品牌：不需要加工的原料，如礦石等；不會因生產者不同而形成不同特色的商品，如鋼材、電力等；某些生產比較簡單、選擇性小的商品；臨時性或一次性生產的商品。

（2）品牌建立的作用

企業建立品牌需要付出成本，包括品牌設計費用、包裝費、標籤費以及商標註冊費等，並且當某個品牌被市場證明不受歡迎時，還需要再行追加投資，改弦易轍。但是，眾多的企業，仍然選擇了創建並使用品牌，這是因為：

①品牌名稱可以促使銷售者容易地處理訂單並發現銷售問題。

②品牌名稱和商標對產品的特徵提供法律保護，避免競爭者模仿。

③品牌給產品供應者提供了吸引忠實顧客的機會。品牌忠誠使產品供給者在競爭中得到一定程度的保護，使得該公司在規劃行銷方案時具有較大的市場控制能力。

④使用品牌有助於銷售者細分市場。例如寶潔公司在洗護用品市場上擁有不同需求的顧客，獲得了更多的市場機會。

⑤強有力的品牌有助於建立公司的形象。良好的品牌形象可以增強經銷商和消費

者的信心，同時使企業可以更容易地推出同品牌的新產品。

2. 品牌使用者決策

企業在如何使用品牌上面有三種選擇，如圖10-3所示。

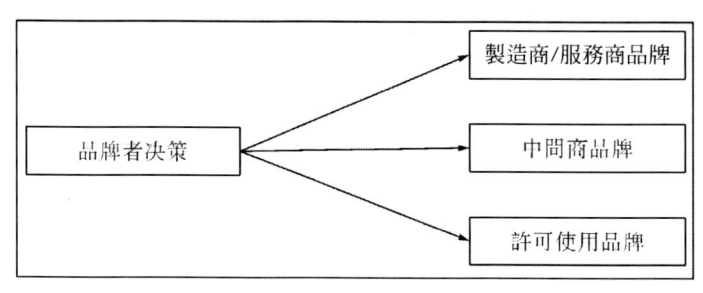

圖10-3　品牌使用者決策內容

（1）製造商/服務商品牌

產品可能使用製造商或者服務商的品牌，目前大部分企業都使用製造商品牌，因為生產企業使用製造商品牌，可以為自己樹立形象，建立長期的影響力，有利於企業的發展以及新產品的推廣。在現實市場上，我們可以找到很多的製造商品牌。

（2）中間商品牌

中間商品牌又稱商店自有品牌，泛指流通業者運用與消費者接觸所得到的信息，與國內外廠商合作，以製造商銷售聯盟的方式或者定牌生產（Original Equipment Manufacturers，OEM）方式，生產僅僅在此通道上出售的商品。它是零售商企業走向大型連鎖經營的產物。如果自有品牌以商店的名稱命名，則成為商店品牌（Store Brand）或零售商品牌（Retailer Brand）。

據相關資料顯示，世界各國自有品牌占其零售業者銷售的產品的比例分別是：瑞士41.2%，英國37.1%，比利時、德國、法國及美國均是16%~20%，日本為5%左右。

總地來看，中間商品牌的優勢表現在：

①中間商擁有獨特的渠道資源。

②在消費者看來，以中間商品牌出售的產品相對可靠，因為中間商要維護自己的品牌形象，會建立嚴格的質量檢測系統對品質加以控制。

③中間商品牌產品價格相對低，可以迎合許多對價格敏感的消費者的需要。

然而，企業究竟選擇製造商品牌還是自有品牌，需要全面考慮各種相關因素，綜合分析利益得失，最關鍵的是要看製造商和中間商誰在該產品的分銷鏈上居優勢地位、誰擁有更好的市場信譽和市場拓展潛能。

一般來說，在製造商市場信譽高、實力強、產品市場佔有率高的情況下，宜採用製造商品牌；相反，如製造商資金拮據、市場行銷力量薄弱，應以中間商品牌為主或乾脆全部使用中間商品牌；倘若中間商在某個目標市場擁有較高品牌忠誠度及完善的銷售網絡，即使製造商有強大品牌自營能力，也應當考慮採用中間商品牌。這是企業進軍國際市場實踐中常用的品牌策略。

（3）許可使用品牌

許可品牌指通過付費形式，使（租）用其他人（企業）許可使用的品牌作為自己產品的品牌。供特許使用的品牌常常見於由其他製造商創建的名稱符號、知名人士的姓名、流行影片及書籍中的人物等。「迪士尼」就是一個著名的特許品牌。它通過特許經營發展起玩偶消費者市場。這些消費品囊括了領衫、手錶、書包、玩具、臺燈、鑰匙扣、蛋糕、冰淇淋等領域，每年行銷額超過 10 億美元，利潤超過 1 億美元。

製造商的產品可以使用一個許可品牌名稱，或者在使用許可品牌的同時，也使用製造商自己的品牌名稱，以便在產品被廣泛接受時改用自己的品牌。事實上，世界很多著名的品牌都是既使用許可使用品牌又使用製造商自己的品牌發展起來的。

另外，除了獲得品牌的特許使用權外，越來越多的企業還傾向於購買或併購品牌。這也是快捷占領市場的一種好方法，但新品牌能否融入公司的運作，是否與公司形象、地位有衝突，公司是否具備管理這一品牌的能力及經營等，則是企業需要慎重考慮的。從現實的運作來看，購買品牌進行經營的情況將大行其道。

3. 品牌名稱決策

企業決定了使用品牌後就要決定使用什麼樣的品牌名稱。不同品牌名稱的使用，需要企業對諸多影響因素進行細緻的考慮和分析。常見品牌名稱決策模式如圖 10-4 所示。

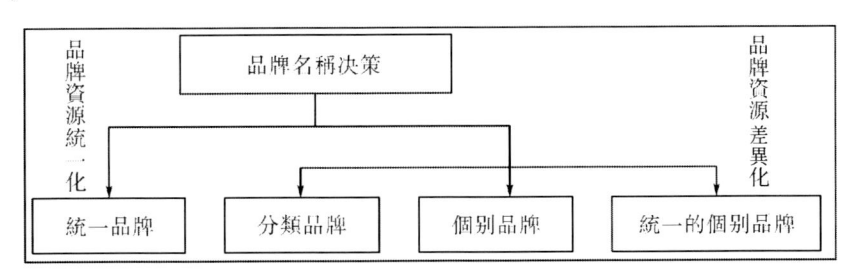

圖 10-4　品牌名稱決策框架

品牌資源統一化的優點十分突出：有利於消費者、公眾盡快地識別企業；減少企業內部混亂；降低創建品牌的成本，最快、最集中地創造出知名品牌；減少企業運作中的品牌印刷費用；有利於無形資產載體聚集；有利於新產品銷售。但是，品牌資源統一化也有缺陷：使用風險大，任何一個惡性事故或不利事件都會集中到該品牌上，企業及品牌形象易損性高；不同質的商品共用一個品牌，會混淆品牌定位，引起消費者的心理衝突。比如，美國 Scott 公司生產的「舒潔」牌衛生紙，本是衛生紙市場的頭號品牌，但隨著舒潔餐巾紙的推入市場，引起了消費者的心理衝突，其市場頭牌位置很快被寶潔公司的衛生紙品牌「Charmin」所取代。

品牌資源差異化具有相當明顯的優點：首先，能夠分散經營風險。市場上各種惡性事件對任何一種資源的破壞，不一定殃及整個品牌體系，從而減輕損失；其次，針對不同的細分市場，對每一個或每一類商品選用符合其特性的名稱和商標，有利於消費者和公眾的識別，有助於促銷可以不斷提升和優化品牌組合結構。而品牌資源差異化的缺點則包括：各類品牌資源太多，易在消費者中引起混亂，難以迅速識別；品牌

的内部管理工作量和成本上升；將品牌培植成為名牌有一定的困難。

(1) 統一品牌名稱決策

這是指企業為自己所有的產品建立一個統一的品牌名稱，即多種不同門類的產品共用一個品牌。統一品牌（Consolidate Brand）又稱家族品牌（Blanket Family Brand），其決策示意圖如圖10-5所示。

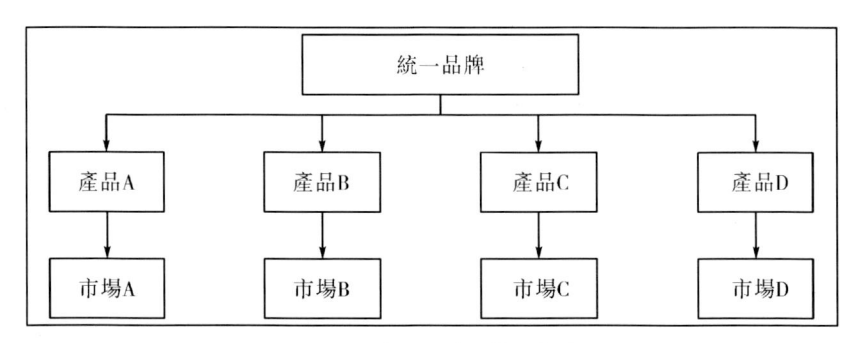

圖10-5　統一品牌決策示意圖

日本索尼公司就是成功使用統一品牌決策的企業，索尼的各種產品都打上「SONY」商標，對外傳播都圍繞這個品牌進行。

統一品牌決策多見為「品牌名＝企業名」的操作方式。美國通用電器公司，對其產品就只採用一個品牌「GE」。運用這種方法，不僅可以降低行銷費用，還可帶來多種好處。

但是，使用統一品牌，必須保證各種產品在質量、產品形象等方面都基本一致，沒有太大的差異和區別，以免相互混淆，影響品牌形象。如一家食品企業，在同一品牌下既生產貓糧、狗糧，又生產食品糖果，就不利於品牌形象的統一，甚至產生負面影響。

使用統一品牌的行銷風險較大，因為在統一品牌下，某一個或某幾個產品項目出現問題，往往會波及其他產品項目。

統一品牌名稱決策的優點是：大批產品採用同一品牌，既顯示企業實力，又可以提高企業聲譽；企業可以通過各種促銷手段，集中力量突出一個品牌形象，節省大量的廣告、公共關係等品牌建設成本，利用一個大品牌的知名度、信賴感、安全感和高威望帶動品牌下其他產品的銷售；統一品牌下的各種產品，可以互相獲得支持，有利於市場推廣。其缺點是：一個品牌旗下產品太多，會模糊品牌的個性；統一品牌旗下不同產品各自宣傳自己的優勢時要尋找到一種能夠兼顧所有產品特點的共性的東西進行整合，難度較大。倘若沒有一個共性的核心價值兼容不同產品，就很難建立起恒定、統一的品牌形象。運用統一品牌名稱決策的根本前提是品牌核心價值能夠兼容旗下各種產品，另外，新老產品關聯度較高、企業的財力不太雄厚或品牌管理能力較弱、企業處於推廣品牌成本很高的市場環境、企業產品的市場容量不大等情況較適用。

(2) 個別品牌名稱決策

個別品牌是給每一種產品都冠以一個或多個獨立的品牌名稱的做法，其決策示意

圖如圖 10-6 所示。

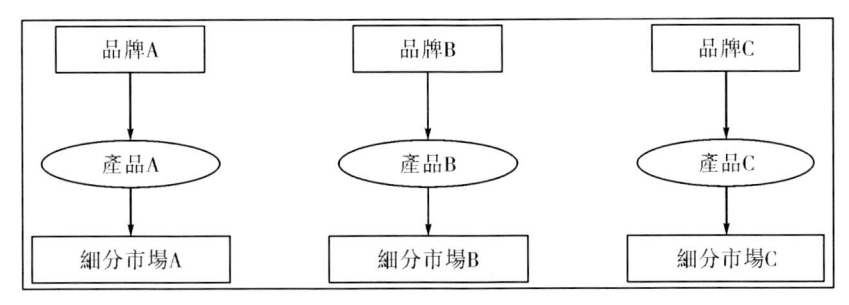

```
┌─────────────────┐ ┌─────────────────┐ ┌─────────────────┐
│   品牌A          │ │   品牌B          │ │   品牌C          │
│     ↓            │ │     ↓            │ │     ↓            │
│  (產品A)         │ │  (產品B)         │ │  (產品C)         │
│     ↓            │ │     ↓            │ │     ↓            │
│  細分市場A       │ │  細分市場B       │ │  細分市場C       │
└─────────────────┘ └─────────────────┘ └─────────────────┘
```

圖 10-6　個別品牌名稱決策示意圖

聯合利華模式是個別品牌名稱決策的典型。聯合利華的每項產品線都設有獨立的品牌。如洗髮水就有力士和夏士蓮，各自有特定的品牌訴求，針對不同的細分市場；洗衣粉有奧妙，冰激凌使用和路雪的品牌名稱；紅茶使用的品牌是立頓。

個別品牌名稱決策的優點是：占據更多的商場貨架面積，增加了企業產品被消費者選中的機率；給低品牌忠誠者提供更多的選擇；個別品牌可以起到隔離作用，降低企業風險；鼓勵內部合理競爭、提高士氣；可以為每一種產品找到最合適的、有針對性的品牌名稱。其缺點是：增加了品牌設計、製作、宣傳推廣及其他行銷費用，行銷成本增加；不利於統一的企業形象的建立；對企業品牌經營管理能力要求較高。個別品牌名稱決策適用於產品或行業的特性，要求品牌採用有個性的形象來幫助搶占市場，各個品牌面對的細分市場具有規模性，或者是該細分市場有足以支撐品牌生存和發展的利潤。

（3）分類品牌名稱決策

分類品牌（Separate Family Brands）名稱決策是指對所有產品使用不同類別的家族品牌名稱，給一個具有相同功能水準的產品群以一個單獨的名稱和承諾。也就是說，針對同一類消費者需求的產品使用同一個品牌，而不屬於該類消費需求的產品則使用其他品牌名稱，其決策示意圖如圖 10-7 所示。

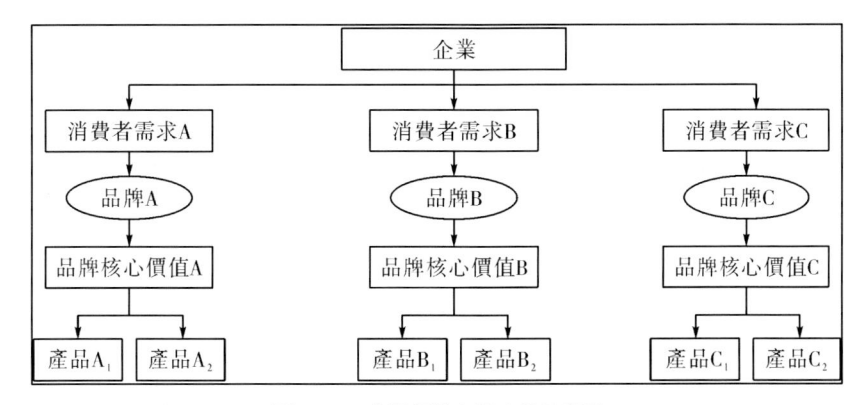

```
                    企業
        ┌────────────┼────────────┐
        ↓            ↓            ↓
   消費者需求A   消費者需求B   消費者需求C
        ↓            ↓            ↓
      品牌A        品牌B         品牌C
        ↓            ↓            ↓
   品牌核心價值A  品牌核心價值B  品牌核心價值C
      ↙   ↘        ↙   ↘         ↙   ↘
   產品A₁ 產品A₂  產品B₁ 產品B₂   產品C₁ 產品C₂
```

圖 10-7　分類品牌名稱決策示意圖

分類品牌名稱決策的優點在於：眾多的產品分擔品牌建設成本，有利於做大品牌；品牌內各產品消費者群需求相近，利於整合傳播品牌的核心價值；各產品知名度能為所有產品共享，推動品牌成長和促進品牌麾下其他產品銷售，降低行銷費用。其缺點是：分類品牌決策會模糊品牌核心價值，對進行品牌延伸有限制；品牌內若存在某種強勢品牌產品，將不利於其他產品的銷售。使用分類品牌名稱決策首先要求其品牌大類中的產品有鮮明的細分特點，才易於利用分類品牌突出其差異性；品牌下的產品應該保持面對相同或相近的消費需求，不能盲目進行品牌延伸。

(4) 統一的個別品牌名稱決策

統一的個別品牌名稱決策（又稱公司名稱加個品牌名稱）是指把公司的商號名稱和單個產品名稱組合起來。其做法是對企業的各種不同的產品分別使用不同的品牌，但在各產品的品牌前面加上企業名稱，其決策示意圖如圖 10-8 所示。

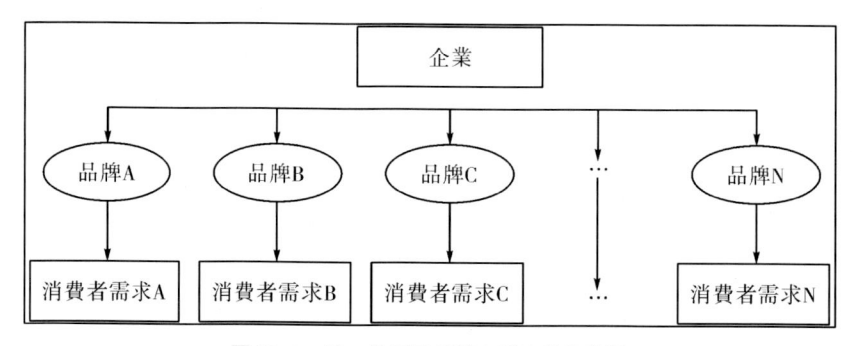

圖 10-8　統一的個別品牌名稱決策示意圖

統一的個別名稱決策的優點是：使新老產品統一化，共享企業已有的聲譽，利於銷售；企業統一品牌後跟上個別品牌，使產品更富於個性化；使品牌利用公司名稱提供品質、技術、信譽上的信任感；分散品牌風險，當某個品牌發生危機時，對公司其他品牌的影響明顯低於統一品牌名稱。這種名稱決策兼備統一品牌和個別品牌的優點，在品牌名稱策略中經常使用。其缺點是：協調個別品牌核心價值與公司品牌核心價值需要較高的專業性思考和高超的管理智慧，對企業品牌經營者的管理及決策水準要求較高。統一的個別品牌名稱決策適用於企業規模比較大、產品涉及領域比較廣的情況。

4. 品牌擴展決策

當企業決定品牌擴展時，有以下幾種方案可供選擇。其中包括：產品線擴展，即在現有的品牌下增加新規格、新品位等以擴大產品目錄；品牌延伸，即把現有的品牌名稱擴展到新的產品目錄中；多品牌，即在現有的產品目錄中引進新的品牌名稱；新品牌，即專門為新產品設計新的品牌名稱；合作品牌，即把兩個或更多的著名品牌組合起來。

(1) 產品線擴展（Product Line Extension）

這是指企業在同樣的品牌名稱下面增加項目，即在相同的產品名稱中引進增加的項目內容，如新的口味、形式、顏色、成分包裝規格等。產品線擴展可以是創新、仿製或填補空缺等。企業要充分利用自己的製造能力擴大產品生產，或是滿足新的消費

需求，或是與競爭者進行競爭，因此，企業大部分的產品開發活動都是圍繞產品線擴展進行的。

（2）品牌延伸（Brand Extension）

品牌延伸是指企業對新投資的產品沿用過去的品牌。使用品牌延伸戰略可以使新產品較快地打入市場，消費者容易接受；可以節約新產品的推廣費用。使用品牌延伸戰略的弊端也不少，倘若原有品牌名稱不適合新產品，將會引起消費者的誤解以及對品牌核心價值產生稀釋作用。

（3）多品牌（Multi-brands）

多品牌是指企業在相同的產品目錄中引進多個品牌。使用多品牌戰略不但可以為不同質量的產品確定不同的品牌，還可以為不同類型的顧客和細分市場確立不同的品牌，具有較強的行銷針對性。

（4）新品牌（New Brand）

當企業在新產品目錄中推出新產品時，可能會發現原有的品牌名稱不太適合新產品，有可能損害原有的品牌形象，還會對新產品的推廣帶來一定的困難。這時就有可能為新產品進行新品牌名稱的命名。

（5）複合品牌（Complex Brand）

複合品牌指對同種產品賦予兩個或兩個以上的品牌，即一種產品同時使用兩個或兩個以上的品牌。根據品牌間的關係，複合品牌可以細分為註釋品牌和合作品牌。

①註釋品牌。註釋品牌又稱副品牌（Auxilary Brand），指一種產品上同時出現兩個或兩個以上的品牌，其中一個是註釋品牌，另外的是主導品牌。主導品牌說明產品功能、價值及購買對象，註釋品牌則為主導品牌提供支持和信用。或者是用一個主品牌涵蓋企業的產品系列，同時給各產品打一個副品牌以突出不同產品的個性形象。一般來說，註釋品牌通常是企業品牌，在企業眾多產品中均有出現。註釋品牌策略可以將具體的產品與企業組織聯繫在一起，從而用企業品牌增強商品信譽。例如吉列公司生產的刀片品牌名稱為「Gillette，Sensor」，其中「Gillette」是註釋品牌，表明由吉列公司出品，為該產品提供吉列公司的信用及品質支持；而「Sensor」則是主導品牌，顯示該產品的特點。註釋品牌策略可以集中廣告預算用於主副品牌的聯合宣傳，節約廣告費用，有利於新產品推廣。

②合作品牌。合作品牌又稱雙品牌（Dual Branding），主要是兩個（或兩個以上）企業品牌出現在同一個產品上。合作品牌的具體形式有組成的（製造企業與中間商的）合作品牌、同一公司的合作品牌、合資合作品牌等多種。

5. 品牌再定位決策（Brand Repositioning Decision）

品牌再定位策略又稱品牌重新定位策略。消費者的需求是不斷變化的，市場形勢也變化莫測。因此，每經過一段時間之後，企業就有必要重新檢討自己的品牌運作情況，是否符合目標市場的要求，是否需要對品牌進行重新定位。

（1）對品牌重新定位的判斷

企業判斷品牌是否需要重新定位一般從以下情況進行：競爭者推出了新品牌，且定位於本企業品牌的附近，影響了企業品牌的市場份額，致使本企業品牌的市場佔有

率下降；有新產品問世，消費者的品牌偏好發生變化，企業品牌的市場需求下降；經濟環境變化，人們對產品要求發生變化，該定位的產品市場縮小等。總之，當宏觀或微觀環境發生變化，且這種變化與企業品牌相關時，品牌經營者就應當及時考慮是否要對原有品牌定位進行變更。

品牌重新定位一般從兩個角度進行：一是利用競爭者的品牌定位為自己的品牌重新定位，以獲得本企業品牌的發展空間；二是通過市場調查，研究消費者需求，為本企業品牌重新定位。應當注意的是，品牌重新定位並不意味著品牌的更新，也不意味著品牌經營者要完全放棄現有品牌的定位，而是要通過解決一些實際問題，獲得品牌的穩定和繼續發展。

(2) 品牌再定位的步驟

企業再定位時，不能盲目地進行，必須按照一定的程序及步驟來操作。一般來說，品牌再定位的基本步驟如圖10-9所示。

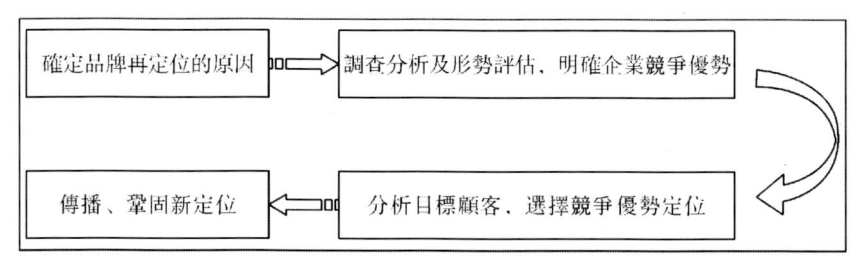

```
確定品牌再定位的原因 → 調查分析及形勢評估，明確企業競爭優勢
                                    ↓
傳播、鞏固新定位 ← 分析目標顧客，選擇競爭優勢定位
```

圖 10-9　品牌再定位的步驟

第三節　品牌管理與品牌延伸

一、品牌管理

品牌管理是一項重要而又複雜的工作。企業高層領導或者品牌管理的有關人員需要把握品牌管理的主要內容和決策方式，並根據企業、行業、產品等具體情況來設置合理的品牌管理組織形式，有效地對品牌進行管理。

1. 品牌管理的內涵

品牌管理是以企業戰略為指引，以品牌資產為核心，圍繞企業創建、維護和發展品牌這一主線，綜合運用各種資源和手段，以達到自己品牌資產、打造品牌的目的的一系列品牌管理活動的總稱。品牌管理的最終目的是形成品牌的相對競爭優勢，使品牌在整個企業營運中起到良好的驅動作用，使企業行為更服從和體現品牌的核心價值與精神，不斷提高企業的品牌資產，為企業造就百年金字招牌打下堅實的基礎。

2. 品牌管理的基本內容

品牌管理的具體活動貫穿於品牌創立、品牌維護、品牌發展以及品牌更新等品牌建設與成長全過程的每一個環節，是一項長期、系統的工作。當企業建立起品牌管理

體系，其品牌經營就逐步從純粹的產品管理、市場管理中超越出來，進而將產品經營與品牌這一無形資產結合成統一整體。同時，品牌管理的業務活動也超出了品牌命名、品牌推廣，擴大為涉及品牌創造的全過程的各方面的工作。

（1）制定品牌管理的方向及目標

根據企業發展戰略，品牌管理的目標是通過研究目標消費者的需求，以及整合企業資源和有效運用各種行銷手段，使目標消費者對品牌有深入的瞭解，在消費者心目中建立起品牌地位，促進品牌忠誠。

（2）建立品牌管理組織

品牌管理組織由企業內部與外部組織構成。就品牌管理外部組織而言，可以選擇專業機構介入方式，請其擔任品牌管理與部分執行工作的代理人。

（3）品牌決策

隨著需求日益多樣化及產品種類的增加，品牌決策者面臨著很多難題，需要企業高層關注市場的變化，及時對品牌競爭態勢做出判斷和決策。

（4）品牌定位

面對眾多同類產品和競爭性品牌，企業的品牌定位決定了品牌的特性以及品牌未來發展的潛力。品牌定位必須在深入調查的基礎上，對準目標顧客，體現差異，彰顯個性。

（5）品牌設計

通過品牌命名與設計工作，企業制定以核心價值為中心的品牌識別系統，使品牌識別與企業行銷傳播活動具有可操作性。

（6）品牌推廣

品牌推廣的主要工作是通過行銷傳播活動影響目標顧客。品牌管理人員應當力圖使每一次行銷行為都傳達品牌的核心價值，不折不扣地在任何一次行銷和廣告活動中演繹出品牌的核心價值，使消費者在任何一次接觸品牌時都能感受到品牌的核心價值。

（7）品牌延伸

品牌延伸是品牌管理中的重要決策。品牌延伸應用廣泛，但也存在風險。當企業的品牌資源累積到一定程度而又存在較好的市場機會時，高層管理者可考慮選擇品牌延伸策略以開發新的市場。

（8）品牌監控

通過品牌監控，企業可以客觀、系統地對品牌定位、品牌設計以及品牌的整合傳播等做出全面、客觀評估，修訂完善整體品牌的管理方案，進而不斷地完善與提升品牌。企業還可以通過權威機構對品牌進行評估，把品牌確定為量化的資本財富，這是將品牌資產運用到融資與合作、合資上的必要手段。

二、品牌延伸

當品牌資源累積到一定程度，企業必然要利用現有的品牌資源推出新產品或者開拓新市場。只有看準時機研發新產品，並正確地運用品牌延伸策略，利用原有品牌的知名度，將新產品快速地打入目標市場搶占市場份額，才能提高企業效益，使企業不

斷地壯大發展，立於不敗之地。

根據一項針對美國超級市場快速流通產品的研究顯示，過去10年來，成功品牌有2/3屬於延伸品牌，而不是新上市品牌。可見，品牌延伸已成為西方國家企業發展戰略的核心。美國人艾里斯曾經說過：「若是撰述過去10年的行銷史，最具意義的趨勢是延伸品牌線。」

1. 品牌延伸的概念

品牌延伸戰略是20世紀80年代許多公司戰略增長的核心，是品牌資產概念的一個具有重大和直接實際意義的分支，是公司在品牌戰略中直接獲得利益和回報的途徑，亦是公司不斷累積和擴大品牌資產的主要手段。

菲利普·科特勒對品牌延伸的定義是：把一個現有的品牌名稱使用到一個新類別的產品上。必須指出，品牌延伸並非只借用表面上的品牌名稱，而是對整個品牌資產的策略性使用。

2. 品牌延伸的作用

品牌延伸借助原有品牌的良好聲譽和影響力推出新產品，既可以使新產品快速、成功地打入市場，又可以進一步擴大原品牌的影響，鞏固原品牌的市場地位。

（1）利用原品牌，提高認知率。利用原有成功品牌的知名度，可以迅速提高消費者對新產品的認知率，減少新產品推出的費用。一個新品牌、新產品，在競爭激烈、產品同質化的市場上，要吸引消費者的注意力，需要做大量地廣告宣傳，支出龐大的宣傳費用，才能消除消費者對新產品、新品牌的抵觸心理。而採用品牌延，可以節約宣傳推廣費用，利用消費者的熟悉感，使品牌經營者盡快獲得市場優勢。

（2）滿足不同需求，提供更多的選擇。品牌延伸給現有的品牌帶來新鮮感和活力，拓展了經營領域，滿足了消費者的不同需要，從而形成優勢互補，給消費者提供更多的選擇。要防止消費者的品牌轉換，就要研究消費者在該領域的不同需要，在不同的細分市場進行品牌延伸，給消費者提供更多的選擇。

（3）增大市場佔有率。品牌延伸成功，原品牌的良好聲譽和影響力就得到進一步提高，並增大該品牌的市場覆蓋率；使更多的消費者接觸和瞭解該品牌，從而提升品牌的知名度。另外，好的新產品可以給原品牌帶來良好的口碑，從而提高原品牌的聲譽，使其市場地位得到進一步鞏固。

（4）分散經營風險。實行品牌延伸，可以分散企業的經營風險。企業由原來單一的產品結構、單一的經營領域，向多種產品結構、多種經營領域發展，有利於分散企業經營的風險。

3. 影響品牌延伸的因素

對一般企業而言，在選擇品牌延伸策略模式時，往往會受以下幾個方面的制約和影響：

（1）企業多元化發展策略的方向

一般來說，實行多元化發展策略的企業才有考慮品牌延伸策略的必要。品牌策略是企業經營策略的一部分，為企業總體戰略目標服務。實行多元化發展戰略的企業，其目的和未來業務單位的種類和方向，是品牌延伸策略方向選擇的基本依據。

（2）企業品牌的現狀和發展戰略

①企業品牌現狀。品牌現狀是制約品牌模式選擇的重要因素。首先，品牌覆蓋的行業範圍影響企業在同行業延伸與跨行業延伸間進行選擇。其次，品牌的檔次和市場印象影響相應策略模式的選擇。如當企業現有品牌是高檔品牌時，既可以選擇水準延伸，也可以選擇垂直延伸中的向下延伸，而在冠名方式上如果是垂直延伸，往往選擇間接冠名方式。再次，品牌內涵主成分在延伸前後是否有所變化。這決定品牌延伸是內涵不變式還是內涵漸變式。最後，現有品牌名稱是否適合直接使用於新產品新業務。這決定了企業在進行品牌延伸時是採用直接冠名、間接冠名還是採用副品牌等延伸模式。

②品牌發展戰略思路。企業的品牌發展戰略思路對於企業選擇品牌延伸策略模式也有很大影響。有些企業在一定時期趨向於節省總成本，特別是當企業的品牌有了相當的知名度和實力時，企業希望盡量利用已有的品牌資源。在這種思路的指引下，企業對品牌延伸策略方向的選擇主要考慮以節省成本、提高利潤為主，各種品牌延伸策略方式只要可行，都有可能被企業選擇；而有些企業希望進一步提高品牌實力或進行策略經營空間的轉換和拓展，特別是企業覺得品牌實力需要加強或品牌內涵與企業發展前景有一定的差異時，企業對於品牌延伸策略方向往往就有所選擇，此時企業更趨向於選擇垂直延伸中的向高端延伸，或選擇內涵漸變式延伸等。

第四節　包裝策略

包裝是商品生產的繼續，商品只有經過包裝才能進入流通領域，實現其價值和使用價值。商品包裝可以保護商品在流通過程中品質完好和數量完整，同時，還可以增加商品的價值，此外，良好的包裝還有利於消費者挑選、攜帶和使用。產品包裝在行銷實踐中已成為贏得競爭的一種重要手段。

一、包裝的含義及作用

包裝是指對某一品牌商品設計並製作容器或包裡物的一系列活動。也可以說，包裝有兩方面含義：其一，包裝是指為產品設計、製作包裝物的活動過程；其二，包裝即是包裡物。

1. 包裝的構成

一般來說，商品包裝應該包括商標或品牌、形狀、顏色、圖案和材料等要素。

（1）商標或品牌。商標或品牌是包裝中最主要的構成要素，應在包裝整體上占據突出的位置。

（2）包裝形狀。適宜的包裝形狀有利於儲運和陳列，也有利於產品銷售，因此，形狀是包裝中不可缺少的組合要素。

（3）包裝顏色。顏色是包裝中最具有刺激銷售作用的構成要素。突出商品特性的色調組合，不僅能夠加強品牌特徵，而且對顧客有強烈的感召力。

（4）包裝圖案。圖案在包裝中如同廣告的畫面，其重要性、不可或缺性不言而喻。

（5）包裝材料的選擇。包裝材料的選擇不僅影響包裝成本，而且也影響著商品的市場競爭力。開發和選用新型材料是包裝設計中的一項重要工作。

（6）產品標籤。在標籤上一般都印有包裝內容和產品所包括的主要成分、品牌標誌、產品質量等級、生產廠家、生產日期和有效期、使用方法等。有些標籤上還印有彩色圖案或實物照片，以促進銷售。

2. 包裝的種類

包裝是產品生產過程在流通領域的延續。產品包裝按其在流通過程中作用的不同，可以分為運輸包裝和銷售包裝兩種。

（1）運輸包裝。運輸包裝又稱外包裝或大包裝，主要用於保護產品品質安全和數量完整。運輸包裝可細分為單件運輸包裝和集合運輸包裝。

（2）銷售包裝。銷售包裝又稱內包裝或小包裝，它隨同產品進入零售環節，與消費者直接接觸。銷售包裝實際上是零售包裝，因此，銷售包裝不僅要保護產品，而且更重要的是要美化和宣傳商品，便於陳列展銷，吸引顧客，方便消費者認識、選購、攜帶和使用。近些年來，隨著超級市場的發展，銷售包裝的發展趨勢日益呈現出小包裝大量增加，透明包裝日益發展，金屬和玻璃容器趨向安全輕便，貼體包裝、真空包裝的應用範圍越來越廣泛，包裝容器器材的造型結構美觀、多樣、科學，包裝畫面更加講究宣傳效果等發展趨勢，這些都是行銷企業應研究的內容。

3. 包裝的作用

包裝作為商品的重要組成部分，其行銷作用主要表現在以下幾方面：

（1）保護商品。包裝保護商品的作用主要表現在兩個方面：其一是保護商品本身。有些商品怕震、怕壓需要包裝來保護；有些商品怕風吹、日曬、雨淋、蟲蛀等，也需要借助包裝物來保護。其二是安全（環境）保護。有些商品屬於易燃、易爆、放射、污染或有毒物品，對它們必須進行包裝，以防泄漏造成危害。

（2）方便儲運。有的商品外形不固定，或者是液態、氣態，或者是粉狀，若不對此進行包裝，則無法運輸和儲藏。適宜的包裝使商品保值，同時加快交貨時間。

（3）促進銷售。商品給顧客的第一印象，不是來自產品的內在質量，而是它的外觀包裝。產品包裝美觀大方，漂亮得體，不僅能夠吸引顧客，而且還能激發顧客的購買的慾望。據美國杜邦公司研究發現，63%的消費者根據商品包裝做出購買決定。所以說，包裝是無聲的推銷員。

（4）增加盈利。由於裝潢精美、使用方便的包裝能夠滿足消費者的某種心理要求，消費者樂於按較高的價格購買，而且包裝材料和包裝過程本身也包含著一部分利潤。因此，適當的、好的包裝能夠增加企業的利潤。

二、包裝標籤與包裝標誌

1. 包裝標籤

包裝標籤是指附著或系掛在商品銷售包裝上的文字、圖形、雕刻及印刷的說明。標籤可以是附著在商品上的簡易簽條，也可以是精心設計的作為包裝的一部分的圖案。

標籤可能僅標有品名，也可能載有許多信息，能用來識別、檢驗內裝商品，同時也可以起到促銷作用。

通常，商品標籤主要包括：製造者或銷售者的名稱和地址、商品名稱、商標、成分、品質特點、包裝內商品數量、使用方法及用量、編號、儲藏應注意的事項、質檢號、生產日期和有效期等內容。值得提及的是，印有彩色圖案或實物照片的標籤有明顯的促銷功效。

2. 包裝標誌

包裝標誌是在運輸包裝的外部印刷的圖形、文字和數字以及它們的組合。包裝標誌主要有運輸標誌、指示性標誌、警告性標誌三種。運輸標誌又稱為嘜頭（Mark），是指在商品外包裝上印製的反應收貨人和發貨人、目的地或中轉地、件號、批號、產地等內容的幾何圖形、特定字母、數字和簡短的文字等。指示性標誌是根據商品的特性，對一些容易破碎、殘損、變質的商品，用醒目的圖形和簡單的文字做出的標誌。指示性標誌指示有關人員在裝卸、搬運、儲存、作業中引起注意，常見的有「此端向上」、「易碎」、「小心輕放」、「由此吊起」等。警告性標誌是指在易燃品、易爆品、腐蝕性物品和放射性物品等危險品的運輸包裝上印刷特殊的文字，以示警告，常見的有「爆炸品」、「易燃品」、「有毒品」等。

三、包裝的設計原則

「人要衣裝，佛要金裝。」重視包裝設計是企業市場行銷活動適應競爭需要的理性選擇。一般來說，包裝設計還應遵循以下幾個基本原則：

1. 安全

安全是產品包裝（包括運輸包裝和銷售包裝）最核心的作用之一，也是最基本的設計原則之一。在包裝活動過程中，包裝材料的選擇及包裝物的製作必須適合產品的物理、化學、生物性能，一方面要保證商品質量完好、數量完整，另一方面要保護環境安全。

2. 適於運輸，便於保管、陳列、攜帶和使用

在保證產品安全的前提下，一方面應盡可能縮小包裝體積，以利於節省包裝材料和運輸、儲存的要求，另一方面要注意貨架陳列的要求。此外，為方便顧客和滿足消費者的不同需要，包裝的體積、容量和形式應多種多樣；包裝的大小、輕重要適當，便於攜帶和使用（如在保證包裝封口嚴密的條件下，要容易被打開）。

3. 美觀大方，突出特色

包裝具有促銷作用，主要是因為銷售包裝具有美感。美觀大方的包裝給人以美的感受，有藝術感染力，進而使其成為激發顧客購買慾望的主要誘因。這要求包裝設計要注重藝術性。與此同時，包裝還應突出產品個性。這是因為包裝是產品的組成部分，追求不同產品之間的差異化是市場競爭的客觀要求，而包裝是實現產品差異化的重要手段。

4. 包裝與商品價值和質量水準相匹配

包裝作為商品的包紮物，儘管有促銷作用，但也不可能成為商品價值的主要部分。

因此，包裝應有一個定位。一般來說，包裝應與所包裝的商品的價值和質量水準相匹配。經驗告訴我們，包裝不宜超過商品本身價值的13%～15%。若包裝在商品價值中所占的比重過高，即可能會因產生名不副實之感而使消費者難以接受；相反，價高質優的商品自然也需要高檔包裝來烘托商品的高雅貴重。

5. 尊重消費者的宗教信仰和風俗習慣

由於社會文化環境直接影響著消費者對包裝的認可程度，為使包裝收到促銷效果，在包裝設計中，必須尊重不同國家和地區的宗教信仰和風俗習慣等社會文化環境下消費者對包裝的不同要求，切忌出現有損消費者宗教情感、容易引起消費者忌諱的顏色、圖案和文字。要深入瞭解分析消費者特性，區別不同的宗教信仰和風俗習慣設計不同的包裝，以適應目標市場的需求。

6. 符合法律規定，兼顧社會利益

包裝設計作為企業市場行銷活動的重要環節，在實踐中必須嚴格依法行事。例如，應按法律規定在包裝上標明企業名稱及地址；對食品、化妝品等與消費者身體健康密切相關的產品，應標明生產日期和保質期等。不僅如此，包裝設計還應兼顧社會利益，努力減輕消費者負擔，節約社會資源，禁止使用有害包裝材料，實施綠色包裝策略。

此外，包裝還應注意滿足不同運輸商、不同分銷商的特殊要求。

四、包裝策略

符合設計要求的包裝固然是良好的包裝，但良好的包裝只有同科學的包裝決策結合起來才能發揮其應有的作用。可供企業選擇的包裝策略主要有以下幾種：

1. 類似包裝策略

類似包裝策略是企業對生產經營的所有產品，在包裝外形上都採取相同或相近的圖案、色彩等共同的特徵，使消費者通過類似的包裝聯想起這些商品是同一企業的產品，具有同樣的質量水準。類似包裝策略可以節省包裝設計成本，樹立企業整體形象，擴大企業影響；可以充分利用企業已有的良好聲譽，消除消費者對新產品的不信任感，帶動新產品銷售。它適用於質量水準相近的產品，但由於類似包裝策略容易對優質產品產生不良影響，所以，對多數不同種類、不同檔次的產品不宜採用。

2. 等級包裝策略

等級包裝策略是企業對自己生產經營的不同質量等級的產品分別設計和使用不同的包裝。這種依產品等級來配比設計包裝的策略可使包裝質量與產品品質等級相匹配，其做法適應不同需求層次消費者的購買心理，便於消費者識別、選購商品，從而有利於全面擴大銷售。當然，該策略的實施成本高於類似包裝策略也是顯而易見的。

3. 分類包裝策略

分類包裝策略是指根據消費者購買目的的不同，對同一產品採用不同的包裝。如購買商品用做禮品贈送親友，則可精緻包裝；若購買供自己使用，則簡單包裝。此種包裝策略的優缺點與等級包裝策略相同。

4. 配套包裝策略

配套包裝是指將幾種關聯性較強的產品組合在同一包裝物內的做法。這種策略能

夠節約交易時間，便於消費者購買、攜帶與使用，有利於擴大產品銷售，還能夠在將新舊產品組合在一起時，使新產品順利進入市場。但在實踐中，要注意市場需求的具體特點、消費者的購買能力和產品本身的關聯程度大小，切記任意配套搭配。

5. 再使用包裝策略

再使用包裝策略也稱雙重用途包裝策略，是指包裝物在被包裝的產品消費完畢後還能移作他用的做法。我們常見的果汁、咖啡等的包裝即屬此種方式。這種包裝策略增加了包裝的用途，可以刺激消費者的購買慾望，有利於擴大產品銷售，同時也可使帶有商品商標的包裝物在再使用過程中起到延伸宣傳的作用。

6. 附贈品包裝策略

附贈品包裝策略是指在包裝物內附有贈品以誘發消費者重複購買的做法。在包裝物中的附贈品可以是玩具、圖片，也可以是獎券。該包裝策略對兒童和青少年以及低收入者比較有效。這也是一種有效的行銷推廣（促進銷售）方式。

7. 更新包裝策略

更新包裝就是改變原來的包裝。更新包裝策略是指企業包裝策略隨著市場需求的變化而改變的做法。一種包裝策略無效，依消費者的要求更換包裝，實施新的包裝策略，可以改變商品在消費者心中的地位，進而收到迅速恢復企業聲譽的效果。

【本章小結】

品牌是用以標志一個或一群行銷者的產品或勞務，並使之與競爭對手的產品或勞務區別開來的一種名稱、標志、圖案、符號、設計或者是它們的組合運用。其內涵包括了屬性、利益、價值、文化、個性和用戶6個層次。品牌可以按使用主體、輻射區域及統分策略等標準劃分為不同的種類。

品牌決策有品牌建立決策、品牌使用者決策、品牌名稱決策、品牌擴展決策和品牌再定位決策五種。

品牌命名是指企業為了能更好地塑造品牌形象、豐富品牌內涵、提升品牌知名度等，遵循一定的命名原則，應用科學、系統的方法提出、評估，最終選擇適合品牌的名稱的過程。

品牌管理的基本內容包括制定品牌管理的方向與目標；建立品牌管理組織；進行品牌決策、品牌定位、品牌設計、品牌推廣、品牌延伸和品牌監控等一系列工作。常見的品牌管理組織形式有品牌經理制、品類經理制、客戶型品牌管理組織、地區型品牌管理組織及品牌管理委員會等。

企業可以採用的品牌延伸策略有多種：可依據行業的不同，品牌延伸的方向不同，按延伸前後品牌內涵是否變化及按照延伸後品牌名稱是否不同進行分類。

包裝是商品生產的繼續，商品只有經過包裝才能進入流通領域，實現其價值和使用價值。產品的包裝策略有類似包裝策略、等級包裝策略、分類包裝策略、配套包裝策略、再使用包裝策略、附贈品包裝策略、更新包裝策略等。

【思考題】

1. 什麼是品牌？品牌的含義可以分為哪幾個層次？
2. 品牌、商標、名牌、馳名商標之間有何區別？
3. 品牌決策包括哪些類型？舉例說明品牌決策的重要性。
4. 影響採用品牌與否的因素有哪些？採用與不採用品牌各有什麼利弊？
5. 品牌命名及設計的原則是什麼？
6. 如何理解品牌延伸？企業為什麼要進行品牌延伸？
7. 品牌延伸的策略有哪些？運用這些策略時應該注意什麼問題？
8. 包裝的作用是什麼？包裝策略有哪些？

第十一章　價格策略

【學習目標】

通過本章的學習，學生應熟悉市場行銷影響定價的因素，瞭解市場行銷定價的依據和定價的目標；掌握市場行銷定價的方法；靈活運用價格策略，為整體市場行銷服務。

第一節　企業定價目標與定價程序

企業定價是一個非常複雜而困難的工作，涉及多種因素，這些因素交織在一起，形成錯綜複雜的定價環境。正確的價格決策，要求企業綜合考慮影響企業定價的多種因素，採取科學的定價程序。企業制定價格的程序一般分為以下六個步驟（如圖 11-1 所示）：①選擇定價目標；②測定需求；③估算成本；④分析競爭因素；⑤選擇定價方法；⑥選定最終價格。

選擇定價目標 → 測定需求 → 估算成本 → 分析競爭因素 → 選擇定價方法 → 選定最終價格

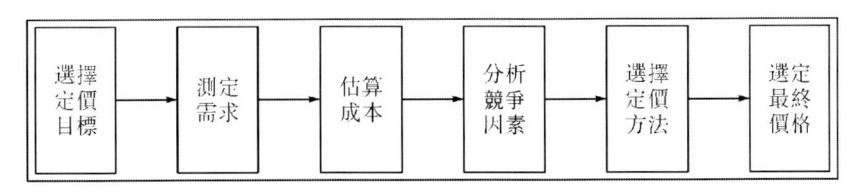

圖 11-1　企業定價程序

一、選擇定價目標

定價目標是定價策略和定價方法的依據。產品的定價目標必須與企業的市場行銷總目標相一致。企業定價的一般目標是在符合社會總體利益的原則下，取得盡可能多的利潤。但由於定價應考慮的因素甚多，因而，企業定價的具體目標也多種多樣。不同企業可能有不同的定價目標，同一企業在不同時期也可能有不同的定價目標，企業應權衡各個目標的依據和利弊加以選擇。現代企業的定價目標主要有以下幾種：

1. 以維持生存為定價目標

如果企業產能過剩，或面臨激烈競爭，或試圖改變消費者需求，則需要把維持生存作為主要目標。這時，企業必須制定較低的價格並希望市場是價格敏感型的。利潤

比起生存來要次要得多。只要價格能彌補可變成本和一些固定成本，企業的生存便可得以維持。但這種生存目標只能是過渡性質的，最終一定會被其他定價目標所代替。

2. 以獲取當期最大利潤為定價目標

追求最大利潤，幾乎是企業的共同目標，但利潤最大對企業來說並不一定等於最高定價。定價偏高，導致消費者不滿，從而需求減少，反而實現不了利潤。另外，代替產品盛行，競爭者加入，最終迫使價格重新回到合理的標準。因此，企業定價應適當。最大利潤更多地取決於合理價格所推動產生的需求量和銷售規模。利潤的最大化應以企業長期的最大利潤為目標。

3. 以提高市場佔有率為定價目標

市場佔有率是企業經營狀況和產品競爭力的綜合反應。市場佔有率是指企業產品銷售量在同類產品市場銷售總量中所占的比重。企業確信贏得最高的市場佔有率之後將享有最低的成本和最高的長期利潤，所以，企業可制定盡可能低的價格來追求市場佔有率領先地位。當具備下列條件之一時，企業就可考慮通過低價來實現市場佔有率的提高。

（1）市場對價格高度敏感，因此，低價能刺激需求的迅速增長；

（2）生產與分銷的成本會隨著生產經驗的累積而下降；

（3）低價能嚇退現有的和潛在的競爭者。

例如，早期英國可樂娜人造奶油（Corona Margarine）針對奶油產品進行市場區隔研究，發現消費者試圖在經濟蕭條期間尋找新產品替代價格昂貴的傳統奶油。這樣的需求正好創造了一個低價市場區塊，當時的知名品牌並未察覺到消費者對低價的渴求。泛登伯斯公司（Van den Bergh's）抓住了機會，發展出高質量、低價位「可樂娜」人造奶油，搶先上市，專攻低價市場以取代傳統奶油，席捲了約10%的市場。

4. 以預期投資收益率為定價目標

預期投資收益率即為利潤相對投資總額的比率。企業對於所投入資金，都期望在預期時間內分批收回。因此，定價時，一般在總成本費用之外加上一定比例的預期盈利，以預期收益為定價目標。投資收益率一般應高於銀行存款利息。以預期投資收益率為定價目標的企業，一般都具有一些優越條件，如產品擁有專利權或產品在競爭中處於主導地位，否則產品賣不出去，預期的投資收益也不能實現。因此，價格水準一定要確保實現預期投資的收益。

5. 以穩定價格為定價目標

穩定價格是達到投資報酬的一個途徑。某些行業在供求與價格方面經常發生變化，為了避免不必要的價格競爭，增加市場的穩定性，這種定價目標適用於在行業中能左右市價的企業。以穩定價格為定價目標的優點在於：市場需求一時發生急遽變化，價格也不致發生大的波動；有利於大企業穩固地占領市場，長期經營這類商品。在大企業穩定價格的情況下，小企業為維持自身利益，也願意追隨大企業定價，一般不輕易變動價格。如果小企業將價格定得過低或過高，有可能導致大企業採取報復手段，使小企業蒙受損失。

6. 以應付與防止競爭為定價目標

在激烈的市場競爭中，無論是大企業還是小企業，對於競爭者的價格都很敏感，實力雄厚的大企業可以左右價格，而小企業只能被動地適應。當有些企業有意識地通過定價去應付和避免競爭，採取以擊敗競爭對手為目標，或阻止新的競爭對手出現時，則往往採取低價傾銷的手段力爭獨占市場。近年來，中國的微波爐、彩電等產品就為此引發了一場場的價格大戰。

7. 以產品質量領先為定價目標

企業可以選擇在市場上成為產品質量領先地位這樣的目標，並在生產和行銷過程中始終貫徹產品質量最優化的指導思想。這就要求用高價格來彌補高質量和研究開發的高成本；反過來，這種高價格也進一步提高了產品的優質形象。值得一提的是，產品在優質優價的同時，還應輔以優質的服務，以保證其在消費者心目中高品質品牌形象。當然，價廉物美的產品對消費者來說更具有吸引力。例如，養生堂憑藉「農夫山泉有點甜」及獨特的瓶口設計迅速打開了市場，在近半年的時間裡，其每瓶（500ml）2.5元的高價沒有抑制住消費者的購買慾望。隨著消費者認知度的上升，市場競爭形勢的變化，養生堂又及時推出了普通瓶口的、和競爭對手的價格持平的產品，擴大了產品的市場佔有率，進一步穩固了其在市場上的地位。

二、測定需求

影響產品定價的因素有很多，如需求、成本、競爭者、政策等。測定需求，一是調查市場的結構情況，瞭解不同價格水準下消費者可能購買的數量；二是分析需求的價格彈性，根據需求量的變動對價格變化反應的靈敏度，選定一個適當的價格，確保企業實現最大的盈利。

需求的價格彈性又稱需求彈性，是用來衡量價格變動的比率所引起的需求量變動的比率，即需求量變動對價格變動反應的靈敏程度。一般用需求彈性係數 E 來表示需求彈性的大小（如圖 11-2 所示）。需求彈性係數 E＝銷售量變動的百分比／價格變動的百分比。

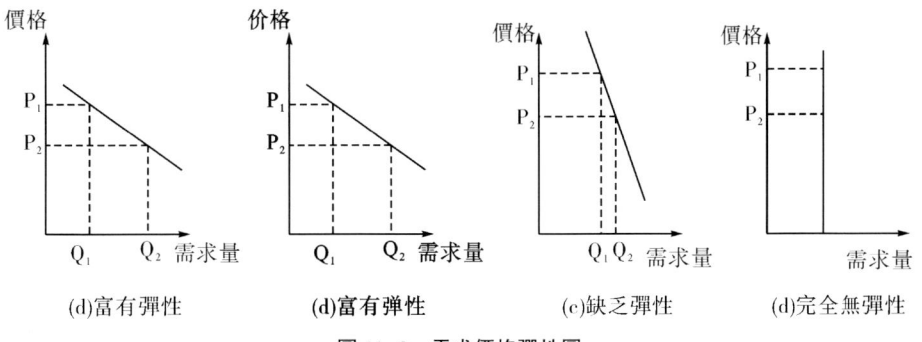

(d)富有彈性　　(d)富有彈性　　(c)缺乏彈性　　(d)完全無彈性

圖 11-2　需求價格彈性圖

E＝1，表示標準需求彈性，又叫單位彈性或單一彈性，需求量與價格變動的幅度相等。對這類商品，價格的上升會引起需求量等比例的減少；價格的下降會引起需求

量等比例的增加。因此，價格變化對銷售收入影響不大。企業在定價時，可選擇預期收益率為目標或選擇通行的市場價格。

$E>1$，表示需求量的變動幅度大於價格的變動幅度，稱需求富有彈性。對這類商品，應通過降低價格、薄利多銷以達到增加盈利的目的。這類商品多是非生活必需品。

$E<1$，表示需求量的變動幅度小於價格的變動幅度，稱需求缺乏彈性。對這類商品，一般採用提價策略來增加盈利。這類商品多是日常生活必需品。

$E=0$，表示需求完全無彈性。價格無論如何變化，需求量不變。定價時，可考慮企業預期目標。

需求彈性受需求程度、商品替代、供求狀況等各方面因素的影響。一般來說，在以下條件下，需求可能缺乏彈性：①為生活基礎必需品；②市場上沒有替代品或沒有競爭者；③購買者對較高價格不在意；④購買者改變購買習慣較慢，也不積極尋找較便宜的東西；⑤購買者認為產品質量有所提高或認為存在通貨膨脹，價格較高是應該的。

三、估算成本

在正常的市場環境下，產品成本是制定價格的下限，而市場需求是制定價格的上限。企業制定的產品價格必須既能補償產品生產、銷售所花費的成本，又要能使企業獲取適當的利潤，借以補償企業所付出的努力和承擔的風險。所以，成本是影響企業定價的一個重要因素。許多現代企業努力降低成本，以期降低價格，擴大銷售，增加利潤。

產品成本是指在產品生產過程和流通過程中所消耗的物質資料和支付勞動報酬的總和。其主要有兩種形式：固定成本和流動成本。固定成本是指在生產經營規模範圍內，不隨產品種類及數量的變化而變化的成本費用。如企業的機器設備、廠房的折舊、管理人員的工資等支出，是與企業的產量無關的費用。變動成本是指隨生產的產品種類及數量的變化而直接變化的成本費用，主要有原材料、燃料、運輸等費用。總成本是固定成本和流動成本的總和。通常，產品的價格要能夠彌補其總成本。

四、分析競爭因素

產品的最高價格取決於該產品的市場需求，最低價格取決於該產品的成本費用。在這種最高價格和最低價格的幅度內，企業能把這種產品價格定多高，則取決於競爭者同種產品的價格水準。因此，現代企業除了考慮成本和市場需求因素外，還應對競爭者的產品質量和價格做到心中有數，以便可以與競爭產品比質比價，更準確地制定本企業產品價格。

在壟斷競爭市場態勢下，如果企業產品和主要競爭者的產品相似，則價格應與競爭者的價格相近；如果企業產品稍遜於競爭者的產品，則價格應低於競爭者的價格；如果企業產品略勝於競爭者的產品，則價格可以高於競爭者的價格。定價是一種挑戰性行為，任何一次價格調整都會引起競爭者的關注，並導致競爭者採取相應對策。因此，現代企業也要密切關注競爭者產品價格的動態，並作出迅速、明智的反應。

五、選擇定價方法

企業產品價格的高低要受市場需求、成本費用和競爭情況等因素的影響和制約，這三個方面就是影響企業定價的三個最基本的因素，可以歸納為「以成本費用為基礎，以市場需求為前提，以競爭品價格為參考」。現代企業制定的價格，如果定得太低就不能產生利潤，定得太高將不產生絲毫需求。圖 11-3 歸納了在制定價格時應考慮的三種主要因素：產品成本是定價的下限；競爭者產品的價格和替代品的價格是定價的定向點；顧客對產品獨特性的評估是定價的上限。

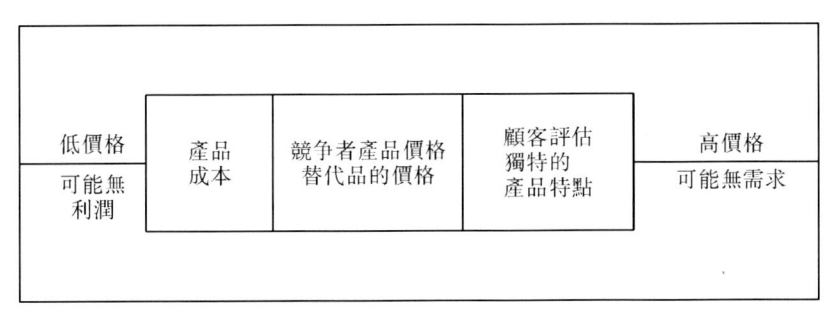

低價格 可能無利潤	產品成本	競爭者產品價格 替代品的價格	顧客評估獨特的產品特點	高價格 可能無需求

圖 11-3　制定價格時考慮的主要因素

六、選定最終價格

現代企業選定最終價格時，還須考慮其他方面的要求、意見和情況。首先，必須考慮所制定的價格是否符合政府的有關政策和法令的規定。政府對產品的各項政策以及對產品價格的控制，也是現代企業確定產品價格的重要依據。如產品增值稅，直接影響產品成本，進而影響產品的定價。世界各國對市場物價都有相應的規定，有監督性的，有保護性的，也有限制性的，中國的價格法對價格的制定同樣有明確的規定。其次，必須考慮消費者的心理，如可以採用聲望定價把某些實際上價值不大的商品的價格定得很高或採用奇數定價以促進銷售。此外，還須考慮企業內部有關人員（如推銷人員、廣告人員、財務人員等）對定價的意見，考慮經銷商、供應商對定價的意見，考慮競爭者對所定價格的反應等。

第二節　企業定價方法

定價方法是企業為實現其定價目標所採取的具體方法。因為企業生產成本、市場的需求和競爭情況是選擇定價方法的出發點，從不同側重點出發，可將各種定價方法歸納為成本導向、需求導向和競爭導向三類定價方法。

一、成本導向定價法

成本導向定價法是定價方法中最基本的利用成本來定價的方法。其主要理論依據

是：在定價時，要考慮收回企業在行銷中投入的全部成本，再考慮獲得一定的利潤。這是一種最簡單的定價方法。

在現代企業的實際運用中可以分為以下幾種具體方法：

1. 成本加成定價法

成本加成定價法是指產品單位成本加上一定的百分比的利潤來確定單位產品價格的定價方法。這一方法為企業普遍採用。

其中，單位成本＝可變成本＋固定成本／銷售量。如企業欲獲取成本一定比例的利潤，則產品的定價為：

$$產品單價 = 單位成本 \times (1+期望利潤率)$$

在這種定價方法中，加成率的確定是定價的關鍵。但不同產品的加成率往往相差很大。一般來說，季節性強的產品加成往往較高（以補償當季無法售罄的風險），特殊品、週轉慢的產品、儲存和搬運費用高的產品以及需求彈性低的產品也往往需要較高的加成。在實踐中，同行業往往形成一個為大多數商店所接受的加成率。如美國超級市場中，嬰兒產品的加成率為9%、菸草為14%、麵包為20%、賀卡為50%。

假設某廠生產甲產品的生產成本和成本加成率如下：可變成本為10元，固定成本為300,000元，預期銷售量為5萬件，成本加成率為25%，則甲產品的單位成本為：

單位成本＝固定成本／銷售量＋可變成本＝300,000/50,000＋10＝16（元）

甲產品價格＝單位成本×(1＋加成率)＝16×(1＋25%)＝20（元）

該生產商將每件甲產品以20元的價格批發給經銷商，每件盈利4元，經銷商將會再加成。如果他們想從銷售額中獲取50%的利潤（售價加成率為100%），就會將每件甲產品零售價定為40元。

這種定價方法的優點是：①成本的不確定性一般比需求少，將價格盯住單位成本，可以大大簡化企業定價程序，而不必根據需求情況的瞬息萬變來進行調整。②只要行業中所有企業都採取這種定價方法，則價格在成本與加成相似的情況下也大致相似，價格競爭也會因此減至最低限度。③許多人感到成本加成法對買方和賣方講都比較公平，當買方需求強烈時，賣方不利用這一有利條件謀取額外利益而仍能獲得公平的投資報酬。

這種定價方法的缺點是：①忽視市場需求和競爭因素的影響，缺乏靈活性。任何忽略需求彈性的定價方法都難以確保現代企業實現利潤最大化。②加成率的確定缺乏科學性。

2. 目標投資收益率定價法

目標投資收益率定價法是指根據現代企業的總成本和估計的總銷售額，加上按投資收益率制定的投資報酬額，作為定價基礎的方法。例如，通用汽車公司以總投資的15%～20%作為每年的目標收益率，然後攤入到汽車售價中。這種定價方法與成本加成定價法的區別在於加在成本之上的預期利潤是由投資報酬率的目標決定的。目標投資收益率定價法的定價公式為：

$$目標利潤價格 = 單位成本 + (投資收益率 \times 投資成本)/預計銷售量$$

假設甲產品生產商為企業生產投資100萬元，期望達到20%的投資收益率，預期

銷售量 5 萬件，則該廠商可計算出甲產品的價格：

單位產品銷售價格＝單位成本＋(投資收益率×投資成本)/預計銷售量
$$=16+(20\%\times1,000,000)/50,000=20（元）$$

目標投資收益率定價法的缺陷在於：①忽略了需求價格彈性。②企業以估計的銷售量來制定價格，而沒有注意到價格卻又恰恰是影響銷售量的重要因素。③要實現預定的銷售量，按目標收益率定價法制定的價格可能偏高或偏低。

採用目標投資收益率定價法是有條件的，即產品必須有專利權或產品在競爭中處於主導地位；否則，產品賣不出去，預期的投資收益還是不能實現。

3. 邊際成本定價法

邊際成本定價法又稱為變動成本定價法，即以單位變動成本為定價依據，加上單位產品邊際貢獻，形成產品售價。所謂邊際貢獻，是指預計的銷售收入減去變動成本後的收益，用來彌補固定資本的支出。如果這個邊際貢獻不能完全補償固定資本，就會出現虧損。但在某些特殊的市場情況下，企業停產、減產，仍得如數支出固定資本，倒不如維持生產，只要產品銷售價格大於單位變動成本，就有邊際貢獻，若邊際貢獻超過固定資本，企業還能盈利。這種定價方法的計算公式為：

單位產品銷售價格＝單位變動成本＋單位產品邊際貢獻

單位產品邊際貢獻＝單位產品價格－單位產品變動成本

例如，假設某產品售價為 70 元，總成本為 60 元，其中固定成本為 20 元，變動成本為 40 元，現在，由於按原價出售有困難，決定採用邊際貢獻定價法，定價為 56 元。此時，單位產品的邊際貢獻是多少？

單位產品邊際貢獻＝單位產品價格－單位產品變動成本＝56－40＝16（元）

這 16 元就是邊際貢獻，用於彌補固定成本的支出。由於這種定價方法不計入固定成本，故售價低廉，加強了市場競爭能力，出口企業往往採取這種定價方法來開拓國際市場，提高市場佔有率。如日本汽車製造商就是運用這種方法，以「打不垮的價格」這張王牌成功地打入美國市場。

4. 損益平衡定價法

損益平衡定價法又稱為收支平衡定價法。這是在預測市場需求的基礎上，以總成本為基礎制定價格，企業銷售量達到預測需求量，可實現收支平衡，超過了此數即為盈利，低於此數即為虧損。這一預測的需求量，即為損益平衡點。其公式如下：

單位產品保本價格＝企業固定成本/損益平衡點銷售量＋單位產品變動成本

損益平衡點銷售量＝企業固定成本/（單位產品價格－單位產品變動成本）

例如，假設某企業生產某產品的固定成本為 3 萬元，每件產品的變動成本為 25 元，若售價為 40 元時，其損益平衡點銷售量為：

損益平衡點銷售量＝企業固定成本/(單位產品價格－單位產品變動成本)
$$=30,000/(45-25)=2,000（件）$$

即售價為 40 元時，銷售量要達到 2,000 件，方可收支平衡。

若其他條件不變，售價提高到 55 元時，

損益平衡點銷售量＝30,000/(55－25)＝1,000（件）

即售價為 55 元時，銷售量只要達到 1,000 件時，就可以收支平衡。

假設上例中該企業生產某產品的固定成本為 3 萬元，每件產品的變動成本為 25 元，如果銷售量可望達到 2,000 件，其單位產品保本價格為：

單位產品保本價格 = 30,000/2,000 + 25 = 40（元）

這種方法的優點是簡單易行，能使企業做到心中有數，有靈活的回旋餘地。但這種方法的缺點是未能考慮到價格和需求之間的關係。如果市場供求波動較大，很難保證獲得預期的利潤。

二、需求導向定價法

需求導向定價法是指根據消費者對商品價值的認識和需求程度來制定商品價格的定價方法，也稱以市場為中心的定價方法，一般有以下三種具體方法：

1. 理解價值定價法

理解價值定價法也稱為認知價值定價法、感受價值定價法，是指企業根據消費者對商品價值的認識和理解程度來定價的方法。例如，一些名牌商品、高檔商品、特色商品、聲譽商店、老牌商店等，在消費者心目中認為就是好，印象很好甚至產生偏愛，企業可根據這種對價值的理解，將商品價格定得高些。再如同樣的一杯咖啡在街頭小店定價為 2 元，而在五星級賓館定價為 25 元錢，顧客也能接受。因為在顧客心目中可能會認為，在五星級賓館喝咖啡，享受的不僅僅是一份香濃可口的咖啡，還有優雅舒適的環境。

認知價值定價法的關鍵在於準確地計算產品所提供的全部市場認知價值。企業如果過高地估計認知價值，便會定出偏高的價格；如果過低地估計認知價值，則會定出偏低的價格。因此，現代企業必須對特定的目標市場進行調查研究，以準確地測定市場認知價值。

2. 差別定價法

差別定價法也稱為區分需求定價法，是指企業按照兩種或兩種以上不反應成本比例差異的價格來銷售某種產品或提供某種服務。差別定價有以下幾種形式：

（1）顧客差別定價。即企業按照不同的價格把同一種產品或服務賣給不同的顧客。由於顧客對產品的愛好不同，需求強度不同，因而定價也就不同。例如，一些企業對批發商、零售商和最終消費者的定價是有區別的，對批發和零售商，他們購買數量大，定價稍低些，使他們有利可圖，樂於銷售。

（2）產品形式差別定價。即企業對不同形式的產品分別制定不同的價格。但是，不同形式產品的價格之間的差額和成本費用之間的差額並不成比例。企業制定產品形式差別定價時，主要根據產品式樣的區別對消費者心理的作用來定價，也可根據消費者對產品的喜愛程度不同來定價。如新款與老款產品，定價不同；簡裝和精裝產品，定價不同；送禮用的和自己吃的產品，定價也不同。

（3）產品地點差別定價。即企業對於處在不同地點的產品或服務分別制定不同的價格，即使這些產品或服務的成本費用沒有差異或者差異不大。各國市場行情不同，沿海與內地、平原與山區、南方與北方，各地的行情也不同，因而定價也有不同，沿

海與內地、平原與山區、南方與北方，各地的行情也不同，因而定價也有區別。如劇院、電影院、體育館的票價，因地點和座位不同，票價也不一樣。

（4）銷售時間差別定價。即企業對於不同季節、不同時期甚至不同鐘點的產品或服務分別制定不同的價格。如蔬菜、水果有季節差價；時尚商品，當令時和落令時的價格差異大；節日前後的商品價格也有不同；鮮菜活魚早晚市價不同。

企業採取差別定價必須具備以下條件：

（1）市場必須是可以細分的，而且各個市場部分須表現出不同的需求強度；

（2）以較低價格購買某種產品的顧客沒有可能以較高價格把這種產品倒賣給別人；

（3）競爭者沒有可能在企業以較高價格銷售產品的市場上以低價競銷；

（4）細分市場和控制市場的成本費用不得超過因實行價格差別而得到的額外收入，即不能得不償失；

（5）差別定價的幅度不會引起顧客反感；

（6）差別定價採取的形式不能違法。

3. 反向定價法

反向定價法又稱為可銷價格倒退法，是指根據估計的市場可銷零售價來反向推算出企業產品的出廠價格的一種定價方法。這種方法也可以用於制定出口產品的淨售價，故又稱為市場導向出口定價法。它是以東道國市場的零售價為基礎，減去中間商利潤、運費、關稅等費用，反推出產品的出口淨售價。表 11-1 是反向定價法的一個實例。

表 11-1　　　　　　　　　　　反向定價法實例

環節	加成率	費用單位	售價單位
國外零售	20%		20
國外批發商	15%		16.67
進口商	10%		14.6
交進口稅後價格		1.11	13.18
到岸價格（CIF）		2	12.07
離岸價格（FOB）			10.07

反向定價法的優點是能夠反應市場供求關係，有利於開拓銷售渠道，企業可根據市場供求狀況及時調整。這種方法一般適用於需求彈性較大、花色品種變化較快的商品。其缺點是對於市場可銷零售價難以進行準確的估算預測。

三、競爭導向的定價法

競爭導向定價法是指根據競爭者的價格作為自己的定價依據的一種定價方法。一般主要有以下兩種具體方法：

1. 隨行就市定價法

隨行就市定價法也稱為通行價格定價法，是指企業按照行業的平均現行價格水準來定價的一種方法。它不隨自己成本或社會需求的變化而變化。在下列情況下往往採

用隨行就市定價法：①難以估計成本；②本企業打算與同行和平共處；③如果另行定價，很難瞭解購買者和競爭者對本企業的價格的反應。隨行就市定價法是同質產品市場的慣用定價方法。

在異質產品市場上，企業有較大自由度決定其價格。產品差異化使購買者對價格差異的存在不甚敏感。企業相對於競爭者總要確定自己的適當位置，或充當高價企業角色，或充當中價企業角色，或充當低價企業角色。企業總要在定價方面有別於競爭者，其產品戰略及行銷方案也盡量與之相適應，以應付競爭者的價格競爭。

這種定價方法的優點是：可以集中本行業智慧，與同行可以和平相處，減少競爭風險，避免顧客反感。在由少數巨頭控制的行業，現代企業跟隨行業領袖或巨頭採用的「跟隨定價」，其實質也是一種典型的隨行就市定價法。

2. 密封投標定價法

密封投標定價法是指參加投標的企業事先根據招標單位公告的招標內容，估計競爭者的價格來定價，密封遞價，參加比價的一種定價方法。這種定價方法的定價基礎依賴於對競爭者定價的預期，即主要是依據競爭者的可能報價來決定自己的投標價格，因而屬於以競爭為基礎的定價方法。密封投標定價法主要用於投標交易方式，通常用於建築包工、大型機器設備製造、政府大宗採購等。

企業在運用這種定價方法時，應充分分析並估計競爭者可能提出的報價，同時考慮本企業利潤而確定其價格。企業定價的目標是中標，因此，其所定的價格水準期望低於參與投標的競爭者。利用這種定價方法，應特別注意收集情報和累積經驗。

第三節　定價策略

現代企業的定價策略就是把產品定價與企業市場行銷組合的其他因素巧妙地結合起來，制定出最有利的商品價格，實現企業的行銷目標。企業定價不僅是一門科學，更是一門藝術。現代企業定價策略的奧秘就是在一定的行銷組合條件下，如何把產品價格定得既能為消費者易於接受，又能為企業帶來比較多的收益。定價策略是多種多樣的，關鍵在於正確地靈活運用。

一、新產品定價策略

新產品定價選用何種策略，是一個十分重要的問題。它不僅關係到新產品能否迅速打開銷路、占領市場，並取得滿意的效益，而且還會影響、刺激更多的競爭者出現，從而加劇市場的競爭。一般來講，新產品定價有以下三種策略可供選擇。

1. 撇脂定價策略

撇脂定價策略是指企業將新產品以盡可能高的價格投放市場，在短期內收回投資，獲得很大的利潤。這就像把牛奶上面一層奶油撇走，故國外又稱「撇油價格」。待競爭者認為有利可圖紛紛進入市場時，就以削價來打擊競爭者。

採取這一策略通常出於以下三種考慮：

（1）新產品剛上市場，利用消費者的求新心理，以高價提高產品的身價，刺激顧客，有助於擴大銷售。

（2）目前獨家生產，市場不曾有競爭者，只要價格不超過讓消費者反感和抵制的程度，即可維持一段時間的高價。

（3）即使價格偏高了，及時降低較容易，同時能迎合消費者心理。反之，如果一開始把價格定得低了，再提高其價格，會容易受到消費者的抵觸，除非不能不買。

撇脂定價策略的優點是：有利於企業獲取豐厚利潤，掌握市場競爭及新產品開發的主動權，同時可以提高產品的身價，樹立企業的良好形象。缺點是：不利於市場的拓展，容易使競爭加劇。因此，通常只適用於生產能力不大，或有專利、專有技術，或需求彈性小的產品。

採用撇脂定價策略，可先瞭解消費者的收入和購買力的不同情況，然後再作出市場細分。對產品信譽好、價格反應不太敏感地區，先實行高價策略。企業的通常做法是先撇取購買力強、對價格不太敏感的細分市場，然後再逐步降低，撇取購買力較弱的、對價格較敏感的細分市場。除新產品外，高檔產品、名貴產品、炫耀性消費品等所採用的整數定價法、聲望定價法也可統稱為撇脂定價策略。例如，印度尼西亞的巴厘島盛產國際馳名的傳統服裝，第一次到日本去展銷，因價格低廉，上流人士不願意購買便宜貨，結果銷路不暢；第二次去日本，把價格提高了 3 倍，巴厘島服裝因身價倍增而被搶購一空。

2. 滲透定價策略

滲透定價策略又稱為低額定價策略。它是指把產品價格定得很低，其目的在於以很低的價格迅速打開市場，進行滲透，提高企業的市場佔有率。採用這種定價策略，似乎向競爭者表態：這裡沒有什麼油水可撈，你們別進來和我競爭。因此，它又叫「別進來」策略。

從市場行銷實踐來看，現代企業採取滲透定價需具備以下條件：

（1）市場需求顯得對價格極為敏感，因此，低價會刺激市場需求迅速增長；

（2）企業的生產成本和經營費用會隨著生產經營經驗的增加而下降；

（3）低價不會引起實際和潛在的競爭。

滲透定價策略的優點是：薄利多銷，以量取勝，不易誘發競爭，市場基礎比較穩固，便於企業長期占領市場。缺點是：本利回收期較長，價格變化的餘地小，難於應付驟然出現的競爭和需求的較大變化。因此，通常適用於生產批量大，銷售潛量高，產品成本低，需求彈性大，顧客比較熟悉的產品。

3. 滿意定價策略

滿意定價策略又稱溫和定價策略。這種策略介於「撇脂」與「滲透」策略之間，價格水準適中。也就是在「撇脂價格」和「滲透價格」之間，取其適中價格，西方企業大多採用這種定價策略。

二、折扣與讓價策略

這是指現代企業為擴大產品銷售，在基本價格的基礎上，採取給予一定的折扣或

折讓而定價的策略。

折扣定價策略通常有以下五種類型：

（1）現金折扣。這是企業給那些提前付清貨款的購買者的一種減價。如「2/10, 30 天」，表示付款期為 30 天，如果顧客能在 10 天內付款，則給予 2% 的折扣。這種折扣在西方相當流行。

（2）數量折扣。這是現代企業給那些大量購買某種產品的顧客的一種減價，顧客購買的數量越多，折扣越大。數量折扣可按每次購買量計算，也可按一定時間內的累計購買量計算，目的在於鼓勵顧客購買更多的商品，因為大量購買能使企業降低生產、銷售、儲運、記帳等環節的成本費用。

（3）交易折扣。它又稱為功能折扣，是產品製造商給某些批發商或零售商的一種額外折扣，促使他們願意執行某種市場行銷職能（如推銷、儲存、服務等）。一般情況下，給予批發商的功能折扣大於零售商。

（4）季節折扣。這是現代企業給那些購買過季商品或服務的顧客的一種減價，其目的在於使企業的生產和銷售在一年四季保持相對穩定，減少廠商的倉儲費用，加速資金週轉。如旅行社、航空公司等常在旅遊淡季給顧客以季節折扣。

（5）折讓。折讓也是一種減價的形式。如以舊換新折讓是指顧客在購買新產品的同時交回舊產品的一種減價。促銷讓價是企業對經銷商進行各種促銷工作的一種報酬。在某種情況下，如企業為了開展廣泛的促銷活動，臨時把產品價格定得低於正常情況，有時甚至低於成本。這有利於經銷商為產品推廣而進行的各種促銷活動，如刊登廣告、商品陳列等，從而有利於擴大產品影響，提高產品知名度和市場佔有率。

促銷讓價策略在零售企業運用得非常普遍。零售商通常將某幾種商品的價格定得特別低，以招徠顧客，所以也稱為「招徠定價」。這種定價策略可以吸引消費者來店購買，增加其他商品的連帶性購買，從而達到擴大銷售的目的。

採取招徠定價策略時，應當注意：①對某些商品確定低價，要真正低到接近成本，甚至虧本，使消費者嘗到甜頭，吸引他們購買。②數量要充足，保證供應；否則，沒有購買到特價商品的顧客會有一種被愚弄的感覺，會嚴重損害企業形象。③企業經營的商品要消費面廣，例如日用消費品和生活消費品，消費者眾多，而且品種雜，採用低價易招徠顧客。④大型零售商店，如超級市場，因光顧者多，就可利用消費者的求廉心理，故意將幾種商品的價格定低，將眾多的消費者吸引到商店來。如某些超市，將那些普遍使用的、顧客不願大量儲存的商品，如牛奶、雞蛋等的價格定得很低，其目的是吸引來店顧客購買其他非廉價商品而不是推銷那些廉價商品。

三、心理定價策略

心理定價策略是為迎合消費者不同層次的消費需求和不同購買慾望而制定的定價策略。使用這種定價策略，能使消費者感到購買這種商品有合算、實惠、名貴等的滿足，從而更好地激發消費者的購買慾望，達到擴大商品銷售的目的。

1. 消費者的價格心理表現

消費者購買商品一般須具備兩個基本條件：一是對某一商品具有潛在的購買興趣

和願望；二是具有一定的購買能力。因此，企業在制定心理定價策略時，首先要對消費者價格心理進行分析。消費者價格心理一般主要有以下幾種：

（1）按質論價心理。消費者在購買商品時，由於對商品的性能、材質、質量等單憑直觀感覺往往無法鑑別，長期以來形成了「一分價錢一分貨」「價高質必優」的心理，將商品價格高低當作辨別商品好壞、估量商品價值的指示器。

（2）價廉物美心理。對大多數人、特別是一些年齡較大的消費者來說，在購買商品時，總希望能買到價廉物美、經濟實惠的商品。這種價廉物美的心理，在消費者收入水準較低時顯得較為強烈。

（3）習慣價格心理。對於一些日常購買的生活消費品，如牛奶、雞蛋、油鹽醬醋等，消費者由於購買頻繁，對價格的高低漸漸形成了習慣，如果這些商品的價格高於習慣價格，人們立即會產生漲價的感覺；反之，如果低於習慣價格，人們又會懷疑商品的質量或牌號有問題。

（4）價格穩定心理。一般來說，隨著經濟的發展和人們生活水準的提高，商品的價格呈上漲趨勢。但是，對大多數消費者來說，商品價格上漲的幅度如果高於其經濟收入提高的幅度，消費者在經濟上就難以承受，心理上也會產生不平衡。所以，現代企業在對商品定價時，切忌忽高忽低。

（5）附加價值心理。附加價值就是商品的增加值。假定某種商品的售價為 100 元，但其實際價值可能達到 105 元或 110 元，此時消費者就認為購買這種商品值得，買一件商品賺到了 5 元或 10 元。所以，人們到商店購買商品時，總要東看看、西瞧瞧，貨比三家，希望用一定量的貨幣買到質量更高、服務更好的商品，其目的就是為了從商品或服務上獲得更多的附加價值。

（6）害怕上當受騙心理。消費者在購買商品時，一般總有一種怕因商品的質、價不符而上當受騙的心理。對價高又不熟悉的產品，這種感覺尤為強烈；對日常使用的低價商品，則此種風險感覺較弱。所以，企業在出售高價新品時，一定要做好商品的宣傳介紹工作，努力使消費者瞭解商品的性能和特點，以減輕他們怕上當受騙的風險心理。

（7）高價消費心理。隨著經濟的發展和人們消費水準的提高，持有這種心理的人越來越多，特別是一些青年人，以及家庭較富有的消費者更是如此。他們喜歡購買高價商品，以此來滿足自己的精神需要，提高自己的身價。所以，有時同樣的商品，標價低了賣不出去，高了反倒容易銷售。

2. 心理定價策略的種類

針對消費者對價格的不同心理狀態，產生了不同的心理定價策略。歸納起來，大致有以下幾種：

（1）尾數定價

它又稱奇數定價，這是國際上流行的定價方法，它是指給商品定一個帶有零頭數結尾的非整數價格。如某一商品定價為 9.95 元而不是 10 元，為什麼要這樣定價呢？

美國商業心理學家研究表明，顧客常有這種感覺：①單數比雙數少，奇數價似乎比較便宜些；②尾數價比整數價顯得定價準確，可以增加信任；③價格低一位比高一

位數少，如0.99元與1.00元相比較，雖相差1分，但在消費者看來，前者卻比後者便宜許多。鑒於顧客的這種心理，專家們建議定價在5元以下的商品，尾數價最好是「9」；5元以上者尾數最好是「95」，這種價格消費者容易接受，因此在美國各種零售商店常常可以見到標有99美元的牌價；4,000美元一輛的舊汽車，往往標價3,995美元；27,000美元的設備在廣告上寧可刊登26,995美元。

這種定價法的好處在於：①使消費者產生信任感。若將商品價格定為整數，如1元、10元、100元等，往往從心理上認為是一種概略性的估價；如果用尾數定價，往往會讓消費者認為企業定價準確，一絲不苟，從而增加了信任感。②給消費者以價廉感。整數價和尾數價，兩者雖然相差不多，但尾數價往往能使消費者感覺便宜而樂於接受。

這種定價方法通常適用於價值低、銷售面廣、數量多和購買頻率高的日用消費品。

(2) 整數定價

整數定價與尾數定價相反，即採用整數來定價。例如一件高級時裝定價為500美元，而不定499美元。對於能滿足顧客顯示身分地位的高檔商品，往往採用這種方法定價，以提高商品的檔次。整數定價是利用人們「一分錢一分貨」的心理，以整數給人一種高質量、高貴的印象。此外，整數定價也可以使買賣方便，避免找零錢的麻煩。

(3) 聲望定價

它是指根據企業及產品較高的聲譽，定價比同類商品高的一種方法。採用這種定價方法有兩種情況：

一是現代企業及產品的形象在消費者心中有了一定的聲望，且有好感或創立了名牌，這時企業的產品定價可高於同類商品，反之則不能吸引顧客。

二是一些象徵富有、名譽、能顯示其身分地位的商品，如珠寶、古董、首飾、名人字畫等名貴商品，其價錢定得偏低反而會降低了商品的身價。中國出口的高檔瓷器、高級絲綢等在世界市場上享有盛譽，就應採用聲望定價。

採用這種策略，必須掌握以下兩點：第一，準確評估企業或產品品牌的聲望；第二，準確估計顧客對較高價格的接受程度。

(4) 習慣定價

習慣價格又稱便利價格，是在市場上長期流通且為廣大消費者所認可和接受的比較習慣和固定的商品價格。高於習慣價格，被認為是不合理的漲價，低於習慣價格，又使消費者懷疑商品是否貨真價實。因此，這類商品的價格應力求穩定。若必須變動時，可以通過採取改換包裝或品牌等措施，避開習慣價格對新價格的抵觸心理，引導消費者逐漸形成新的習慣價格。

四、產品組合定價策略

組合定價是指根據產品之間的互相聯繫，使價格之間也保持相應的關係，不是追求某個產品項目的利潤大小，而是追求整個產品組合收益的最優化。產品組合定價策略主要有以下幾種：

1. 產品線定價法

產品線是一組相互關聯的產品。通常，一條產品線中的每一個產品都有不同的外

觀或特色，企業將產品線的系列產品通過牌號、規格、花色、質量等方面的比較，選其中一種作為標準型產品，其餘依次排列，低、中、高三檔，再分別定價，這種產品線定價也稱為分檔定價或「多型號」定價。一般來說，供低收入層使用的低檔產品，價格最低，利潤最薄；供中收入層使用的中檔產品，價格中等，利潤適中；供高收入層使用的高檔產品，價格最高，利潤最多。因此，這種方法可以說是以豐補歉，各得其所。如某食品廠家生產的一種餅干，罐裝的每 500 克 30 元，袋裝的每 500 克 15 元，分別滿足了不同消費者的需求。

企業進行產品線定價，首先需要測定人們對某種產品願意接受的價格上限和價格下限，在此基礎上確定分檔數目和價格差距。在決定價格差距時，要考慮產品之間的成本差額、顧客對產品不同特色的評價及競爭者產品的價格等因素。商品價格的檔次不宜分得過多或過少；檔次的價格差距也不宜過大或過小。如果價格差距小，顧客就會購買更先進的產品，此時若是這兩個產品的成本差額小於價格差額，企業的利潤就會增加；反之，價格差距大，顧客就會購買較差的產品，這樣也可能會失去一部分期望購買中間檔次價格商品的購買者。

2. 互補品定價法

互補品定價法又稱為連帶產品定價法，是指在互補商品中將購買頻率高、價格不敏感的商品，定價高些；對與之配套使用的購買頻率低，價格敏感的商品，定價低些。如剃須刀片與刀架、膠卷與相機、桶裝純淨水與淨水加熱器等。有的企業甚至將某些商品制定保本無利，甚至虧損的價格，如有些淨水公司將淨水加熱器以很低的價格出售，甚至免費提供使用，但要求客戶必須使用其桶裝純淨水，以此達到推銷桶裝純淨水的目的。美孚「洋油」進入中國之初，美商將一大批「洋油」燈以極低價出售，使中國人買了燈之後，必用其油，從而達到推銷「洋油」的目的。

3. 成組產品定價法

為了促進銷售，企業經常以某一價格出售一組產品，這一組產品的價格低於單獨購買其中每一件產品的費用總和，如公園銷售年卡。這種定價方法也適用於相互關聯、互相配套的商品。如西服和領帶、床單和枕套、文具用品等實行配套出售，價格從優，使商品的成套價格低於單件出售的價格總和。這樣做，可吸引消費者對商品進行成套購買，擴大銷售量，節約銷售費用，增加企業利潤。如肯德基推出各種優惠套餐以及「全家桶」，其價格低於分別購買其中每一種產品的價格總和，吸引了消費者購買，擴大了營業額。

五、地區定價策略

一個企業的產品，不僅賣給當地顧客，而且要銷往外地市場，產品運達不同的地點，需要支付不同的運輸費用。地區定價需要考慮的是，對不同地區的買主，是制定相同的價格，還是分別制定不同的價格。在實踐中一般有五種與地理位置有關的地區性定價策略。

（1）FOB 原產地定價。它也稱離岸價格（FOB），是指企業僅確定本地價格，從產地到目的地的一切風險和運輸費用由購買者承擔。這樣，看來是很公平的，但這種定

價對企業也有不利之處，因為遠地購買者要承擔較高的運輸費用，有可能不願購買這個企業的產品，而購買其附近企業的產品。這種定價法常用於運輸費用較大的商品。

（2）買主所在地定價。它又稱統一運送價格或到岸價格（CIF），是指企業對不同地區顧客，不論遠近，都實行一個價格，賣方須負擔一切運輸、保險費用。這種定價法簡便易行，可獲得遠方顧客的歡迎，也便於在全國性的廣告裡刊登統一的價格；但對附近地區顧客不利。這種定價法適用於運輸費用較小的商品。

（3）分區定價。該種定價介於FOB原產地定價與CIF統一交貨定價兩者之間，是指企業將自己的產品銷售市場劃分為若干區域，對每個不同的區域制定不同的價格。如分為華東、華北、華南、東北、西南、西北地區等。距離企業較遠的地區，價格定得較高，距離企業較近的地區，價格定得較低。但在同一區域內實行同一價格。採用分區定價也有缺點：一是即使在同一區域，不同的顧客離企業也有遠近之分，較近的就不合算；二是處在兩個相鄰價格區界兩邊的顧客，他們相距不遠，但是要按不同的價格購買同一種產品。

（4）運費免收定價。這是指有些企業因急於和某些地區做生意，負擔全部或部分實際運費。這些企業認為，如果生意擴大，其平均成本就會降低，因此足以抵償這些費用開支。採取運費免收定價，可以使企業加強市場滲透，並且能在競爭日益激烈的市場中維持或擴大市場佔有率。

（5）成本加運費定價。它又稱C&F定價，是在CIF價格的基礎上減去保險費用，即成本加運費價格。

第四節　價格變動和企業對策

產品價格制定以後，由於情況變化，經常需要進行調整。現代企業調整產品的價格，主要有兩種情況：一種情況是由於市場環境發生變化，企業認為有必要主動改變自己的產品價格，這是主動調整；另一種情況是由於競爭者調整價格，企業不得不作出相應的反應，這是被動調整。不管是主動調整還是被動調整，現代企業首先要考慮調價後顧客的反應、競爭者的反應，其次針對兩種不同的調整類型，選擇適當的策略。

一、企業主動調整價格

1. 主動降低價格

企業主動降低價格的原因主要有以下三個方面：

（1）企業的生產能力過剩。企業需要擴大銷售，但通過改進產品、加大促銷力度等其他行銷方式已難以奏效，在這種情況下企業應考慮主動降低價格。然而要注意的是，企業主動改變價格，在一些行業有可能引起價格戰，如家電等行業。

（2）在強大競爭者的壓力之下，企業的市場佔有率下降。為了奪回失去的市場，企業應考慮主動降價。如美國的汽車、電子產品、照相機、手錶、鋼鐵等行業，由於來自日本廠家的競爭，喪失了一些市場佔有率，美國的一些企業不得不主動降價競銷。

（3）由於企業的成本費用比競爭者低，企業試圖通過降低價格來掌握市場或提高市場佔有率，從而擴大生產和銷售，降低成本費用。

2. 主動提高價格

雖然提價會引起消費者、經銷商和企業推銷人員的不滿，但一個成功的提價策略可以使企業的利潤大大增加。企業主動提高價格的原因主要有以下兩個方面：

（1）由於通貨膨脹、物價上漲，企業的成本費用提高，許多企業不得不提高價格。同時，由於對預期的通貨膨脹的恐懼，加上對政府價格管制的逆反心理，價格的提高幅度經常大於成本的增加幅度。此外，由於企業擔心成本會持續上升而減少自己的利潤，往往不願意對顧客做長期的價格承諾。

（2）產品供不應求。當產品供不應求，企業不能滿足所有顧客的需要時，雖然成本沒有改變，也應考慮提價，或對顧客實行限額供應，或同時採用這兩種方法。

在上述情況下，企業可以採取調高價格的策略。企業可以明調，即其他條件不變，把銷售價格提高；或者可以暗調，即看起來商品標價不變，但實際價格已經提高。

企業主動提價常用的方法主要有以下幾種：

（1）採取推遲報價定價的策略，即企業決定暫時不規定最後價格，等到產品制成或交貨時方規定最後價格。在工業建築和重型設備製造等行業中一般採取這種定價策略。

（2）在合同上規定調整條款，即企業在合同上規定在一定時期內可按某種價格指數來調整價格。

（3）採取不包括某些商品和勞務的定價策略，即企業決定產品價格不變，但原來提供的某些相關勞務要計價。

（4）減少價格折扣。

為了減少顧客的不滿，企業提價時應當向顧客說明提價的原因，不致引起顧客的反感和抵制。此外，企業還可以考慮其他方法來應付增加的成本或滿足大量需求而不提價，主要方法有：

（1）減少產品分量，而不提價。

（2）用較便宜的原料或配件來代替。

（3）減少或改變產品某種特色、包裝或服務。

（4）製造新的經濟型品牌等。

二、對價格變動的反應

任何價格變動都會對顧客、競爭者、經銷商和供應商產生影響，甚至可能引起政府機構的注意。

1. 顧客對價格變動的反應

顧客對企業某種產品的降價可能會產生下述理解：這種產品的式樣老了，將被新產品所代替；該產品有缺陷，銷售不暢；企業財務困難須回籠資金；價格還要進一步下跌，要耐心等待；該產品的質量有所下降，等等。

價格提高通常會抑制購買，但是顧客也可能產生這樣的理解：這種產品很暢銷，

不趕快買就買不到了；這種產品很有價值；企業想盡量取得更多的利潤才提價，等等。顧客對價值高低不同的產品價格的反應有所不同。通常，購買者對那些價值高、經常購買的產品的價格變動較敏感，而對那些價值低、不經常購買的產品則不大在意其價格是否上漲。此外，有些顧客雖然關心產品價格變動，但更關心產品購買、使用和維修的總費用。因此，如果企業能使顧客相信某種產品取得、使用和維修的總費用較低，則可以把這種產品的價格定得比競爭者高，取得較多的利潤。

2. 競爭者對價格變動的反應

企業在考慮價格變動時，不僅要考慮顧客的反應，也要考慮競爭者的反應。當某一行業中企業較少，又提供同質產品，而顧客有相當的辨別能力並瞭解市場情況時，分析競爭者的反應就愈顯重要。

當企業只面臨一個大的競爭者，企業可以從兩個方面來估計、預測競爭者對本企業的產品價格變動的可能反應。

假設競爭者採取老一套的辦法來對付本企業的價格變動。在這種情況下，競爭對手的反應是能夠預測的。假設競爭對手把每次價格變動都看作是新的挑戰，並根據當時的利益作出相應的反應。在這種情況下，企業必須調查研究競爭對手目前的財務狀況、近來的銷售和生產能力情況、顧客忠誠情況及企業目標等。如果競爭者的企業目標是提高市場佔有率，它就可能隨本企業的價格變動而變動；如果競爭者的企業目標是取得最大利潤，它就可能採取其他對策，如加強廣告宣傳、改進產品質量等。總之，企業在價格變動時，必須利用各種情報來源，力求掌握競爭者的心理，以便採取適當的對策。

以上假設是簡單的，而實際問題是複雜的。因為競爭者對企業每一次的價格變動，都可能會有不同理解。如對企業的降價行為，競爭者就可能認為：該企業想侵占更多的市場領域；該企業經營不善，力圖擴大銷售；該企業想使整個行業的價格下降，以刺激市場總需求等。如果企業面對幾個競爭者，在調價時就必須估計每一個競爭者可能作出的反應。如果所有的競爭者反應大體相同，就可以集中力量分析典型的競爭者，因為典型的競爭者的反應可以代表其他競爭者的反應。如果由於各個競爭者在規模、市場佔有率及政策等重要問題上有所不同，所作出的反應也有所不同，則必須分別對各個競爭者進行分析，並採取相應的對策。

三、企業應付競爭者調價的策略

在競爭對手率先調價的情況下，現代企業也要採取應變的措施。不同市場環境下的企業反應是不同的。

在同質產品市場上，若競爭者降價，其他企業也必須隨之降價；若競爭者提價且提價對全行業有利，其他企業可能會隨之提價；但若某一企業不隨之提價，則最先發動提價的企業和其他跟進企業也不得不取消提價。

在異質產品市場上，企業對競爭者的調價有較多的選擇餘地。因為在這樣的市場上，顧客購買產品時所考慮的不僅是價格，還要考慮產品質量、服務等因素，這些因素會使得顧客對較小的價格差異無反應或不敏感。

為了保證企業對競爭者調價作出正確的反應，企業必須對競爭者和本企業的情況進行深入的研究和分析比較。

　　面對競爭者調價，企業應瞭解下列有關問題：①競爭者為何調價？②競爭者調價是暫時行為，還是長期行為？③如果對競爭者的調價置之不理，對企業的市場佔有率和利潤將有何影響？④其他企業是否會作出反應？⑤競爭者和其他企業對於本企業的每一個可能的反應又會有什麼反應？

　　企業除了考慮競爭者的意圖和資源外，還需要考慮本企業的經濟實力；產品在其生命週期中所處的階段；產品在企業產品投資組合中的重要性；競爭者的意圖和資源；市場對價格和價值的敏感性；成本費用隨著銷售量和產量的變化情況以及企業可供選擇的各種機會。

　　對競爭者和本企業的情況認真分析後，企業應迅速作出反應。一般來說，對競爭者調高價格的反應比較容易，通常企業會隨之提價。而對競爭者調低價格的反應則應慎重。

　　面對競爭者「侵略性的削價」，企業可供選擇的策略有以下幾種：

　　（1）維持原價。如果降價就會使利潤減少過多；保持價格不變，市場佔有率不會下降太多；以後能恢復市場陣地。在上述情況下，企業可以維持原價。

　　（2）保持價格不變，同時改進產品、服務、溝通等，運用非價格手段來反擊。

　　（3）降價。降價可以使銷量和產量增加，從而使成本費用下降；市場對價格很敏感，不降價就會使市場佔有率下降；市場佔有率下降後就難以恢復。在上述情況下，企業可以採取降價的對策。

　　（4）提價的同時，推出某些新品牌，如廉價產品，以圍攻競爭對手的品牌。

【本章小結】

　　商品價格策略是市場行銷的一個重要環節，它直接關係到商品在市場上的成敗和企業盈利。影響商品定價的因素很多，但由於商品屬性、市場環境等的不同，影響商品定價的關鍵因素是不同的。

　　定價的基本方法包括三種，它們分別是以成本、需求和競爭為導向的。本章分析和介紹了各種情況下定價的基本方法。

　　定價的基本策略包括五個方面，主要講述了基於某種特定策略下的各種細化的實用定價策略。

【思考題】

1. 現代企業的一般定價目標有哪些？
2. 現代企業制定價格的程序一般分為哪幾個步驟？
3. 現代企業的基本定價方法有哪幾種？
4. 什麼是撇脂定價策略？什麼是滲透定價策略？這兩種定價策略有哪些優缺點？
5. 尾數定價策略和整數定價策略分別給消費者什麼樣的心理信息？
6. 面對競爭者的「侵略性的削價」，現代企業可採取哪些應對策略？

第十二章　渠道策略

【學習目標】

通過本章的學習，學生應瞭解分銷渠道的職能和基本形態，對分銷策略涉及的一些基本概念和基本理論有一定基本的瞭解和認識，能針對不同的案例進行分析並拿出自己的解決方案；瞭解分銷渠道的概念與類型、中間商的功能與種類、掌握分銷渠道策略的要領；瞭解批發商和零售商的主要類型；掌握分析渠道的設計、管理的理論與方法；掌握市場行銷渠道的策略、選擇及設計和管理。

在現代市場經濟條件下，生產者與消費者之間在時間、地點、數量、品種、信息和所有權等方面存在著差異和矛盾。現代企業生產出來的產品，只有通過一定的市場行銷渠道，才能在適當的時間、地點，以適當的價格供應給廣大消費者或用戶，從而克服生產者與消費者之間的差異和矛盾，滿足市場需要，實現現代企業的市場行銷目標。

第一節　分銷渠道綜述

一、分銷渠道的含義

分銷渠道即產品的流通渠道，它是指某種產品從生產者向消費者轉移時，取得這種產品的所有權或幫助轉移其所有權的所有企業和個人。現代企業的分銷渠道主要包括商業中間商（因為他們取得所有權）和代理中間商（因為他們幫助轉移所有權）。此外，它還包括處於分銷渠道的起點和終點的產品生產者和消費者。

從以上論述中可以看出，市場行銷學中的分銷渠道，不僅是指產品實物形態的運動路線，還包括完成產品運動的交換結構和形態。具體來講，分銷渠道包括以下四層含義：

（1）分銷渠道的起點是產品生產者，終點是消費者。它所組織的是從產品生產者到消費者之間完整的產品流通過程，而不是產品流通過程中的某一階段。

（2）分銷渠道的積極參與者，是產品流通過程中各種類型的中間商。在產品從生產領域向消費領域轉移的過程中，會發生多次交易，而每次交易都是企業（包括個人）的買賣行為。批發商或零售商組織收購、銷售、運輸、儲存等活動，一個環節接著一

個環節，把產品源源不斷由生產者送往消費者手中。

（3）在分銷渠道中生產者向消費者轉移產品，應以產品所有權的轉移為前提。產品流通過程首先反應的是產品價值形態變換的經濟過程，只有通過產品貨幣關係而導致產品所有權隨之轉移的買賣過程，才能構成產品分銷渠道。

（4）分銷渠道是指某種產品從生產者到消費者所經歷的流程。它不僅反應產品價值形態變化的經濟過程，而且也反應產品實體運動的空間路線。

分銷渠道的重要意義在於它所包含的軌跡構成瞭解行銷活動效率的基礎。現代企業的產品是否能及時銷售出去，在相當程度上取決於分銷途徑是否暢通。

二、分銷渠道的作用

1. 對現代企業的作用

（1）分銷渠道是現代企業進入市場之路。現代企業生產的產品只有通過銷售渠道，進入消費領域，才能實現其價值形態。如果沒有分銷渠道，現代企業的產品就不能進入市場，則其價值形態實現不了，也就談不上獲得利潤，更談不上發展。

（2）分銷渠道是現代企業的重要資源。現代企業的生產經營活動必須依賴人、財、物、管理、信息、時間、市場七大資源。在這七大資源中，市場資源是重要的外部資源，是現代企業最難擁有與控制的一種資源，又是關係到現代企業生存發展的一項資源。在這一資源中，分銷渠道是重要組成部分，從某種程度上來講是主體。

（3）分銷渠道是現代企業節省市場行銷費用，加快產品流通的重要措施。大多數現代企業不可能完全自產自銷，這是因為現代企業除了生產外，再籌建分銷渠道推銷自己的產品，為人力、物力、財力所不允許，所以分銷渠道的存在，有助於加快現代企業產品的流通，節約流通環節中的人力、物力、財力，減少庫存，加快資金週轉。

2. 對消費者的作用

分銷渠道為消費者獲得價廉物美的產品提供了便利，節省了選購產品的時間與精力。因為分銷渠道的存在，節省了流通費用，使產品流通過程中的銷售成本降低，從而減輕了消費者的負擔；同時，由於分銷渠道的存在，使其有可能聚集並經銷上百家廠商的產品。花色品種齊全，使消費者可從中選購到自己所需的產品，從而節省消費者的精力與時間。

3. 對國家的作用

（1）分銷渠道的存在，連接著生產和消費，是整個社會再生產過程中的一個重要環節，是國民經濟的一個重要組成部分。離開流通環節，將會使整個國民經濟處於崩潰邊緣。

（2）在整個社會化大生產過程中，分銷渠道起著調節產、供、銷平衡的作用；同時，對國家稅收的增加、資金的累積、就業的擴大起著不可忽略的作用。

三、分銷渠道的功能

分銷渠道是生產者之間、生產者和消費者之間產品交換的媒介，它具有以下幾方面的功能：

1. 傳統功能

從傳統的觀點來看，分銷渠道具有集中產品、平衡供求、擴散產品三大功能。

(1) 集中產品的功能。經銷商可以根據市場預測，收購和採購大量產品生產者製造出來的產品，把它們集中起來，充分發揮了蓄水池的作用。

(2) 平衡供求的功能。通過分銷渠道，可以隨時按市場的需要，從產品的品種、數量、質量和時間上調節市場供應，以利於按質、按量、按品種、按時間、成套齊備地組織供應，以滿足市場需求，達到供需平衡。

(3) 擴散產品的功能。利用分銷渠道，可以把產品擴散到各地方、各部門和各商店中去，並可以用優良的服務，滿足用戶需要或便於消費者購買。

2. 現代功能

從現代市場行銷觀點看，分銷渠道在克服產品與使用者之間在時間、地點和所有權方面的關鍵性差距上，具有六大功能：

(1) 完成產品的所有權和實物向消費領域轉移的功能。行銷機構按市場需求向產品生產廠商訂貨，在訂貨過程中雙方就產品的價格和其他條件達成最終協議，成交付款後，產品的所有權轉移到行銷機構，然後通過分銷渠道將產品轉移到消費領域中去。

(2) 促進產品銷售功能。行銷機構通過廣告、展示、商標、現場演示等促銷手段，刺激消費者的需求，引進其購買慾望，並利用自己良好的信譽來勸說顧客購買。

(3) 為中小生產廠商籌集資金的功能。中小生產廠商的產品如果不經過分銷渠道，由廠商直接賣給消費者，則產品實現其價值轉移所經歷的時間較長，中小生產廠商往往不能得到足夠的資金而難以維持正常生產。借助分銷渠道，由行銷機構預付資金以購入產品，然後再分銷，可以使中小生產廠商及時獲得資金，使生產過程得以正常進行。

(4) 承擔風險的功能。流通部門通過對現代企業產品的收購，承擔了由於產品缺失、損耗及其他原因而造成的損失，從而為消費者提供風險保證。

(5) 信息渠道功能。分銷渠道能幫助現代企業搜集、傳遞顧客對產品性能、特色、質量等方面的意見和要求；也可以搜集和傳遞潛在的顧客需求，以便現代企業開發新產品和改進老產品；同時也可以幫助現代企業收集競爭對手的信息，使現代企業做到知己知彼，在競爭中獲勝。

(6) 為消費者提供產品的功能。通過分銷渠道，可以為目標顧客提供花色品種齊全的產品，以便消費者在較短時間內以較少的精力滿足不同的需求。

四、分銷渠道的模式

(一) 傳統分銷渠道模式

1. 生產者→消費者

這種模式即中小生產企業自己派員推銷，或者開展郵購、電話購貨等以銷售本企業生產的產品。這種類型的渠道，由中小生產企業把產品直接銷售給最終消費者，沒有任何中間商的介入，是最直接、最簡單和最短的銷售渠道。

2. 生產者→零售商→消費者

這種模式被許多中小生產企業所採用。即由中小生產企業直接向零售商店供貨，

零售商再把產品轉賣給消費者。

3. 生產者→批發商→零售商→消費者

這種模式是產品銷售渠道中的傳統模式，為大多數現代企業和零售商所採用。過去，中國大部分產品，一般是由一級批發商（稱為一級採購供應站）分配至二級批發商（稱為二級採購供應站），然後至三級批發商（稱為批發商店或批發部），最後至零售商售給消費者。

4. 生產者→代理商→零售商→消費者

一些中小生產企業為了大批量銷售產品，通常通過代理行、經紀人或其他代理商，由他們把產品轉賣給零售商，再由零售商出售給消費者。

5. 生產者→代理商→批發商→零售商→消費者

這種模式是一些現代企業為了大量推銷產品，常常經代理商，然後通過批發商賣給零售商，最後銷售至消費者手中。

(二) 現代分銷渠道模式

近幾十年來，由於商業趨於集中與壟斷，特別是世界市場一體化的發展，使傳統分銷渠道有了新的發展。

1. 垂直渠道系統

垂直渠道系統是指用一定的方式將分銷渠道系統中各環節的成員聯合起來，爭取共同目標下的協調行動，以促進銷售活動整體效益的提高。其特徵在於中小生產企業與渠道成員按縱向一體化原理組成，其中某一環節的成員占主導地位，可支配或迫使其他成員合作以更好地分銷產品。這種渠道系統是專業化管理和集中執行的網絡組織，可有計劃地取得規模經濟和最佳市場效果，這種渠道系統能消除渠道成員為追求各自利益而造成的衝突。

這種模式在西方國家非常流行，在市場上居於主導地位。目前主要有以下三種類型：

（1）公司系統。這是指一家現代企業擁有和統一管理若干工廠、批發機構、零售業務。這種渠道系統又分為兩種形式：一種是一些現代企業擁有和統一管理若干生產單位和商業機構，採取工商一體化經營方式。另一種是一些現代企業，擁有和統一管理若干批發機構、工廠等，採取工商一體化經營方式，綜合經營零售、批發、加工生產等業務。

（2）管理系統。這是指渠道內各成員以協調的方式而不是以所有權為紐帶對銷售渠道進行組織管理的形式。有些現代企業為了實現其戰略計劃，往往在銷售促進、庫存供應、定價、商品陳列、購銷業務等問題上與零售商協商一致，或予以幫助和指導，與零售商建立協作關係，這種渠道系統叫做管理系統。

（3）合同系統。這是指銷售渠道系統中不同層次的獨立成員為取得單獨經營難以達到的經營效果和利潤，通過簽訂某種協議而結成的聯合體。這種形式可靈活多樣，適應面廣，但難以管理。具體包括以下三種形式：

①特許經營系統。一般是由特許者以特許權轉讓合同的方式將某些產權，如技術、

品牌、管理知識等授予銷售系統中的其他成員，使系統中各成員共同獲利、共同發展的一種組織形式。常見的有兩類：服務性公司倡辦的零售商特許經營系統；製造商倡辦的批發商特許經營系統。

特許權經營特點之一是限制特許經銷商進行革新。相反，新產品和新工藝的開發總是在公司總部進行，由公司總部試驗和檢查包括服務的經營狀況，同時適時提出變革要求。

②批發商倡辦的自願連鎖。自願連鎖和一般連鎖商店不同：自願連鎖（又稱契約連鎖）是若干獨立中小零售商為了保持自己的獨立性和經營特點而自發形成的；自願連鎖的各個獨立中小零售商採用在採購中心的統一管理下統一進貨、分別銷售的辦法，實行「聯購分銷」；自願連鎖通常是由一個或一個以上的獨立批發商倡辦的，目的是為了和製造商、零售商競爭，維護自己的共同利益。

③零售商合作社。這是一種由一群獨立中小零售商為了和大零售商競爭而聯合經營的批發機構，各個成員通過這種聯營組織，以共同名義統一採購一部分貨物，統一進行宣傳廣告活動以及共同培訓職工等，有時還進行某些生產活動。

在市場競爭日趨激烈的今天，現代企業為了獲得更多利潤，在競爭中求得生存和發展，不僅採取前向式系統銷售渠道，而且也採取後向渠道（即產品的運動方向由消費者流向生產者），亦可更好地利用現有資源，既做到資源的有效利用，又可以使社會污染得以更好地控制、清理，為消費者創造一個良好的生活環境。

①直接後向渠道。這是指消費者直接送還可「再生」的廢舊物資給原生產者的後向渠道。

②傳統經銷渠道。這是指通過經銷商收回空瓶（既出售啤酒又回收啤酒瓶），是一種傳統的經銷渠道。

③專門收購廢舊物資的渠道。這是指依靠專門從事廢舊物資收購的企業和人員所組成的後向渠道。

④偶發性渠道。比如政府倡導或開展某種社會運動，突擊性地組織廢舊物資回收，這就屬於偶發性渠道。

目前，由於市場競爭空間激烈，產品銷售實際上出現了多種分銷途徑並存的局面。

2. 水準渠道系統

水準渠道系統是指銷售系統中同一環節現代企業間的聯合。合作雙方同處於一個生產或流通環節上，它們可以以合同形式建立聯合關係，也可以成立專門的公司進行長期聯營。目的是共同開拓新的市場機會並分散市場風險。這種銷售渠道系統近年在中國發展較快，特別是零售業推行的連鎖經營；有的也是現有的零售企業如糧油零售企業等，實行聯合，統一經營。採取水準式聯合，可以使各方互相取長補短，取得綜合競爭優勢。

3. 多渠道系統

多渠道系統是指現代企業使用兩種或兩種以上的銷售渠道銷售產品。過去，許多企業是向單一的市場使用單一渠道進入。今天，隨著顧客細分市場和可利用渠道的不斷增加，越來越多的現代企業採用多渠道銷售。通過增加更多的渠道，現代企業可以

得到三個重要的利益：

一是增加市場覆蓋面。現代企業不斷增加渠道是為了獲得它當前的渠道所沒有的顧客細分市場（如增加鄉村代理商將渠道延伸到人口較少的農村地區）。

二是降低渠道成本。每個現代企業在增加新渠道時，都要考慮成本問題，多渠道的選擇可以有效降低現有渠道的成本。

三是加強顧客針對性銷售。盡可能設計符合目標顧客需求特徵的產品銷售策略，現代企業通過多渠道分銷就可增加更多的銷售特徵，更貼近目標顧客的需求。

但是，多渠道系統容易引起渠道間的矛盾和衝突，影響到渠道的正常運行，也為現代企業銷售渠道管理帶來困難。通常的解決方法是不同的銷售渠道服務不同的目標顧客，以盡量減少渠道之間的衝突。

第二節　中間商在分銷中的作用

中間商是指介於生產者與消費者之間，專門從事商品流通活動的、獨立的商業企業和個體勞動者。其包括批發商、零售商和代理中間商。它們是幫助和促進現代企業的產品進入市場，轉移到消費者手中，實現產品價值的主要行銷仲介。

一、批發商

1. 批發商的特徵與作用

與零售商相比，批發商的特點是：批發商的銷售對象不是最終消費者，其交易是在現代企業間進行的，因此批發商一般不太注重促銷；批發商的交易完成後產品一般不退出原來的銷售渠道，仍需通過零售商進一步流動才能進入消費領域；批發交易一般是大批量進出，市場覆蓋面寬廣，因此，批發商對物流業務熟悉。

根據批發商在銷售渠道中所處的特殊地位，批發商的作用可歸納為以下幾點：

（1）批發商能促進產品的大規模銷售。通過批發商的大進大出，現代企業可以迅速、大量地分銷產品，減少庫存，加速資本週轉，並可使產品在地區間和時間上合理地、適時地流動，促進了生產和消費的平衡。

（2）批發商能溝通產品生產與消費信息，促進市場的開拓。批發商可憑藉自己的實力，幫助現代企業促銷產品，提供市場信息，批發商大批量購進商品後，可按零售的要求，組合產品的花色、規格，便於其配齊品種。並通過宣傳和介紹商品，有力地提高銷售效率和工作質量，促進現代企業的產品銷售。

（3）批發商能為產品分銷提供多種服務。批發商大量地購進銷出，利用倉儲設備儲存產品，利用運輸條件勤進快銷，並為零售商提供各種支持，幫助其開展業務，如通過預付貨款為現代企業融資，通過消費信貸、分期付款為零售商融資等，並可為零售商提供管理諮詢、產品陳列、人員培訓等方面的服務。

（4）批發商有助於現代企業有效實施其行銷策略。批發商可以更好地承擔促銷及服務職能，可以協助現代企業對行銷渠道實現有效控制。批發商一般更接近於市場，

對所在的市場環境等比較熟悉，因而現代企業可將一部分促銷和服務職能轉給批發商，使批發商更好地完成任務。另外，大多數的零售商直接接觸的是批發商，所以現代企業利用批發商對零售商的控制來實現對其銷售渠道的控制。一般來說，如果不充分發揮批發商的作用，現代企業就難以實現對銷售渠道的有效控制。可見，批發商是產品流通的大動脈，是銷售渠道中的關鍵性環節。

但是，由於批發商是商品銷售渠道中的中間環節，一般現代企業為了減少中間商分享利潤，消費者為了少受中間商的盤剝，都希望減少中間環節，而且主要是減少批發環節。在20世紀20~30年代，美國等西方國家由於生產集中和壟斷的發展，市場競爭激烈，許多企業自己設置銷售機構，直接將產品出售給零售商、甚至消費者，導致批發商的地位下降。自50年代起，人們開始重新認識到，批發商在組織商品流通中所起的提高效率、降低費用、調節產銷矛盾等作用是不可替代的，於是又出現了「批發商業的復活」傾向。通過反覆實踐和批發商的自我完善，批發商的地位得到了恢復。

2. 批發商的類型

批發商是中國近十多年來發展最快的一種中間商。過去，中國的批發業幾乎完全由專業批發商控制。現在除專業批發商外，各種新型的批發商也隨之出現，如大中型零售商基本都開展批發業務等。批發商種類繁多，從目前通用的分類方法看，一般可分為以下類型：

（1）按經營商品的範圍可分為綜合批發商和專業批發商

①綜合批發商。它是指經營多種商品的批發商業機構。綜合批發商與許多個生產行業有聯繫，經銷對象主要是綜合零售店及小商小販。綜合批發商經營商品範圍廣，品種規格也較多，但不及專業批發有深度。中國的農副產品批發市場、土特產品批發市場等都屬此類。

②專業批發商。其經銷的產品是行業專業化的，屬於某一行業大類。專業批發商經營的行業商品的品種規格齊全，同一品種進銷量大，為購買者提供了充分的比較選擇餘地。專業批發商與本行業的生產聯繫廣泛，專業知識較豐富，行情信息較靈通，能為有關零售商、生產者提供技術、信息和服務。

（2）按批發商職能和提供的服務是否完全可劃分為完全服務批發商和有限服務批發商

①完全服務批發商。完全服務批發商執行批發商的全部職能，他們提供的服務主要有：保持存貨、雇用固定的銷售人員、提供信貸、送貨和協助管理、預測市場需求並提供市場信息和適銷對路的貨源等。

②有限服務批發商。為了減少成本費用，降低批發價格，他們只提供一部分服務。如現購自運批發商，既不賒銷也不送貨，顧客必須付清現款，自備車輛運貨回去，所以其批發價較低，多為食品、雜貨的批發。又如托售批發商，他們在超級市場和其他雜貨商店設置專銷櫃臺，展銷其經營的商品。商品賣出去後，零售商才付給貨款。還有像農民組建的運銷合作社，負責組織農民到當地市場上銷售的批發商等。

（3）按地域可分為地方批發商和區域批發商

①地方批發商。其輻射地域範圍狹窄，僅限本地區購銷，如本省、本市，多為綜

合性批發商。

②區域批發商。其輻射地域範圍較大，常跨省市，如華東地區、華北地區，多為專業性批發商。

二、零售商

1. 零售商的特徵與作用

零售商是銷售渠道中處於最末端的中間機構，直接與最終消費者相聯繫，這一點決定了零售商的基本特徵是：零售商分佈面廣、從業人數多，但一般多為小規模經營。一般來說，哪裡有消費人群，哪裡就有零售商；商品一經出售就脫離了流通領域，進入消費領域，即商品只有進入消費領域之後，才算最終實現了它的價值過程，被顧客真正地接受；零售商的銷售數量就一般規模來講往往小於批發商的銷售數量。

零售商處於最終消費者和批發商或生產者之間的特殊地位，它具有以下重要作用：

（1）對於批發商或生產者，零售商起著廣泛分銷的作用。分佈廣泛的零售商以機動靈活的營業時間和地點，以形式多樣的服務方式，豐富多彩的商品品種和數量來滿足消費者對商品購買的需求，能使商品廣泛分銷，保證生產者和批發商順利地開展市場經營活動，最終順利地實現商品的價值和使用價值。

（2）對於最終消費者，零售商起著方便顧客購買的作用。零售商一方面通過各種促銷手段，如櫥窗、櫃臺的商品陳列，店堂內的裝飾廣告及POP設置，零售服務人員的促銷服務等引導消費者購買到滿意商品。另一方面，零售商在銷售商品中或銷售後為消費者及時提供各種服務，如承擔退貨、送貨上門等。

（3）對於產銷雙方，零售商起著溝通信息的作用。零售商的服務對象是最終消費者，因而對市場信息反應最直接、最靈敏的應該是零售商。他們最瞭解消費需求結構及其變化，最瞭解消費心理及消費行為模式，也最瞭解消費者的未被滿足的需要。因此，零售商不僅能向生產者和批發商及時反饋市場信息，並提出合理化建議，而且能引導消費者需求，最終實現顧客導向的行銷過程。

2. 零售商的類型

零售商的種類主要有按業種和按業態兩種區分方法。按業種來劃分，即按零售商所經營的商品種類來劃分零售商的類型。如經營飲料的稱飲料店，經營家具的稱為家具店。傳統上一直是按業種來劃分零售商的，一般劃分為百貨店和專業店兩類。近年來，由於大規模零售組織的出現，加上零售方式的不斷變化，人們逐漸習慣於按業態來劃分零售商的類型了。所謂業態，是指按經營方式或銷售方式來劃分的零售商類別。目前，中國城市零售業也已逐步開始按業態來設置自己的企業形式了。

按業態區分的零售組織主要有以下形式：

（1）百貨公司。百貨公司一般是一種大規模、綜合性、分部門經營各種消費品的零售商業企業。其特點是資金較為雄厚、服務設施齊全、管理手段較先進、服務質量也較高，從而商品的價格水準也相對較高。但近幾十年來，百貨公司由於其昂貴的商品價位逐漸失去了市場競爭力。國內外百貨公司也開始變革，有的借鑑超市的銷售方式，有的借鑑連鎖經營的方式開設到居民居住區，有的則堅持高品位的路線，融合更

多的文化內涵和獨特性。總體上看，中國傳統百貨業已經盛極而衰。資料顯示，在過去 10 年中，中國零售業平均年增長率 9.7%，而百貨業近幾年零售額持續下降，虧損的零售百貨店高達 30%。

（2）購物中心。購物中心是由開發商規劃，統一管理，集零售、餐飲、娛樂為一體，有多樣化商品街和停車場，是各類零售業態、服務設施的集合體。根據國際經驗，購物中心的發展給了傳統百貨業新的希望。購物中心有多種形式，有以購物為主的，也有以休閒為主的。但不論哪種形式，業內人士普遍認為，迄今為止，購物中心是全球範圍內提供有效供貨和服務的最佳方式。它憑藉的是集購物、休閒、娛樂和美食為一體的「一站式購物」的優勢，這與「超市」的流行有異曲同工之處。

（3）連鎖超市。超級市場是指從經營食品起步，發展到以日用百貨為主的大規模開架陳列、顧客自選、集中結算的自我服務式零售商業。連鎖超市是指在同一所有者集中控制下，統一經營，統一管理的商店集團，少則 2~3 家連鎖、多則百家以上連鎖在一起。這是 20 世紀最重要的零售業態之一。各種形式的連鎖店的商店標誌、設施、經營品種、銷售價格和服務方式都相同，消費者容易辨識。

連鎖經營的優勢在於：統一大批量進貨，進貨成本低；統一配送、運輸，運輸成本低；商品週轉率高，脫銷率低；綜合了批發與零售的功能，擴大了企業的影響。縱觀世界零售業的發展趨勢，超市壓倒百貨已是不爭的事實。世界零售業 50 強中，超市和大型連鎖超市已占絕對主導地位，其銷售額占到 50 強銷售總額的 35%，而百貨店的銷售額只占到 50 強銷售總額的 14%。

它的最大特點是顧客自我挑選，自我服務，這是零售業服務方式的一次革命。它極大地激發、刺激了消費者的購買慾望。傳統的零售店是通過售貨員提供購買服務的，儘管它有許多優點，但是從顧客角度上看，它使顧客的購物成為一次單純的購買，限制了顧客的參與，也就限制了顧客的購買。而超級市場的商品完全開架，任由顧客自由挑選，這樣就使顧客從被動變成主動，大大地調動了顧客購買的積極性。超級市場給顧客提供的這種自我選擇、自我服務的方式，再加上舒適的購物環境，眼花繚亂的商品，使顧客的購買過程變成一個對商品瞭解、比較的自我學習過程，一個自我消遣、娛樂的過程。商家就是在這樣一個過程中增加了商品的銷量。另外，規模經營使得商品齊全，價格便宜，也是促進銷量增長的一個重要因素。

超級市場自誕生以來，大體上經歷了三個發展階段：①小規模的食品超市階段。最初的超市主要是滿足人們對食品與雜物的需要，規模也比較小。20 世紀 80 年代中期在中國最早出現的超市就屬於這種性質，面積大約幾百平方米。②中等規模階段。經營的食品範圍擴大到家庭經常購買的魚肉、蔬菜、水果等生鮮食品，而且生熟食品的包裝向著標準化的方向發展。同時，營業的面積擴大了，一般為 1,000 平方米左右。目前，中國絕大多數的國有超市就處在這個階段。③目前的大型百貨超市階段。它擺脫了超市以經營食品為主的傳統，經營的品種擴大到一般性的日用百貨，食品只占 1/3，購物環境也朝著清潔、舒適的方向發展。面積擴大到幾千甚至上萬平方米。目前進入中國的家樂福、沃爾瑪等外資超市以及內資的華聯大體上屬於這種類型。世界超級市場發展的趨勢，一是繼續向著超大型化的方向發展，特別是同百貨商店相結合；二

是連鎖經營，像前面提到的家樂福、沃爾瑪等實力雄厚的大型超市都實行跨國連鎖經營，在世界各國建立了以自己品牌為名稱的連鎖超市。

（4）便利店。便利商店也叫方便商店，它是從超級市場中分割出來的以經營居民日常生活必需的食品與雜物為主，便於購買的小規模零售商店。便利商店在中國又被叫做便民店，它的市場定位是購買方便，地點一般設立在居民區或街頭巷尾，營業時間比一般的商店要長，有的甚至一天24小時都營業；經營的都是居民每天必需的生活日用品，如食品、飲料、菸酒糖果、文具、洗滌用品等，同時還備有微波爐等加溫的設備；它的規模比較小，營業面積一般為幾十平方米。目前，便利商店在中國獲得長足的發展：一是許多原先的糧店、副食品店、菸酒糖果店等商店由於地處在居民區，使得它們最早轉為方便商店，而且大多採取了連鎖經營的方式；二是一些國外的方便商店也紛紛以連鎖的形式進入中國。例如，日本著名的7-11便利店在中國的上海、深圳等城市都開設了多家連鎖便利店。方便商店在中國有著較大的市場。對於中國絕大多數地區，特別是廣大的農村地區，方便商店的發展潛力同連鎖店一樣，比超級市場要大得多。因此應把方便商店同連鎖店一起，作為零售商業的發展重點。這是由於中國居民目前對生活必需品的採購頻率決定的。西方發達國家的居民對生活必需品的採購頻率是以星期為單位的。他們工作與生活的節奏快，時間寶貴，汽車進入家庭，居室面積較大，每到週末，他們開車到超級市場，一次將一星期的生活必需品採購齊全，因此他們對超級市場的依賴性大。中國居民住房面積較小，工作與生活節奏相對較慢，絕大多數人沒有私人汽車，同時，保持傳統的飲用新鮮食品的習慣，這就使得中國居民對生活日用品的購買頻率以日為單位，經常利用上下班，順手買下當天的用品。對於多數上班的人來說，基本上是一天一買，而對於空閒在家的人來說，有的是一天幾次。可見，目前中國居民在生活必需品的消費上，對方便商店的依賴性比超市強。

（5）倉儲商店。倉儲商店是指以倉庫陳列和相應的管理來低價銷售產品的零售店。其特徵是面積大，一般在10,000平方米以上；採取倉櫃合一的經營方式，減少了商店輔助設施；倉儲店的經營品種繁多，從日常生活用品到耐用消費品都有；銷售方式與超級市場相似，開架銷售，自助服務，統一結算，一般是現金交易，不提供送貨服務；倉儲商店的店址大多選擇在郊外，設有大型免費停車場，方便顧客一次性大量購買，其價位比超市還低，所以競爭力極強。

（6）專賣店。專賣店也叫專營店，它是經營產品比較單一的零售商業，是消費需求差異化發展的必然結果。雖然專賣店的規模和銷售額比不上百貨商店、超級市場等經營大眾消費品的商店，但它以其獨特的個性，吸引著大批追求某一特殊需求的顧客。這種經營是建立在科學的市場細分的基礎之上的，以特定的目標市場作為自己的發展方向，它有著頑強的生命力，而且正以各種形式滲透、蠶食著傳統的零售商店。專營店主要有兩種類型：一是產品專營店，這是專門經營某一類商品的專營商店。中國計劃經濟下的各種行業或部門所屬的商店就具有這種性質，如鞋帽店、服裝店、食品店、藥店、糧店等。在向市場經濟轉軌過程中，可將它們改變為獨立經營的產品專營店，關鍵是要發揮傳統優勢，擴大經營的規模，以規模取勝。例如，北京圖書大廈，營業

面積上萬平方米，圖書門類齊全，幾乎包括了全國所有出版社的圖書，加之設在交通方便的西單，每天購書的讀者絡繹不絕。另一種類型的專營店是品牌專營店，即專賣某一品牌的商品，如李寧專賣店等。隨著個性消費、時尚消費、品牌消費的興起，這種商店會越來越多。

（7）其他零售業態。隨著零售產業的不斷發展，各類新型的零售業態不斷出現。如郵購與電話訂購、網上行銷、自動機售貨、購物服務、流動售貨等，滿足了不同類型的消費需求，同時也加劇了不同零售業態之間的競爭。無店鋪零售則是發展迅速的新型業態。

無店鋪零售（Non-store Retailing）是指不依賴店鋪來尋找消費者及完成買賣的零售形態。其主要包括電視購物、郵政（郵購）、網上商店、自動售貨亭、直銷、電話購物等形式。無店鋪零售是現今商業市場上一種主要行銷方式。它放棄用一個固定公開的商業場所來進行交易買賣，只需要一個電話號碼、傳真號碼就可以進行。隨著網絡資訊的發展，時下流行的網上購物的行銷方式則更可以方便地與消費者聯繫，與消費者之間的溝通更趨形象化和具體化。

三、代理商和經紀行

1. 代理商

代理商是以代理賣方或買方銷售產品或採購商品為主要業務，從中向委託方收取代理費的機構。發達國家常見的代理形式有四種：①製造商代理商，即廠家代理，類似廠方推銷員，往往與廠方有相對固定的長期代理關係；②銷售代理商，實際上是廠方的獨家全權銷售代理商，對商品的價格、交易條件等有很大影響力；③佣金商，是一種臨時為委託方銷售商品，據委託條件推銷商品並收取佣金的代理機構；④採購代理商，為買主採購商品，並提供收貨、驗貨、儲存、送貨等服務的機構。許多現代企業在行銷過程中，依賴代理商取得了成功，但代理商也不是萬能的，有的現代企業採用這種形式就沒能取得成功。

2. 經紀行

經紀行的主要作用是為買賣雙方牽線搭橋，協助談判，促成買賣。它不存貨，不捲入財務，不承擔風險，由委託方付給佣金。中國經紀行尚處於萌芽階段，較常見的有廣告經紀行、不動產經紀行等。

第三節　現代企業銷售渠道的選擇與管理

從我們對銷售渠道結構及其組織系統的分析可知，現代企業選擇銷售渠道，首先應考慮影響渠道選擇的因素，其次選擇渠道模式及具體的中間商，最後考慮對銷售渠道的控制和有效管理。

一、現代企業銷售渠道的選擇

1. 影響現代企業銷售渠道選擇的主要因素

（1）產品因素。產品因素包括價值和重量，產品的耐腐性，產品標準化與產品的技術特性、產品價格及服務等，都直接影響銷售渠道的選擇。比如，對於新鮮水果、蔬菜及水產品、某些食品等，一般使用直接銷售渠道，以免產品在銷售渠道中受到損失。而對於那些加工過的食品，保質期較長，如罐頭食品、飲料類等，為減少銷售成本，應選擇較長的銷售渠道，企業採取大量批發的形式銷售。

（2）市場因素。市場因素包括市場規模，市場在地理上的分散程度及市場的主要購買方式等。比如，日用品的顧客數量多，一次購買量小，購買頻率高，宜選擇利用眾多的中間商來完成產品的銷售任務；但當顧客的地理分佈非常集中時，可由生產某類產品的企業直接設立銷售網點，如「冠生園」蜂蜜系列產品專賣店；對不同的產品，顧客購買習慣不同，銷售渠道選擇也不同，對於一般的日常生活採購的產品，如調味品、米面等，顧客要求在使用時即可買到，所以要大量的零售商，銷售渠道就要長些。

（3）現代企業自身特點。需考慮的現代企業自身因素主要包括企業規模、管理能力、聲譽、財力、經營策略和目標、產品組合等。一般來說，如果現代企業實力較為雄厚、聲譽好，易獲得較理想的推銷人員，建立自己的銷售網點，控制渠道的能力強；反之，則要選擇合適的中間商為其服務。

（4）競爭因素。現代企業可以競爭者的銷售渠道選擇為借鑑，利用競爭者已經成功地使用的銷售渠道，在同一銷售渠道與競爭者的產品進行競爭。許多中小生產企業就採取這種渠道策略。

（5）環境因素。這是指影響選擇銷售渠道的外部因素。如經濟不景氣時，現代企業要利用較短的渠道，降低成本與價格，提高產品競爭力。再如，科學技術的發展有可能為某些現代企業創造新的銷售渠道，如產品保鮮技術的發展，使得水果、蔬菜等的銷售渠道由過去的直接渠道變為多渠道銷售。

2. 銷售渠道選擇策略

通過對影響銷售渠道選擇的因素的綜合分析，現代企業可據這些因素選擇適當的銷售渠道，主要確定渠道模式、選擇中間商並確定其相互關係。

（1）渠道模式的選擇。確定渠道模式，即確定渠道的長度及其組織形式。首先應從現有的銷售渠道類型中選擇適合本企業的銷售渠道。如果現有的銷售渠道不適合現代企業產品的要求或現代企業為了避免在原有的銷售渠道中與競爭者競爭，或現代企業能夠發現新的更有效的銷售渠道，那麼現代企業就應使用新的銷售渠道。

（2）中間商數目的確定。實際上是確定渠道的寬度，它與現代企業的市場行銷目標和行銷戰略有關。通常有三種可供選擇的策略：密集性分銷，適用於價格低，購買頻率高的產品；獨家分銷，這是最窄的銷售渠道形式，適用於高檔消費產品；選擇性分銷，適用於選購品和特殊品。

（3）中間商的選擇。現代企業選擇中間商，應考慮以下方面的條件：選擇貿易覆蓋區域較大的中間商；銷售對象應是產品的需要者；中間商的地理位置與本企業產品

的顧客相接近；一般選擇未經銷競爭對手產品的中間商；盡可能選擇財務狀況好、行銷經驗豐富的中間商；中間商具備一定的物質設施與服務條件。

(4) 規定渠道成員的權利和責任。在初步選定中間商以後，現代企業就要規定出中間商彼此之間的權利和責任。主要包括：價格政策，制定產品價目表及折扣細目單；銷售條件，指支付條件和企業的擔保，大多數企業都給及時結算者以一定現金折扣；中間商的地區權利；雙方應提供的服務，尤其是特約代營和獨家代理，必須明確規定雙方應承擔的義務和所享有的權利。

二、現代企業銷售渠道的管理

1. 銷售渠道的合作與衝突

渠道合作是同一渠道中各成員之間的分工與協作。各成員由於相互合作而獲得的利益，要比自己單獨從事分銷工作所獲得的利益大得多。但是，無論在設計渠道時怎樣的評估和選擇，在渠道運行後，只要渠道成員間產生了功能性相互依賴及高於各成員單位的渠道整體利益，各種衝突便隨之而來。

根據渠道的模式，衝突可分為以下三種類型：

(1) 垂直渠道衝突。這種衝突是指不同渠道層次的現代企業之間的利益衝突。如現代企業和經銷商之間在價格、服務等方面的衝突。有些垂直衝突不一定有害，反而有益，關鍵在於如何因勢利導，取得「雙贏」效果。渠道領導者應為其渠道系統確立一系列目標，並強化系統內的管理職能，消除彼此間的衝突。

(2) 水準渠道衝突。這種衝突是指處於同一渠道層次的各現代企業之間的利益衝突。如果將衝突的信息反饋到最高管理層，渠道領導者就有責任迅速果斷地採取行動，以緩和或消除這種衝突，否則它將損害渠道的形象和向心力。

(3) 多渠道衝突。這種衝突是指在現代企業中已建立了兩個或兩個以上的渠道以後，這些渠道在針對同一市場行銷活動時，發生競爭或爭奪市場的情況，衝突自然也產生了。而且，當一個渠道的成員公司降低價格或者降低毛利時，多渠道衝突會更加激烈。

2. 銷售渠道的管理

現代企業銷售渠道的管理控制是指生產者設法解決分銷渠道中的矛盾和衝突，以各種措施支持和激勵中間商積極分銷，並以各種條件制約中間商的活動過程。

(1) 激勵渠道成員。據調查顯示，更多的促銷經費不是用在促進消費者購買上，而是用於促進和推動中間商的購買上，後者的費用比前者多一倍。因此，對於選定的中間商盡可能調動其積極性，採用的激勵措施往往有：向中間商提供物美價廉、適銷對路的產品；合理分配利潤；開展各種促銷活動；提供資金資助；提供市場信息；有必要的則授予獨家經營權；協助搞好經營管理，加強現代企業與中間商的合作等。

(2) 協調或消除渠道衝突。一是加強渠道管理，尋求成員都能接受的方案解決分歧與矛盾。二是分享管理權，如建立契約性和垂直分銷組織體系，實行有計劃的專業化管理，利用組織制度規範成員內部行為，減少衝突。

(3) 評估渠道成員。檢查和評估分銷渠道的效能是渠道管理的又一重要內容。其

包括檢查每個中間商完成的銷售量；檢查每個中間商為分銷渠道提供的利潤額；查明哪些中間商積極分銷商品，哪些卻心猿意馬推銷渠道以外的商品；檢查哪些中間商能及時發出訂單，哪些不能及時發出；計算每個中間商訂單的平均訂貨金額；檢查中間商為推銷產品而進行的廣告宣傳活動；檢查各中間商所定價格的合理程度；檢查各成員間的服務承諾兌現程度；檢查消費者對中間商的投訴情況，等等。

通過這些檢查和評估，現代企業可以發現哪些中間商是銷售渠道的中堅力量；哪些是「成事不足，敗事有餘」，現代企業應著手改善與它們的合作關係。

3. 銷售渠道的改進

為了適應市場行銷環境的變化，確保銷售渠道的暢通和高效率，對銷售渠道的改進調整是不可避免的，一般採取以下幾種方式：

（1）結構性調整。這是指在某一銷售渠道裡增減個別中間商，而不是增減這種渠道模式。對效率低下、經營不善，對渠道整體運行有嚴重影響的中間商，中小生產企業可中止與其協作關係，並適時增加能力較強的中間商。但現代企業必須慎重決策，這種調整對企業盈利水準及其他渠道成員有一定影響。

（2）功能性調整。這是指增減某一銷售渠道，而不是增減渠道裡的個別中間商。現代企業有時會發現隨著市場需求的變化，銷售渠道過多或作用已不大時，從提高銷售效率與集中有限力量等方面考慮，可適當減少一些銷售渠道。反之，當現有渠道過少時，不能使產品有效抵達目標市場，則可增加新的銷售渠道。比如某一企業，原來主要是通過本廠在各地設立的銷售機構負責該地區產品的批發業務，後來隨著產品在消費者中知名度擴大，市場需求量增加，該廠就在一些地區選擇了一些專業批發商從事批發業務，增加了新的銷售渠道。

（3）銷售系統調整。這是指改變整個銷售渠道系統，這也是一種功能性調整。要對現代企業原有的銷售體系、制度，進行通盤調整。此類調整難度較大，它不是在原有銷售渠道的基礎上進行完善，而是改變現代企業的整個銷售系統，將會引起市場行銷組合的一系列變化。現代企業必須進行調查研究，權衡利弊，作出決策。

【本章小結】

分銷渠道是指為促使產品或服務能順利通過市場交換過程，轉移給消費者（用戶）消費的一整套相互依存的組織。它是獨立於生產和消費之外的流通環節，同時又是聯結生產與消費的橋樑。分銷渠道按長度結構可劃分為零層、一層、二層和三層渠道；按寬度結構可劃分為高寬度分銷渠道、中寬度分銷渠道和獨家分銷渠道；按分銷渠道系統的管理模式可劃分為垂直型、水準型和多渠道型分銷渠道。

按中間商與消費者的關係，也就是與最終消費者的接近程度可劃分為批發商和零售商兩大類。中間商具有調節市場供需平衡、創造市場效率、市場分銷、戰略合作等功能。

分銷渠道設計是企業對關係其長期生存和發展的分銷模式、基本目標及管理原則所作的規劃、選擇與決策。其基本目標是向目標市場有效地傳達重要消費者價值。影

響分銷渠道戰略設計的主要因素：市場性質、產品性質、中間商狀況、競爭者狀況、企業自身狀況和環境特徵。

分銷渠道的管理主要包括分銷渠道成員的選擇和培訓、激勵渠道成員、評價渠道成員、調整分銷渠道以及渠道的合作、衝突與競爭。

【思考題】

1. 什麼是分銷渠道？對現代企業的主要作用有哪些？
2. 中間商有哪幾種形式？
3. 應從哪幾方面加強對現代企業銷售渠道的管理？
4. 選擇某個現代企業，分析其分銷渠道的結構，指出其優勢和劣勢，思考是否存在可以改變的方面。

第十三章　促銷策略

【學習目標】

通過本章的學習，學生應瞭解促銷的作用、促銷組合和促銷的基本策略；掌握人員推銷、公共關係、營業推廣、廣告等促銷方式的策略和方法，並能正確地運用於企業行銷活動中；明確促銷的實質和意義，瞭解各種促銷方式的特點和適用條件，初步掌握促銷的策略和方法；對產品促銷的原理和方法有一定的瞭解和認識，能針對不同的案例進行分析並拿出自己的解決方案。

現代企業成功的市場行銷活動，不僅需要制定適當的價格、選擇合適的分銷渠道向市場提供令消費者滿意的產品，而且需要採取適當的方式進行促銷。促銷策略是四大行銷策略之一。正確制定並合理運用促銷策略是現代企業在市場競爭中取得有利的產銷條件、獲取較大經濟效益的必要保證。

第一節　促銷與促銷組合

一、促銷的含義

促銷是促進銷售的簡稱。從現代企業市場行銷的角度看，促銷是現代企業通過人員和非人員的方式，溝通現代企業與消費者之間的信息，引發、刺激消費者的消費慾望和興趣，使其產生購買行為的活動。從這個概念不難看出，促銷具有以下幾層含義：

（1）促銷工作的核心是溝通信息。現代企業與消費者之間達成交易的基本條件是信息溝通。若現代企業未將自己生產或經營的產品等有關信息傳遞給消費者，那麼，消費者對此則一無所知，自然談不上認購。只有將現代企業提供的產品等信息傳遞給消費者，才能使消費者引起注意，並有可能產生購買慾望。

（2）促銷的目的是引發、刺激消費者產生購買行為。在消費者可支配收入既定的條件下，消費者是否產生購買行為主要取決於消費者的購買慾望，而消費者購買慾望又與外界的刺激、誘導密不可分。促銷正是針對這一特點，通過各種傳播方式把現代企業的有關信息傳遞給消費者，以激發其購買慾望，使其產生購買行為。

（3）促銷的方式有人員促銷和非人員促銷兩類。人員促銷又稱直接促銷或人員推銷，是現代企業運用推銷人員向消費者推銷產品的一種促銷活動，它主要適合於消費

者數量少、比較集中的情況下進行促銷。非人員促銷又稱間接促銷或非人員推銷，是現代企業通過一定的媒體傳遞產品的有關信息，以促使消費者產生購買慾望、發生購買行為的一系列促銷活動，包括廣告、公關和營業推廣等。它適合於消費者數量多、比較分散的情況下進行促銷。通常，現代企業在促銷活動中將人員促銷和非人員促銷結合運用。

二、促銷在現代企業中的作用

促銷在現代企業行銷活動中是不可缺少的重要組成部分，這是因為促銷有如下作用：

（1）傳遞信息，提供情報。銷售產品是現代企業市場行銷活動的中心任務，信息傳遞是產品順利銷售的保證。信息傳遞有單向和雙向之分。單向信息傳遞是指賣方發出信息，買方接收，它是間接促銷的主要功能。雙向信息傳遞是買賣雙方互通信息，雙方都是信息的發出者和接受者，直接促銷有此功效。在促銷過程中，一方面，賣方（現代企業或中間商）向買方（中間商或消費者）介紹有關企業現狀、產品特點、價格及服務方式和內容等信息，以此來誘導消費者對產品產生需求慾望並採取購買行為；另一方面，買方向賣方反饋對產品價格、質量和服務內容、方式是否滿意等有關信息，促使產品生產者、經營者取長補短，更好地滿足消費者的需求。

（2）突出特點，誘導需求。在市場競爭激烈的情況下，同類產品很多，而且有些產品差別微小，消費者往往不易分辨。現代企業通過促銷活動，宣傳、說明本企業產品有別於其他同類競爭產品之處，便於消費者瞭解本企業產品在哪些方面優於同類產品，使消費者認識到購買、消費本企業產品所帶來的利益較大，樂於認購本企業產品。現代企業作為賣方向買方提供有關信息，特別是能夠突出產品特點的信息，能激發消費者的需求慾望，變潛在需求為現實需求。

（3）指導消費，擴大銷售。在促銷活動中，行銷者循循善誘地介紹產品知識，在一定程度上對消費者起到了教育指導作用，從而有利於激發消費者的需求慾望，實現擴大銷售之功效。

（4）形成偏愛，穩定銷售。在激烈的市場競爭中，現代企業產品的市場地位常不穩定，致使有些現代企業的產品銷售此起彼伏，波動較大。現代企業運用適當的促銷方式，開展促銷活動，可使較多的消費者對本企業的產品滋生偏愛，進而穩住已占領的市場，達到穩定銷售的目的。對於消費者偏愛的品牌，即使該類產品需求下降，也可以通過一定形式的促銷活動，促使對該品牌的需求得到一定程度的恢復和提高。

三、促銷組合及其影響因素

1. 促銷組合策略

如前所述，現代企業促銷的方式有直接促銷和間接促銷兩種，又可分為人員推銷、廣告、公共關係和營業推廣四種。由於各種促銷方式都有優點和缺點，在促銷過程中，現代企業常常將多種促銷方式並用。所謂促銷組合，就是現代企業根據產品的特點和行銷目標，綜合各種影響因素，對各種促銷方式的選擇、搭配和運用。促銷組合是產

品促銷策略的前提，在促銷組合的基礎上，才能制定相應的促銷策略。因此，促銷策略也稱促銷組合策略。

促銷策略從總的指導思想上可分為推式策略和拉式策略兩類。推式策略是指企業運用人員推銷的方式，把產品推向市場，即從中小生產企業推向中間商，再由中間商推給消費者，故也稱人員推銷策略。推式策略一般適合於單位價值較高的產品、根據用戶需求特點設計的產品、市場比較集中的產品等。拉式策略也稱非人員推銷策略，是指現代企業運用非人員推銷方式把顧客拉過來，使其對本企業的產品產生需求，以擴大銷售。對單位價值較低的產品，流通環節較多、流通渠道較長的產品，市場範圍較廣、市場需求較大的產品，常採用拉式策略。

2. 促銷組合策略選擇的影響因素

促銷組合策略的制定，其影響因素較多，主要應考慮以下幾個因素：

（1）促銷目標。它是現代企業從事促銷活動所要達到的目的。在現代企業行銷的不同階段，為了適應市場行銷活動的不斷變化，要求有不同的促銷目標。無目標的促銷活動收不到理想的效果。因此，現代企業促銷組合策略的制定，要符合現代企業的促銷目標，根據不同的促銷目標，採用不同的促銷組合策略。

（2）產品因素。主要包括：①產品的性質。不同性質的產品，購買者和購買目的就不相同，因此對不同性質的產品必須採用不同的促銷組合策略。一般來說，在消費者市場，因市場範圍廣而更多地採用拉式策略，尤其以廣告和營業推廣形式促銷為多；在生產者市場，因購買者購買批量較大，市場相對集中，則以人員推銷為主要形式。②產品的市場生命週期。促銷目標在產品市場生命週期的不同階段是不同的，這決定了在市場生命週期各階段要相應選配不同的產品促銷組合，採用不同的產品促銷策略。在投入期，促銷目標主要是宣傳介紹產品，以便顧客瞭解、認識產品，產生購買慾望，廣告起到了向消費者、中間商宣傳介紹產品的功效，因此，這一階段以廣告為主要促銷形式，以營業推廣和人員推銷為輔助形式。在成長期，由於產品打開了銷路，銷量上升，同時也出現了競爭者，這時仍需加強廣告宣傳，但要注重宣傳企業產品特色，以增進顧客對本企業產品的購買興趣，若能輔之以公關手段，會收到相得益彰之佳效。在成熟期，競爭者增多，促銷活動以增進購買興趣與偏愛為目標，廣告的作用在於強調本產品與其他同類產品的細微差別，同時，要配合運用適當的營業推廣方式。在衰退期，由於更新換代產品和新發明產品的出現，使原有產品的銷量大幅度下降。為減少損失，促銷費用不宜過大，促銷活動宜針對老顧客，採用提示性廣告，並輔之適當的營業推廣和公關手段。

（3）市場的特點。目標市場的特點是影響促銷組合的重要因素之一。對於不同的市場，應當採用不同的促銷組合。在通常情況下，在地理範圍狹小、買主比較集中、交易額大的目標市場上，可以考慮以人員推銷為主，配合以廣告策略進行組合；而在較為廣闊、買主比較分散、交易額小、購買頻率高的目標市場上，則應以廣告為主進行促銷組合。與此同時，企業應當注意各種買主的不同需要和購買目的，選擇恰當有效的促銷方式。

具體來講，企業採取何種方式的促銷，要考慮以下因素：①市場條件。市場條件

不同，促銷組合策略也有所不同。從市場地理範圍大小來看，若促銷對象是小規模的本地市場，應以人員推銷為主；而對廣泛的全國甚至世界市場進行促銷，則多採用廣告形式。②從市場類型來看，消費者市場因消費者多而分散，多數靠廣告等非人員推銷形式；而對用戶較少、批量購買、成交額較大的生產者市場，則主要採用人員推銷形式。③在有競爭者的市場條件下，制定促銷組合策略還應考慮競爭者的促銷形式和策略，要有針對性地不斷變換自己的促銷組合策略。

(4) 促銷預算。現代企業開展促銷活動，必然要支付一定的費用。費用是現代企業經營十分關心的問題，並且現代企業能夠用於促銷活動的費用總是有限的。因此，在滿足促銷目標的前提下，要做到效果好而費用省。現代企業確定的促銷預算額應該是本企業有能力負擔的，並且是能夠適應競爭需要的。為了避免盲目性，在確定促銷預算額時，除了考慮營業額的多少外，還應考慮到促銷目標的要求、產品市場生命週期等其他影響促銷的因素。

第二節　人員推銷策略

一、人員推銷的概念及特點

人員推銷是指現代企業運用推銷人員直接向顧客推銷產品的一種促銷活動。在人員推銷活動中，推銷人員、推銷對象和推銷品是三個基本要素。其中前兩者是推銷活動的主體，後者是推銷活動的客體。通過推銷人員與推銷對象之間的接觸、洽談，將推銷品推給推銷對象，從而達成交易，實現既銷售產品，又滿足顧客需求的目的。

人員推銷與非人員推銷相比，既有優點又有缺點，其優點表現在以下四個方面：

(1) 信息傳遞雙向性。人員推銷作為一種信息傳遞形式，具有雙向性。在人員推銷過程中，一方面，推銷人員通過向顧客宣傳介紹推銷品的有關信息，如產品的質量、功能、價格以及同類產品競爭者的有關情況等，以此來達到招徠顧客、促進產品銷售的目的。另一方面，推銷人員通過與顧客接觸，能及時瞭解顧客對本企業產品的評價；通過觀察和有意識地調查研究，能掌握推銷品的市場生命週期及市場佔有率等情況。這樣不斷地收集信息、反饋信息，可為現代企業制定合理的行銷策略提供依據。

(2) 推銷目的雙重性。一重是指激發需求與市場調研相結合，另一重是指推銷產品與提供服務相結合。就後者而言，一方面，推銷人員施展各種推銷技巧，目的是推銷產品；另一方面，推銷人員與顧客直接接觸，向顧客提供各種服務，是為了幫助顧客解決問題，滿足顧客的需求。雙重目的相互聯繫、相輔相成。推銷人員只有做好顧客的參謀，更好地實現滿足顧客需求這一目的，才有利於誘發顧客的購買慾望，促成購買，使產品推銷效果達到最大化。

(3) 推銷過程靈活性。由於推銷人員與顧客直接聯繫，當面洽談，可以通過交談與觀察瞭解顧客，進而根據不同顧客的特點和反應，有針對性地調整自己的工作方法，以適應顧客，誘導顧客購買；而且，還可以及時發現、答覆和解決顧客提出的問題，

消除顧客的疑慮和不滿意感。

（4）友誼、協作長期性。推銷人員與顧客直接見面，長期接觸，可以促使買賣雙方建立友誼，密切現代企業與顧客之間的關係，易於使顧客對現代企業的產品產生偏愛。因此，在長期保持友誼的基礎上開展推銷活動，有助於建立長期的買賣協作關係，穩定地銷售產品。

人員推銷的缺點主要表現在兩個方面：①支出較大，成本較高。由於每個推銷人員直接接觸的顧客有限，銷售面窄，特別是在市場範圍較大的情況下，人員推銷的開支較多，這就增大了產品銷售成本，一定程度地減弱產品的競爭力。②對推銷人員的要求較高。人員推銷的效果直接決定於推銷人員素質的高低，並且隨著科學技術的發展，新產品層出不窮，對推銷人員的素質要求越來越高。因此，要求推銷人員必須熟悉新產品的特點、功能等知識。要培養和選拔出理想的勝任職位的推銷人員比較困難，而且耗費也大。

總之，可以說，當銷售者與潛在購買者面對面的接觸十分重要時，當需要按照潛在購買者的需求調整產品時，當產品處於生命週期的成熟或衰退階段時，或者當現代企業採取「推」的策略時，通過人員銷售是非常重要的，甚至是必要的。

二、推銷人員的甄選與培訓

由於推銷人員素質高低直接關係到現代企業促銷活動的成功與失敗，所以，推銷人員的甄選與培訓十分重要。

1. 推銷人員的甄選

甄選推銷人員，不僅要對未從事推銷工作的人員進行甄選，使其中品德端正、作風正派、工作責任心強的能勝任推銷工作的人員走入推銷人員的行列，還要對在崗的推銷人員進行甄選，淘汰那些不適合推銷工作的推銷人員。

推銷人員的來源：一是來自現代企業內部，就是把本企業內德才兼備、熱愛並適合推銷工作的人選拔到推銷部門工作；二是從企業外部招聘，即現代企業從大專院校的應屆畢業生、其他企業或單位等群體中物色合格人選。無論哪種來源，都應經過嚴格的考核，擇優錄用。

甄選推銷人員有多種方法，為準確地選出優秀的推銷人才，應根據推銷人員素質的要求，採用申報、筆試和面試相結合的方法。由報名者自己填寫申請，藉此掌握報名者的性別、年齡、受教育程度及工作經歷等基本情況；通過筆試和面試可瞭解報名者的儀表風度、工作態度、知識廣度和深度、語言表達能力、理解能力、分析能力、應變能力等。

2. 推銷人員的培訓

對當選的推銷人員，還需經過培訓才能上崗，使他們學習和掌握有關產品的知識與技能。同時，還要對在崗推銷人員每隔一段時間進行培訓，使其瞭解本企業的新產品、新的經營計劃和新的市場行銷策略，從而進一步提高素質。培訓內容通常包括企業知識、產品知識、市場知識、心理學知識和政策法規知識等內容。

培訓推銷人員的方法很多，常被採用的方法有三種：①講授培訓。這是一種課堂

教學培訓方法。一般是通過舉辦短期培訓班或進修等形式，由專家、教授和有豐富推銷經驗的優秀推銷員來講授基礎理論和專業知識，介紹推銷方法和技巧。②模擬培訓。它是受訓人員親自參與的有一定真實感的培訓方法。具體做法是，由受訓人員扮演推銷人員向由專家教授或有經驗的優秀推銷員扮演的顧客進行推銷，或由受訓人員分析推銷實例等。③實踐培訓。實際上，這是一種崗位練兵。當選的推銷人員直接上崗，與有經驗的推銷人員建立師徒關係，通過傳、幫、帶，使受訓人員逐漸熟悉業務，成為合格的推銷人員。

三、人員推銷的形式與對象

1. 人員推銷的基本形式

一般來說，人員推銷有以下三種基本形式：

（1）上門推銷。上門推銷是最常見的人員推銷形式。它是由推銷人員攜帶產品的樣品、訂單等走訪顧客，推銷產品。這種推銷形式可以針對顧客的需要提供有效的服務，方便顧客，故為顧客所廣泛認可和接受。此種形式是一種積極主動的、名副其實的「正宗」推銷形式。

（2）櫃臺推銷。它又稱門市推銷，是指現代企業在適當地點設置固定的門市，由營業員接待進入門市的顧客，推銷產品。門市的營業員是廣義的推銷人員。櫃臺推銷與上門推銷正好相反，它是等顧客上門式的推銷方式。由於門市裡的產品種類齊全，能滿足顧客多方面的購買要求，為顧客提供較多的購買方便，並且可以保證產品安全無損，故此，顧客比較樂於接受這種方式。

（3）會議推銷。它是指利用各種會議向與會人員宣傳和介紹產品，開展推銷活動。例如，在訂貨會、交易會、展覽會等會議上推銷產品均屬會議推銷。這種推銷形式接觸面廣、推銷集中，可以同時向多個推銷對象推銷產品，成交額較大、推銷效果較好。

2. 人員推銷的推銷對象

推銷對象是指人員推銷活動中接受推銷的主體，是推銷人員說服的對象。推銷對象有消費者、生產用戶和中間商三類。

（1）向消費者推銷。推銷人員向消費者推銷產品，必須對消費者有所瞭解。為此，要掌握消費者的年齡、性別、民族、職業、宗教信仰等基本情況，進而瞭解消費者的購買慾望、購買能力、購買特點和習慣等，並且要注意消費者的心理反應。對不同的消費者，施以不同的推銷技巧。

（2）向生產用戶推銷。將產品推向生產用戶的必備條件是熟悉生產用戶的有關情況，包括生產用戶的生產規模、人員構成、經營管理水準、產品設計與製作過程以及資金情況等。在此前提下，推銷人員還要善於準確而恰當地說明自己產品的優點並能對生產用戶使用該產品後所得到的效益作簡要分析，以滿足其需要；同時，推銷人員還應幫助生產用戶解決疑難問題，以取得用戶信任。

（3）向中間商推銷。與生產用戶一樣，中間商也對所購產品具有豐富的專門知識，其購買行為也屬於理智型。這就需要推銷人員具備相當的業務知識和較高的推銷技巧。在向中間商推銷產品時，首先要瞭解中間商的類型、業務特點、經營規模、經濟實力

以及他們在整個分銷渠道中的地位；其次，應向中間商提供有關信息，給中間商提供幫助，建立友誼，擴大銷售。

四、推銷人員的考核與評價

為了加強對推銷人員的管理，現代企業必須對推銷人員的工作業績進行科學而合理的考核與評價。推銷人員的業績考評結果，既可以作為分配報酬的依據，又可以作為現代企業人事決策的重要參考指標。

1. 考評資料的收集

收集推銷人員的資料是考評推銷人員的基礎性工作。全面、準確地收集考評所需資料是做好考評工作的客觀要求。考評資料主要從推銷人員銷售工作報告、企業銷售記錄、顧客及社會公眾的評價以及企業內部員工的意見四個來源途徑獲得。

（1）推銷人員銷售工作報告。銷售工作報告一般包括銷售活動計劃和銷售績效報告兩部分。銷售活動計劃作為指導推銷人員推銷活動的日程安排，它可展示推銷人員的區域年度推銷計劃和日常工作計劃的科學性、合理性。銷售績效報告反應了推銷人員的工作實績，據此可以瞭解銷售情況、費用開支情況、業務流失情況、新業務拓展情況等許多推銷績效。

（2）企業銷售記錄。現代企業的銷售記錄，一般包括顧客記錄、區域銷售記錄、銷售費用支出的時間和數額等信息，它們是考評推銷業績的寶貴的基礎性資料。通過對這些資料進行加工、計算和分析，可以得出適宜的評價指標，如某一推銷人員所接訂單的毛利、一定時期一定規模訂單的毛利。

（3）顧客及社會公眾的評價。推銷人員面向顧客和社會公眾提供各種服務，這就決定了顧客和社會公眾是鑑別推銷人員服務質量最好的見證人，因此，評估推銷人員理應聽取顧客及社會公眾的意見。通過對顧客投訴和定期顧客調查結果的分析，可以透視出不同的推銷人員在完成推銷產品這一工作任務的同時，其言行對現代企業整體形象的影響。

（4）企業內部員工的意見。現代企業內部員工的意見主要是指銷售經理或其他非銷售部門有關人員的意見。此外，銷售人員之間的意見也作為考評時的參考。依據這些資料可以瞭解有關推銷人員的合作態度和領導才干等方面的信息。

2. 考評標準的建立

考評銷售人員的績效，科學而合理的標準是不可缺少的。績效考評標準的確定，既要遵循基本標準的一致性，又要堅持推銷人員在工作環境、區域市場拓展潛力等方面的差異性，不能一概而論。當然，績效考核的總體標準應與銷售增長、利潤增加和企業發展目標相一致。

制定公平而富有激勵作用的績效考評標準，需要現代企業管理人員根據過去的經驗，結合推銷人員的個人行為來綜合制定，並需在實踐中不斷加以修整與完善。常用的推銷人員績效考核指標主要有：

（1）銷售量。最常用的指標，用於衡量銷售增長狀況。

（2）毛利。用於衡量利潤的潛量。

（3）訪問率（每天的訪問次數）。衡量推銷人員的努力程度。

（4）訪問成功率。衡量推銷人員的工作效率。

（5）平均訂單數目。此指標多與每日平均訂單數目一起用來衡量，說明訂單的規模和推銷的效率。

（6）銷售費用及費用率。用於衡量每次訪問的成本及直接銷售費用占銷售額的比重。

（7）新客戶數目。這是衡量推銷人員特別貢獻的主要指標。

第三節　廣告策略

廣告作為促銷方式或促銷手段，是一門帶有濃鬱商業性的綜合藝術。雖說廣告並不一定能使某種產品成為世界名牌，但若沒有廣告，該產品肯定不會成為世界名牌。成功的廣告可使默默無聞的現代企業和其產品名聲大振，家喻戶曉，廣為傳揚。

一、廣告的概念與種類

1. 廣告的概念

廣告一詞有「注意」「誘導」「大喊大叫」和「廣而告之」之意。廣告作為一種傳遞信息的活動，它是現代企業在促銷中普遍重視且應用最廣的促銷方式。市場行銷學中探討的廣告，是一種經濟廣告，即廣告主以促進銷售為目的，付出一定的費用，通過特定的媒體傳播產品等有關經濟信息的大眾傳播活動。從廣告的概念可以看出，廣告是以廣大消費者為廣告對象的大眾傳播活動；廣告以傳播產品等有關經濟信息為其內容；廣告是通過特定的媒體來實現的，並且廣告主要對使用的媒體支付一定的費用；廣告的目的是為了促進產品銷售，進而獲得較好的經濟效益。

2. 廣告的種類

（1）根據廣告的內容和目的劃分

①產品廣告。它是針對產品銷售開展的大眾傳播活動。產品廣告按其目的不同可分為三種類型：開拓性廣告，亦稱報導性廣告，它是以激發顧客對產品的初始需求為目標，主要介紹剛剛進入投入期的產品的用途、性能、質量、價格等有關情況，以促使新產品進入目標市場。勸告性廣告，又叫競爭性廣告，是以激發顧客對某種產品產生興趣，增進「選擇性需求」為目標，對進入成長期和成熟前期的產品所做的各種傳播活動。提醒性廣告，也叫備忘性廣告或提示性廣告，是指對已進入成熟後期或衰退期的產品所進行的廣告宣傳，目的是在於提醒顧客，使其產生「慣性」需求。

②企業廣告。企業廣告又稱商譽廣告。這類廣告著重宣傳和介紹企業名稱、企業精神、企業概況（包括廠史、生產能力、服務項目等情況）等有關現代企業信息，其目的是提高現代企業的聲望、名譽和形象。

③公益廣告。公益廣告是用來宣傳公益事業或公共道德的廣告。它的出現是廣告觀念的一次革命。公益廣告能夠實現現代企業自身目標與社會目標的融合，有利於樹

立並強化現代企業形象。公益廣告有廣闊的發展前景。

（2）根據廣告傳播的區域來劃分

①全國性廣告。這是指採用信息傳播能覆蓋全國的媒體所做的廣告，以此激發全國消費者對所宣傳的產品產生需求。在全國發行的報紙、雜誌以及廣播、電視等媒體上所做的廣告，均屬全國性廣告。這種廣告要求所做廣告的產品是適合全國通用的產品，並且因其費用較高，也只適合生產規模較大、服務範圍較廣的現代企業，而對實力較弱的現代企業實用性較差。

②地區性廣告。這是指採用信息傳播只能覆蓋一定區域的媒體所作的廣告，借以刺激某些特定地區消費者對產品的需求。在省、縣報紙、雜誌、廣播、電視上所做的廣告，均屬此類；路牌、霓虹燈上的廣告也屬地區性廣告。此類廣告傳播範圍小，多適合於生產規模小、資金薄弱的現代企業進行廣告宣傳。

此外，還有一些分類。例如，按廣告的形式劃分，可分為文字廣告和圖畫廣告；按廣告的媒體不同，可分為報紙廣告、雜誌廣告、廣播廣告、電視廣告、因特網廣告等。

二、廣告的媒體及其選擇

廣告媒體也稱廣告媒介，是廣告主與廣告接受者之間的連接物質。它是廣告宣傳必不可少的物質條件。廣告媒體並非一成不變，而是隨著科學技術的發展而發展。科技的進步，必然使得廣告媒體的種類越來越多。

1. 廣告媒體的種類及其特性

廣告媒體的種類很多，不同類型的媒體有不同的特性。目前比較常用的廣告媒體有以下幾種：

（1）報紙。報紙這種廣告媒體，其優越性表現在：①影響廣泛。報紙是傳播新聞的重要工具，與人民群眾有密切聯繫，發行量大。②傳播迅速。可及時地傳遞有關經濟信息。③簡便靈活，製作方便，費用較低。④便於剪貼存查。⑤信賴性強。借助報紙的威信，能提高廣告的可信度。報紙媒體的不足表現在：①因報紙登載內容龐雜，易分散對廣告的注意力；②印刷不精美，吸引力低；③廣告時效短，重複性差，只能維持當期的效果。

（2）雜誌。雜誌以登載各種專門知識為主，是各類專門產品的良好的廣告媒體。其優點表現在：①廣告宣傳對象明確，針對性強，有的放矢。②廣告會同雜誌有較長的保存期，讀者可以反覆查看。③因雜誌發行面廣，可以擴大廣告的宣傳區域。④由於雜誌讀者一般有較高的文化水準和生活水準，比較容易接受新事物，故利於刊登開拓性廣告。⑤印刷精美，能較好地反應產品的外觀形象，易引起讀者注意。其缺點表現在：①發行週期長，靈活性較差，傳播不及時；②讀者較少，傳播不廣泛。

（3）廣播。廣播媒體的優越性有：①傳播迅速、及時。②製作簡單，費用較低。③具有較高的靈活性。④聽眾廣泛，不論男女老幼、是否識字，均能受其影響。使用廣播做廣告的局限性在於：①時間短促，轉瞬即逝，不便記憶；②有聲無形，印象不深；③不便存查。

（4）電視。電視作為廣告媒體雖然在20世紀40年代才出現，但因其有圖文並茂之優勢，發展很快，並力壓群芳，成為最重要的廣告媒體。具體說來，電視廣告媒體的優點是：①因電視有形、有色，聽視結合，使廣告形象、生動、逼真、感染力強。②由於電視已成為人們文化生活的重要組成部分，收視率較高，使電視廣告的宣傳範圍廣，影響面大。③宣傳手法靈活多樣，藝術性強。一些現代企業通過電視廣告營造一種場面，從而提出潛在購買者心目中存在的需求問題。電視作為廣告媒體的缺點是：①時間性強，不易存查；②製作複雜，費用較高；③因播放節目繁多，易分散對廣告的注意力。

（5）戶外廣告。戶外廣告主要包括路牌、霓虹燈、旗幟、招貼、燈箱、壁圖、櫥窗、車船等形式。如果現代企業能在城市的主要交通路口、人群匯集地選擇引人注目的地方，用獨特的方式進行戶外廣告，效果是非常好的。戶外廣告媒體的優點是：①展示時間長。②表現手法靈活。③不受競爭對手干擾。④費用低。其缺點是：①很難有特別的創意；②可選地方受限制；③難修改，時效性差。

（6）網絡廣告。隨著因特網的發展，網絡廣告越來越得到廣泛的運用。目前中國企業也十分重視網絡廣告的作用，越來越多的現代企業採用了網上做廣告的形式。網絡廣告媒體的優越性有：①速度快，製作成本低。②跨越時間、空間限制。③動態、及時。④反饋的可測性高。⑤與消費者的互動性強。其缺點是：①網絡廣告點擊率還不高，這使宣傳效果受限；②技術含量要求高；③在中國，網絡廣告還受種種限制。

以上六種廣告媒體是最常用的，被稱為六大廣告媒體。此外還有一些廣告媒體，稱為其他廣告媒體，如塔柱、造型物、體育比賽、文藝活動、包裝物等。

另外，POP廣告特別適用於許多產品的銷售。它是指現代企業在銷售現場為宣傳產品、刺激顧客購買慾望而布置的特殊廣告物，如懸掛小旗、張貼宣傳畫或在店門口設置大型誇張物件等，它在直接對消費者促銷作用方面大顯身手。

2. 廣告媒體的選擇

不同的廣告媒體有不同的特性，這就決定了現代企業從事廣告活動必須對廣告媒體進行正確的選擇，否則將影響廣告效果。正確地選擇廣告媒體，一般要考慮以下影響因素：

（1）產品的性質。不同性質的產品，有不同的使用價值、使用範圍和宣傳要求。廣告媒體只有適應產品的性質，才能取得較好的廣告效果。通常，對產品進行廣告宣傳，適合選用能直接傳播到大眾的廣告媒體，如廣播、電視、報紙、雜誌、廣告牌、POP廣告等。

（2）消費者接觸媒體的習慣。選擇廣告媒體，還要考慮目標市場上消費者接觸廣告媒體的習慣。一般認為，能使廣告信息傳到目標市場的媒體是最有效的媒體。例如，對兒童用品、食品、玩具等的廣告宣傳，宜選電視、包裝物、壁圖、廣告牌、車身等作為其媒體；對成人產品進行廣告宣傳，選用雜誌、報紙、電視、廣播、網絡等媒體，其效果較好。

（3）媒體的傳播範圍。媒體傳播範圍的大小直接影響廣告信息傳播區域的廣、窄。

適合全國各地使用的產品，應以全國性發放的報紙、雜誌、廣播、電視等作為廣告媒體；屬地方性銷售的產品，可通過地方性報刊、電臺、電視臺、霓虹燈等傳播信息。

（4）媒體的費用。各廣告媒體的收費標準不同，即使同一種媒體，也因傳播範圍和影響力的大小而有價格差別。考慮媒體費用，應該注意其相對費用，即考慮廣告促銷效果。

總之，要根據廣告目標的要求，結合各廣告媒體的優缺點，綜合考慮上述各影響因素，盡可能選擇使用效果好、費用低的廣告媒體。

三、廣告的設計原則

廣告效果，不僅決定於廣告媒體的選擇，還取決於廣告設計的質量。高質量的廣告設計必須遵循下列原則：

（1）真實性。廣告的生命在於真實。虛偽、欺騙性的廣告，必然會喪失現代企業的信譽。廣告的真實性體現在兩方面：一方面，廣告的內容要真實，包括廣告的語言文字要真實，不宜使用含糊、模稜兩可的言詞；畫面也要真實，並且兩者要統一起來；藝術手法修飾要得當，以免使廣告內容與實際情況不相符合。另一方面，廣告主與廣告的產品也必須是真實的，如果廣告主根本不生產或經營廣告中宣傳的，甚至連廣告主也是虛構的單位，那麼，廣告肯定是虛構的、不真實的。現代企業必須依據真實性原則設計廣告，這也是一種商業道德和社會責任。

（2）社會性。廣告是一種信息傳遞。在傳播經濟信息的同時，也傳播了一定的思想意識，必然會潛移默化地影響社會文化、社會風氣。從一定意義上說，廣告不僅是一種促銷形式，而且是一種具有鮮明思想性的社會意識形態。廣告的社會性體現在：廣告必須符合社會文化、思想道德的客觀要求。具體說來，廣告要遵循黨和國家的有關方針、政策，不違背國家的法律、法令和制度，有利於社會主義精神文明，有利於培養人民的高尚情操，嚴禁出現帶有中國國旗、國徽、國歌標志、國歌音響的廣告內容和形式，杜絕損害中國民族尊嚴的，甚至有反動、淫穢、迷信、荒誕內容的廣告等，如「用黑社會交易來反應產品緊俏、短缺以勸誘購買」的廣告創意是不足取的。

（3）針對性。廣告的內容和形式要富有針對性，即對不同的產品、不同的目標市場要有不同的內容，採取不同的表現手法。由於各個消費者群體都有自己的喜好、厭惡和風俗習慣，為適應不同消費者群的不同特點和要求，廣告要根據不同的廣告對象來決定廣告的內容，採用與之相適應的形式。

（4）藝術性。廣告是一門科學，也是一門藝術。廣告把真實性、思想性、針對性賦於藝術性之中。利用科學技術吸收文學、戲劇、音樂、美術等各學科的藝術特點，把真實的、富有思想性、針對性的廣告內容通過完善的藝術形式表現出來。只有這樣，才能使廣告像優美的詩歌、像美麗的圖畫，成為精美的藝術作品，給人以很高的藝術享受，使人受到感染，增強廣告的效果。這就要求廣告設計要構思新穎、語言生動、有趣、詼諧，圖案美觀大方、色彩鮮豔、和諧，廣告形式要不斷創新。

四、廣告媒體組合

每一種媒體都有其短處和長處，將兩種或兩種以上的媒體組合起來，優勢互補，克服弱點，使廣告達到最佳效果，這是媒體組合的根本指導思想。

1. 廣告組合的優勢

廣告媒體組合策略之所以能使產品產生轟動效應和良好的促銷效果，主要由於以下三方面的優勢：

（1）重複效應。由於各種媒體覆蓋的對象有時是重複的，因此媒體組合的使用將使部分廣告受眾增加，廣告接觸次數增多，也就是增加廣告傳播深度。消費者接觸廣告次數越多，對產品的注意度、記憶度、理解度就越高，購買的衝動就越強。

（2）延伸效應。各種媒體都有各自覆蓋範圍的局限性，假若將媒體組合運用則可以增加廣告傳播的廣度，延伸廣告覆蓋範圍。廣告覆蓋面越大，產品的知名度就越高。

（3）互補效應。以兩種以上廣告媒體來傳播同一廣告內容，對於同一受眾來說，其廣告效果是相輔相成、互相補充的。由於不同媒體各有利弊，因此組合使用能取長補短，相得益彰。

2. 媒體組合策略的方式

（1）瞬間媒體與長效媒體的組合。瞬間媒體指廣告信息瞬時消失的媒體，如廣播、電視等媒體。由於廣告一閃而過，信息不易保留，因而要與能長期保留信息、可供反覆查閱的長效媒體配合使用。長效媒體一般是指那些可以較長時間傳播同一廣告的印刷品、路牌、霓虹燈、公共汽車等媒體。

（2）視覺媒體與聽覺媒體的組合。視覺媒體指借助於視覺要素表現的媒體，如報紙、雜誌、戶外廣告、招貼、公共汽車廣告等。聽覺媒體指借用聽覺要素表現的媒體，如廣播、音響廣告，電視可以說是聽視覺完美結合的媒體。聽覺媒體更抽象，可以給人豐富的想像；視覺媒體更直觀，給人以一種真實感。

（3）大眾媒體與促銷媒體的組合。大眾媒體指報紙、電視、廣播、雜誌等傳播面廣、聲勢浩大的廣告媒體，其傳播優勢在於「面」。但這些媒體與銷售現場脫離開來，只能起到間接促銷作用。促銷媒體主要指招貼、郵寄、展銷和戶外廣告等傳播面小、傳播範圍固定且具有直接促銷作用的廣告，它的優勢在於「點」，若在採用大眾媒體的同時又配合使用促銷媒體，就能夠點面結合，起到直接促銷的效果。

五、廣告效果測定

廣告的傳播必然會對銷售帶來影響，產生一定的經濟效果。由於對廣告的經濟效果有兩種不同的看法，廣告效果測定的方法相應也有兩種。

1. 直接經濟效果

直接經濟效果是以廣告對產品促銷情況的好壞來直接判定廣告效果，是以廣告費的支出和銷售額的增加這兩個指標為主要測量單位。廣告主支出廣告開支，必然希望能夠通過增加產品銷售而獲得經濟效益，因此，直接經濟效果比較容易測定，也是廣告主最為關心的。但是，直接影響產品銷售的因素，除了廣告之外還有很多，諸如現

代企業的行銷策略與方法、產品的生命週期和市場競爭情況等，都會直接影響產品的銷售量。有時在廣告發布後，產品銷售量下降了，但這並不一定是廣告沒有發揮作用，也許是其他因素影響的結果。顯然，單純以直接經濟效果的多寡來衡量廣告效果的大小，是不夠全面也不夠準確的。

2. 間接經濟效果

間接經濟效果不是以銷售情況好壞作為直接評定廣告效果的依據，而是以廣告的收視收聽率、產品的知名度、記憶度、理解度等廣告本身的效果為依據。當然，廣告本身效果最終也要反應在產品銷售上，但它不以銷售額多少作為指標，而是以廣告所能產生的心理性因素為依據，即廣告做出後，測定廣告接受者人數的多少、影響的程度，以及人們從認知到行動的整個心理變化過程。其具體包括以下內容：

（1）對廣告注意度的測定，即各種廣告媒體吸引人的程度和範圍，主要測定視聽率。

（2）對廣告記憶度的測定，即對消費者對於廣告的主要內容，如廠家、品牌、名稱等記憶程度的測定，從中可見廣告主題是否鮮明、突出、與眾不同。

（3）對廣告理解度的測定，即指消費者對於廣告的內容、形式等理解程度的測定，從中可以檢查廣告設計與製作的效果如何。

（4）對動機形成的測定，即測定廣告對消費者從認知到行動究竟起多大作用。

第四節　營業推廣策略

營業推廣又稱銷售促進，它是指現代企業運用各種短期誘因鼓勵消費者和中間商購買、經銷或代理現代企業產品的促銷活動。

一、營業推廣的特點和目標

1. 營業推廣的特點

營業推廣是人員推銷、廣告和公共關係以外的能刺激需求、擴大銷售的各種促銷活動。概括說來，營業推廣有如下特點：

（1）營業推廣促銷效果顯著。在開展營業推廣活動中，可選用的方式多種多樣。一般來說，只要能選擇合理的營業推廣方式，就會很快地收到明顯的增銷效果，而不像廣告和公共關係那樣需要一個較長的時期才能見效。因此，營業推廣適合於在一定時期、一定任務的短期性的促銷活動中使用。

（2）營業推廣是一種輔助性促銷方式。人員推銷、廣告和公關都是常規性的促銷方式，而多數營業推廣方式則是非正規性和非經常性的，只能是它們的補充方式。亦即，使用營業推廣方式開展促銷活動，且能在短期內取得明顯的效果，但它一般不能單獨使用，常常配合其他促銷方式使用。營業推廣方式的運用能使與其配合的促銷方式更好地發揮作用。

（3）營業推廣有貶低產品之意。採用營業推廣方式促銷，似乎迫使顧客產生「機

會難得、時不再來」之感，進而能打破消費者需求動機的衰變和購買行為的惰性。不過，營業推廣的一些做法也常使顧客認為賣者有急於拋售的意圖。若頻繁使用或使用不當，往往會引起顧客對產品質量、價格產生懷疑。因此，現代企業在開展營業推廣活動時，要注意選擇恰當的方式和時機。

2. 營業推廣的目標

營業推廣的目標主要由企業的行銷目標決定，一般有以下三個方面的目標：

（1）以消費者為目標的推廣。以消費者為目標的推廣主要是刺激消費者購買，如鼓勵現有產品使用者增加使用量，吸引未使用者試用，爭取其他品牌的使用者等。

（2）以中間商為目標的推廣。以中間商為目標的推廣是鼓勵中間商購買、銷售企業產品，提高產品庫存量，打擊競爭品牌，增強中間商的品牌忠誠度，開闢新的銷售渠道等。

（3）以推銷人員為目標的推廣。以推銷人員為目標的推廣是鼓勵推銷人員推銷企業產品，刺激他們去尋找更多的潛在的顧客，努力提高推銷業績等。

二、營業推廣的方式

營業推廣的方式多種多樣，每一個現代企業不可能全部使用。這就需要現代企業根據各種方式的特點、促銷目標、目標市場的類型及市場環境等因素選擇適合本企業的營業推廣方式。

1. 向消費者推廣的方式

向消費者推廣是為了鼓勵老顧客繼續購買、使用本企業的產品，激發新顧客試用本企業的產品。其方法主要有：

（1）贈送樣品。向消費者免費贈送產品樣品，可以鼓勵消費者認購，也可以獲取消費者對產品的反應。樣品贈送，可以有選擇地贈送，也可在商店或鬧市區或附在其他商品中無選擇地贈送。這是介紹、推銷新產品的一種促銷方式，但費用較高，對高值產品不宜採用。

（2）贈送代價券。代價券作為對某種產品免付一部分價款的證明，持有者在購買某產品時免付一部分貨款。代價券可以郵寄，也可附在產品或廣告之中贈送，還可以向購買產品達到一定的數量或數額的顧客贈送。這種形式，有利於刺激消費者使用原有的產品，也可以鼓勵消費者認購新的產品。

（3）包裝兌現。即採用產品包裝來兌換現金。如收集到若干個某種飲料瓶蓋，可兌換一定數量的現金或實物，借以鼓勵消費者購買該種飲料。這種方式的有效運用，也體現了現代企業的綠色行銷觀念，有利於樹立良好的企業形象。

（4）提供贈品。對購買產品價格較高的顧客贈送相關產品（價格相對較低、符合質量標準的產品）有利於刺激高價產品的銷售。由此，提供贈品是有效的營業推廣方式。

（5）產品展銷。展銷可以集中消費者的注意力和購買力。在展銷期間，質量精良、價格優惠的產品會備受青睞。可以說，參展是難得的營業推廣機會和有效的促銷方式。

（6）競賽與抽獎。競賽就是讓消費者按照競賽要求，運用其知識技能來贏得現金、

實物或旅遊獎勵，這種競賽不完全依靠一個人的本領，還需要借助運氣，而競賽題目或內容又總與主辦者自身特徵或多或少地有所聯繫或結合。抽獎是指消費者憑其資格證明，如購物發票或以此換取的兌獎券，所使用的商品標記，如包裝紙、瓶蓋等，向主辦者申請獲獎機會。而主辦者根據事先公布的準則、程序，以一定比例從參加者中抽取獲獎者，向其頒發獎金或獎品。

競賽和抽獎的誘惑力還是很高的，它有助於增強廣告吸引力、強化品牌形象。但競賽活動參加率低，無法普及，設計創新的難度也較大。抽獎雖然普及面高一些，但它通常需要大量的媒體經費進行宣傳才能達到一定的效果，而且很難事先對活動效果進行完善的效益評估。

（7）聯合營業推廣。聯合營業推廣是指兩個或兩個以上的公司合作開展促銷活動，推銷它們的產品或服務，以擴大活動的影響力。這種方法的最大好處是可以使聯合體內的各成員以較少的費用，獲得最大的促銷效果。聯合營業推廣的最大好處在於降低促銷成本，活動中的廣告費、贈品等各項成本均由聯合各方分攤，大大降低了各自的投資。另外，選擇目標顧客已接受的品牌作為聯合營業推廣的合作夥伴，可使本產品快速接觸到目標消費者，加快本產品的推進速度。

2. 向中間商推廣的方式

製造商策劃與掀起的促銷活動，如果沒有中間商的回應、參與和支持，是難以取得促銷效果的。勸誘中間商更多地訂貨的最有效辦法可能是給予價格折扣。或者當中間商訂貨達到一定數量之後，就免費贈送他們一部分產品。為中間商培訓推銷人員、維修服務人員，使中間商能更好地向顧客示範介紹產品、提高產品售後服務質量，對於有效地促進中間商的行銷工作，吸引顧客購買生產企業的產品具有積極的作用。向中間商推廣，其目的是為了促使中間商積極經銷現代企業的產品。其方式主要有：

（1）購買折扣。為刺激、鼓勵中間商大批量地購買現代企業的產品，對第一次購買和購買數量較多的中間商給予一定的折扣優待，購買數量越大，折扣越多。折扣可以直接支付，也可以從付款金額中扣出，還可以贈送產品作為折扣。

（2）資助。資助是指現代企業為中間商提供陳列商品、支付部分廣告費用和部分運費等補貼或津貼。在這種方式下，中間商陳列現代企業的產品，企業可免費或低價提供陳列商品；中間商為現代企業產品做廣告，生產者可資助一定比例的廣告費用；為刺激距離較遠的中間商經銷現代企業產品，可給予一定比例的運費補貼。

（3）經銷獎勵。對經銷現代企業產品有突出成績的中間商給予獎勵。這種方式能刺激經銷業績突出者加倍努力，更加積極主動地經銷現代企業產品，同時，也有利於誘使其他中間商為多經銷現代企業產品而努力，從而促進產品的銷售。

（4）推廣津貼。為經銷商提供商品陳列設計資料、付給經銷商陳列津貼、廣告津貼、經銷新產品津貼，以鼓勵經銷商開展促銷活動和積極經銷本企業的產品及新產品。

（5）經銷競賽。即組織所有的經銷本企業產品的中間商進行銷售競賽，對銷售業績較好的中間商將給予某種形式的獎勵。

（6）代銷。代銷是指中間商受生產廠家的委託，代其銷售商品，中間商不必付款

買下商品，而是根據銷售額來收取佣金，商品要是銷不出去，則將其返還生產廠家。代銷可以解決中間商資金不足的困難，還可以避免銷不出去的風險。因此，很受中間商的歡迎。

3. 針對推銷人員的營業推廣

企業可以通過推銷競賽、推銷紅利、推銷回扣等方式來獎勵推銷人員，鼓勵他們把企業的各種產品推薦給消費者，並積極地開拓潛在的市場。以下是幾種具體方法：

（1）紅利提成或超額提成。具體做法有：從企業的銷售利潤中提取一定比例的金額作為獎勵發給推銷員；推銷員按銷售利潤的多少提取一定比例的金額，銷售利潤越大，提取的比例越大。

（2）開展推銷競賽。推銷競賽的內容包括推銷數額、推銷費用、市場滲透、推銷服務等。規定獎勵的級別、比例與獎金（品）的數額，用以鼓勵推銷人員。對成績優異、貢獻突出者，給予現金、旅遊、獎品、休假、提級晉升、精神獎勵等。

（3）特別推銷金。企業給予推銷人員一定的金錢的產品，以鼓勵其努力工作。

三、營業推廣的控制

營業推廣是一種促銷效果比較顯著的促銷方式，但倘若使用不當，不僅達不到促銷的目的，反而會影響產品銷售，甚至損害現代企業的形象。因此，在運用營業推廣方式促銷時，必須予以控制。

（1）選擇適當的方式。營業推廣的方式很多，且各種方式都有其各自的適應性。選擇好營業推廣方式是促銷獲得成功的關鍵。一般來說，應結合產品的性質、不同方式的特點以及消費者的接受習慣等因素選擇合適的營業推廣方式。

（2）確定合理的期限。控制好營業推廣的時間長短也是取得預期促銷效果的重要一環。推廣的期限，既不能過長，也不宜過短。這是因為，時間過長會使消費者感到習以為常，消失刺激需求的作用，甚至會產生疑問或不信任感；時間過短會使部分顧客來不及接受營業推廣的好處，收不到最佳的促銷效果。一般應以消費者的平均購買週期或淡旺季間隔為依據來確定合理的推廣方式。

（3）禁忌弄虛作假。營業推廣的主要對象是企業的潛在顧客，因此，現代企業在營業推廣全過程中，一定要堅決杜絕徇私舞弊的短視行為發生。

（4）注重中後期宣傳。在營業推廣活動的中後期，面臨的十分重要的宣傳內容是營業推廣中的企業兌現行為。這是消費者驗證現代企業推廣行為是否具有可信性的重要信息源。所以，令消費者感到可信的現代企業兌現行為，一方面有利於喚起消費者的購買慾望，另一方面可以換來社會公眾對現代企業良好的口碑，增強現代企業良好形象。

第五節　公共關係策略

一、公共關係的概念及特徵

　　公共關係又稱公眾關係，是指現代企業在從事市場行銷活動中正確處理本企業與社會公眾的關係，以便樹立現代企業的良好形象，從而促進產品銷售的一種活動。公共關係是一種社會關係，但又不同於一般社會關係，也不同於人際關係。公共關係的基本特徵表現在以下幾方面：

　　(1) 公共關係是一定社會組織與其相關的社會公眾之間的相互關係。這裡包括三層含義：①公共關係活動的主體是一定的組織，如現代企業等。②公共關係活動的對象，既包括現代企業外部的顧客、競爭者、新聞界、金融界、政府各有關部門及其他社會公眾，又包括現代企業內部職工、股東。這些公共關係對象構成了現代企業公共關係活動的客體。現代企業與公共關係對象關係的好壞直接或間接地影響現代企業的發展。③公共關係活動的媒介是各種信息溝通工具和大眾傳播渠道。作為公共關係主體的現代企業，借此與客體進行聯繫、溝通、交往。

　　(2) 公共關係的目標是為現代企業廣結良緣，在社會公眾中創造良好的現代企業形象和社會聲譽。一個企業的形象和聲譽是其無形的財富。良好的形象和聲譽是企業富有生命力的表現，也是公共關係的真正目的所在。現代企業以公共關係為促銷手段，是利用一切可能利用的方式和途徑，讓社會公眾熟悉現代企業的經營宗旨，瞭解現代企業的產品種類、規格以及服務方式和內容等有關情況，使現代企業在社會上享有較高的聲譽和較好的形象，從而促進產品銷售的順利進行。

　　(3) 公共關係的活動以真誠合作、平等互利、共同發展為基本原則。公共關係以一定的利益關係為基礎，這就決定了主客雙方必須均有誠意，平等互利，並且要協調、兼顧現代企業利益和公眾利益。這樣，才能滿足雙方需求，以維護和發展良好的關係。否則，只顧現代企業利益而忽視公眾利益，在交往中損人利己，不考慮現代企業信譽和形象就不能構成良好的關係，也毫無公共關係可言。

　　(4) 公共關係是一種信息溝通，是創造「人和」的藝術。公共關係是現代企業與其相關的社會公眾之間的一種信息交流活動。現代企業從事公共關係活動，能溝通企業上下、內外的信息，建立相互間的理解、信任與支持，協調和改善現代企業的社會關係環境。公共關係追求的是現代企業內部和外部人際關係的和諧統一。

　　(5) 公共關係是一種長期活動。公共關係著手於平時努力，著眼於長遠打算。公共關係的效果不是急功近利的短期行為所能達到的，需要連續的、有計劃的努力。現代企業要樹立良好的社會形象和信譽，不能拘泥於一時的得失，而要追求長期的穩定的戰略性關係。

二、公共關係的作用

　　公共關係是一門「內求團結，外求發展」的經營管理藝術，是一項與現代企業生

存發展休戚相關的事業。其作用主要表現在以下五個方面：

1. 搜集信息，監測環境

信息是現代企業生存與發展必不可少的資源。運用各種公共關係手段可以採集各種有關信息，監測現代企業所處的環境。現代企業公共關係需要採集的信息包括以下幾方面：

（1）產品形象信息。這是指消費者對現代企業產品的各種反應與評價，如對產品質量、性能、價格、包裝等的反應評價。

（2）現代企業形象信息。現代企業要瞭解自己的形象，除產品形象的信息外，還必須採集以下信息：①公眾對現代企業組織機構的評價。如組織機構是否健全、設置是否合理、上下左右是否協調、運轉是否靈活、辦事效率高不高等。②公眾對現代企業經營管理水準的評價。在經營決策上，現代企業的經營方針是否正確，決策過程是否科學，決策目標是否合理、可行；在生產管理上，生產計劃是否完善，生產組織是否恰當；在銷售管理上，市場預測是否科學、準確，產品定價是否合理，促銷是否有力；在人事管理上，用人是否得當，等等。③公眾對現代企業人員素質的評價。其包括對決策層領導人員和一般人員素質的評價，評價指標有文化水準、工作能力、業務水準、交際能力、應變能力、創新精神、開拓意識、工作態度、工作效率等。④公眾對現代企業服務質量的評價。其包括對服務意識、服務態度等方面的評價。

（3）現代企業內部公眾的信息。現代企業的職工作為社會公眾的一部分，必然對企業產生不同的反應與評價。通過對現代企業內部職工意見的瞭解，能掌握職工對企業的期望，企業應樹立什麼樣的形象，才能對職工產生向心力和凝聚力。現代企業內部公眾的信息，可以通過意見書、各職能部門的計劃、總結、工作報告以及企業內部的輿論工具等來獲得。

（4）其他信息。現代企業不可能脫離外界而存在，投資者的投資意向、競爭者的動態、顧客的需求變化以及國內外政治、經濟、文化、科技等方面的重大變化，都直接或間接地影響現代企業的經營決策。公共關係作為社會經濟趨勢的監測者，應廣泛地收集這些有關社會經濟的信息。

2. 諮詢建議，決策參考

公共關係的這一職能是利用所搜集到的各種信息，進行綜合分析，考查現代企業的決策和行為在公眾中產生的效應及影響程度，預測現代企業決策和行為與公眾可能意向之間的吻合程度，並及時、準確地向現代企業的決策者進行諮詢，提出合理而可行的建議。

（1）公共關係參與決策目標的確立。確立決策目標是決策過程的最重要一環。公共關係是整體決策目標系統中的重要因素。它從全局和社會的角度來綜合評價各職能部門的決策目標可能導致的社會效果，從而發現和揭示問題，提醒決策者按公眾需求和社會效益制定決策目標。

（2）公共關係是獲取決策信息的重要渠道。合理、正確的決策依賴於及時、準確、全面的信息，公共關係部門可以利用它與現代企業內部、外部的廣泛交流，為決策開闢廣泛的信息渠道。據此，能為決策者提供內部信息和外部信息，以提供決策依據。

（3）公共關係是擬定決策方案不可缺少的參謀。公共關係作為決策參謀，能幫助決策者評價各方案的社會效果，提高決策方案的社會適應能力和應變能力。

（4）公共關係為決策方案實施效果提供反饋信息。信息的反饋，有助於修改、完善決策方案。這是公共關係職能之一。公共關係部門可以利用它與公眾建立的關係網絡和信息溝通渠道，對正在實施的決策方案進行追蹤監測，並及時反饋對其評價的信息。

3. 輿論宣傳，創造氣氛

這一職能是指公共關係作為現代企業的「喉舌」，將現代企業的有關信息及時、準確、有效地傳送給特定的公眾對象，為現代企業樹立良好形象，創造良好的輿論氣氛。如公共關係活動，能提高現代企業的知名度、美譽度，給公眾留下良好形象；能持續不斷、潛移默化地完善輿論氣氛，因勢利導，引導公眾輿論朝著有利於現代企業的方向發展；還能適當地控制和糾正對現代企業不利的公眾輿論，及時將改進措施公之於眾，避免擴大不良影響，從而收到化消極為積極、盡快恢復聲譽的效果。

4. 交往溝通，協調關係

現代企業是一個開放系統，不僅內部各要素需要相互聯繫、相互作用，而且需要與系統外部環境進行各種交往、溝通。交往溝通是公共關係的基礎，任何公共關係的建立、維護與發展都依賴於主客體的交往、溝通。只有交往，才能實現信息溝通，使現代企業的內部信息有效地輸向外部，使外部有關信息及時地輸入現代企業內部，從而使現代企業與外部各界達到相互協調。協調關係，不僅要協調現代企業與外界的關係，還要協調現代企業內部關係，包括現代企業與其成員之間的關係、現代企業內部不同部門成員之間的關係等，要使全體成員與現代企業之間達到理解和共鳴，增強凝聚力。

5. 教育引導，社會服務

公共關係具有教育和服務的職能，是指通過廣泛、細緻、耐心的勸服性教育和優惠性、贊助性服務，來誘導公眾對現代企業產生好感。對現代企業內部，公共關係部門代表社會公眾，向現代企業內部成員輸入公共關係意識，誘發現代企業內部各部門及全體成員都重視現代企業整體形象和聲譽。對現代企業外部各界，公共關係部門代表企業，通過勸服性教育和實惠性社會服務，使社會公眾對現代企業的行為、產品等產生認同和接受。

三、公共關係的活動方式和工作程序

公共關係在現代企業行銷管理中佔有重要地位。在現代企業內部，公共關係部門介於決策者與各職能部門之間或介於職能部門與基層人員之間，負責溝通和協調決策者與職能部門之間、各職能部門之間以及職能部門與成員之間的相互關係；在現代企業外部，公共關係部門介於企業與公眾之間，對內代表公眾，對外代表企業，溝通、協調企業與公眾之間的相互關係。公共關係部門，無論是獨立的職能部門，還是隸屬於某一職能部門，它都具有相同的活動方式和工作程序。

1. 公共關係的活動方式

公共關係的活動方式是指以一定的公共關係目標和任務為核心，將若干種公共關係媒介與方法有機地結合起來，形成一套具有特定公共關係職能的工作方法系統。按照公共關係的功能不同，公共關係的活動方式可分為五種：

（1）宣傳性公共關係。這是運用報紙、雜志、廣播、電視等各種傳播媒介，採用撰寫新聞稿、演講稿、報告等形式向社會各界傳播現代企業有關信息，以形成有利的社會輿論，創造良好氣氛的活動。這種方式傳播面廣，推廣現代企業形象效果較好。

（2）徵詢性公共關係。這種公共關係方式主要是通過開辦各種諮詢業務、制定調查問卷、進行民意測驗、設立熱線電話、聘請兼職信息人員、舉辦信息交流會等各種形式連續不斷地努力，逐步形成效果良好的信息網絡，再將獲取的信息進行分析研究，為現代企業經營管理決策提供依據，為社會公眾服務。

（3）交際性公共關係。這種方式是通過語言、文字的溝通，為現代企業廣結良緣，鞏固傳播效果，可採用宴會、座談會、招待會、談判、專訪、慰問、電話、信函等形式。交際性公共關係具有直接、靈活、親密、富有人情味等特點，能深化交往層次。

（4）服務性公共關係。這是通過各種實惠性服務，以行動去獲取公眾的瞭解、信任和好評，以實現既有利於促銷又有利於樹立和維護現代企業形象與聲譽的活動。現代企業可以以各種方式為公眾提供服務，如消費指導、消費培訓、免費修理等。事實上，只有把服務提到公共關係這一層面上來，才能真正做好服務工作，也才能真正把公共關係轉化為現代企業全員行為。

（5）社會性公共關係。社會性公共關係是通過贊助文化、教育、體育、衛生等事業，通過支持社區福利事業，參與國家、社區重大社會活動等方式來塑造現代企業的社會形象，提高現代企業的社會知名度和美譽度的活動。這種公共關係方式，公益性強，影響力大，但成本較高。

2. 公共關係的工作程序

公共關係活動的基本程序包括調查、計劃、實施、檢測四個步驟。

（1）公共關係調查。它是公共關係工作的一項重要內容，是開展公共關係工作的基礎和起點。通過調查，能瞭解和掌握社會公眾對現代企業決策與行為的意見。據此，可以基本確定現代企業的形象和地位，可以為現代企業監測環境提供判斷條件，為現代企業制定合理決策提供科學依據等。公共關係調查內容廣泛，主要包括現代企業基本狀況、公眾意見及社會環境三方面內容。

（2）公共關係計劃。公共關係是一項長期性工作，合理的計劃是公共關係工作持續高效的重要保證。制定公共關係計劃，要以公共關係調查為前提，依據一定的原則，來確定公共關係工作的目標，並制定科學、合理而可行的工作方案，如具體的公共關係項目、公共關係策略等。

（3）公共關係的實施。公共關係計劃的實施是整個公共關係活動的「高潮」。為確保公共關係實施的效果最佳，正確地選擇公共關係媒介和確定公共關係的活動方式是十分必要的。公共關係媒介應依據公共關係工作的目標、要求、對象和傳播內容以及經濟條件來選擇；確定公共關係的活動方式，宜根據現代企業的自身特點、不同發展

階段、不同的公眾對象和不同的公共關係任務來選擇最適合、最有效的活動方式。

（4）公共關係的檢測。公共關係計劃實施效果的檢測，主要依據社會公眾的評價。通過檢測，能衡量和評估公共關係活動的效果，在肯定成績的同時，發現新問題，為制定和不斷調整現代企業的公共關係目標、公共關係策略提供重要依據，也為使現代企業的公共關係成為有計劃的持續性工作提供必要的保證。

【本章小結】

促銷是企業向消費者提供本企業的產品及其他信息，吸引消費者的注意，激發消費者的購買慾望，最終實現商品的銷售。促銷一般包括人員推銷、廣告、營業推廣和公共關係等具體活動。促銷其實就是企業和消費者之間的信息傳遞、溝通的過程。

促銷組合是指有步驟、有計劃地將各種促銷方式結合起來，形成最有效的促銷策略。商業廣告是一種企業為了某種目的，而利用大眾媒體傳播相關信息的活動。人員推銷就是企業運用自己的推銷人員向消費者直接提供某種產品或者服務。營業推廣是企業在一定時期、一定的任務下，運用廣告和人員推銷達到短期目標。公共關係運用的手段很多，但是都是為了改善社會關係和社會形象，最終實現銷售目的。

【思考題】

1. 人員推銷有哪些優缺點？
2. 廣告對促進現代企業的經濟發展有何重要意義？
3. 什麼是公共關係？它有哪些基本特徵？
4. 中國現代企業宣傳性公共關係活動存在哪些障礙？
5. 中國現代企業的營業推廣活動有哪些不足？

第十四章　行銷組織與控制

【學習目標】

通過本章的學習，學生應瞭解市場行銷計劃的特點與內容，以及市場行銷組織的演變；掌握形成市場行銷執行的技能，熟悉控制方法。

第一節　行銷計劃

市場行銷計劃是指企業根據資源供應和環境條件確定在一定時期、一定區域內的行銷目標，並為實現這一目標安排相應的行銷活動和控制措施。

一、市場行銷計劃的作用與重要性

（一）市場行銷計劃的作用

市場行銷計劃幫助企業把經營力量集中在能夠達到或超過目標的行動上，是識別和利用機會、避免風險的基本工具。其主要作用體現在以下幾個方面：

（1）協調各項促進或阻礙實現預期目標的活動；

（2）使管理以系統的方式對未來作出反應；

（3）在各種市場行銷機會之間更好地平衡企業的資源；

（4）增加開發可能市場的機會；

（5）促進交流，減少各職能部門間或各層次間的衝突；

（6）更好地適應變化的需求，提供一個連續檢查營運狀況的框架。

（二）市場行銷計劃的重要性

1. 市場行銷計劃是公司的中心計劃

市場行銷計劃是公司各部門計劃中最重要的一項。公司內部的生產計劃要根據產品的基本銷售量來制定。財務計劃、人力資源計劃、資本計劃及存貨計劃等都以預計的銷售數量和行銷活動為基礎。因此，市場行銷計劃是公司各項計劃的起點，是公司的中心計劃。

2. 市場行銷計劃涉及公司各主要部門

市場行銷的活動過程和支持環境中必然涉及其他部門，如製造部門、採購部門、

研究與開發部門、財務部門等，擬訂市場行銷計劃必須考慮其他部門業務活動的情況。如行銷計劃中涉及新產品問題時就需要生產部門提供有關資料。

3. 行銷計劃日趨重要和複雜

過去，企業將市場行銷計劃看作匯總計劃，是不同的市場活動的簡單相加。現在，市場行銷計劃被視為企業各項活動的有機整合，它規定了公司的發展戰略和目的，協調統一公司的各項活動。隨著內外環境不斷變化，市場行銷計劃的重要性也在不斷提升，原因在於：①企業結構逐漸擴大且更加複雜。企業內部各個環節都要處理更多的信息，決策的範圍和影響也有所擴大，更有必要通過計劃將企業內不同部門、不同活動統一起來，明確活動目的和內容，提高工作效率，避免部門之間的摩擦和混亂現象。②企業面臨的競爭壓力增大。由於競爭者日漸增多，過去比較成功的企業如今可能因競爭失利而失去重大的市場份額。要在激烈競爭的市場中求得生存和發展，必須制定符合市場實際和自身資源狀況、富有競爭力、目標明確、切實可行的市場行銷計劃；否則，就必然在競爭中敗下陣來。③市場環境急遽變化。在當今科學技術飛速發展的條件下，商品供應不斷豐富，市場需求多樣化發展，企業只有制定周密而系統的市場行銷計劃才能應對變幻莫測的市場環境。④新產品失敗率過高。多項研究報告表明，新產品失敗率往往達到90%以上。企業借助市場行銷計劃這個有效工具來規劃和開發新產品才能提高成功率。

二、市場行銷計劃的內容及格式

市場行銷計劃要在詳細分析當前宏觀環境、競爭環境、市場需求狀況和產品（服務）、定價、分銷渠道及促銷因素等行銷策略的基礎上制定。

1. 市場行銷計劃的內容

行銷計劃必須簡明扼要，不宜冗長。關鍵部分是怎樣實現行銷目標，個別輔助計劃如廣告、促銷計劃等可保持一定篇幅，產品的銷售計劃、產品結構或服務應寫得具體詳細；行銷戰略與行銷組合因素要有機聯繫。一份完整的市場行銷計劃應包括以下內容：

（1）行銷環境狀況分析。提供與市場需求、顧客購買特點、行業及競爭狀況、宏觀環境因素等有關的數據和背景資料。

（2）公司資源狀況分析。對公司當前的產品與服務特點、生產能力、研發能力、銷售狀況、財務狀況、人員結構、組織結構等內部資源狀況加以分析，為制定戰略和策略計劃提供依據。

（3）SWOT分析。根據對公司行銷環境狀況和資源狀況的分析發現公司面臨的主要機會和威脅，找出自身所具有的優勢與劣勢。

（4）行銷戰略要旨。規劃公司行銷方向和要達到的目標，即指明公司未來的主要投資領域和產品類型是什麼，公司在銷售量、利潤、市場份額、企業形象、產品開發和客戶服務等方面要達到何種目標等。

(5) 市場行銷組合策略。即闡述為實現行銷戰略目標而採取的主要行銷措施，包括產品策略、價格策略、分銷渠道策略和促銷策略等。

(6) 行動方案和預算。詳細描述應當做什麼，誰來做，如何做，何時做，何地做等；同時，估算所需的成本費用，制定行銷預算。

(7) 組織、執行與控制行銷努力。計劃的實施要有一定的人員，而人員需要加以組織才能合理分工，提高效率。行銷執行中得到大量的反饋信息，憑藉反饋系統可及時採取有效的控制措施加以調整，進一步保證目標的實現。

2. 行銷計劃制定和實施過程的常見問題

制定行銷計劃之前必須詳細瞭解各種可能的偏差並加以避免；在行銷計劃制定後的實施過程中要注意觀察和監控，如果出現偏差就要及時瞭解問題所在，及時採取補救措施或調整計劃。行銷計劃制定和實施過程中常見的問題有：

(1) 行銷環境與公司資源狀況分析不夠充分。行銷環境與公司資源分析是行銷計劃的依據，如果缺乏某些有關本公司、市場需求、顧客特點、競爭對手或宏觀環境的重要信息就會導致計劃的短視。

(2) 行銷戰略制定不當。表現為照搬往年的戰略，沒有看到市場環境和公司條件的改變；或者在投資領域選擇及產品發展規劃方面與當前公司狀況和市場條件不吻合；或者行銷目標偏高偏低。行銷戰略不當會從根本上危及行銷計劃的實現。

(3) 實施措施缺乏可操作性。即使行銷計劃中的戰略和目標都完全正確，如果實施措施考慮得不夠完備，缺乏明確性、具體性和可操作性，也會導致計劃執行的失敗。

(4) 行銷計劃沒有及時實施。如果制定了完善周密的計劃而沒有採取有效的行動及時實施，延誤時機，浪費時間，使得市場環境或公司條件發生了變化，計劃就失去了執行的價值和實現的可能。

(5) 競爭者採取出人意料的行動。如果競爭者在本公司行銷計劃的實施過程中採取了某種有針對性的反擊策略而本公司沒有意料到，無法採取有效的應對策略，就會導致本公司行銷計劃的落空，甚至遭至慘重失敗。因此，本公司企業在行銷計劃制定過程中應當盡可能地考慮競爭者能夠採取的各項對策，特別是出人意料的行動，事先制定應對方案，留有足夠的餘地來調整計劃和預算。

(6) 計劃進程沒有得到評估。調整計劃的重要依據是評估該做什麼，不該做什麼。如果所做的事情本身是錯誤的，即使方法正確也無濟於事。

3. 市場行銷計劃書的內容

市場行銷計劃書一般包括前言、執行提綱、當前狀況分析、行銷戰略、行銷策略、時間安排、預算分配、組織、執行與控制等內容（見表14-1）。

表 14-1　　　　　　　　　　市場行銷計劃書

序號	內容	頁碼
1	前言	
2	執行提綱	
3	當前狀況分析 假定 銷售（歷史/預算） 戰略市場 主要產品 主要銷售地區	
4	行銷戰略	
5	行銷目標	
6	行銷策略	
7	時間安排	
8	預算	
9	損益核算	
10	組織、執行與控制	
11	活動內容的更新程序	

三、行銷計劃的程序

市場行銷計劃的程序包括分析行銷機會，設計行銷戰略，選擇目標市場，制定行銷組合策略，組織、執行與控制措施五個步驟。

（一）分析行銷機會

分析行銷機會包括環境分析、市場分析、競爭者分析等內容。要通過對環境的分析，識別機會和威脅，制定正確的市場行銷決策。市場行銷環境是指影響企業市場行銷活動的不可控制的參與者和影響力，參與者由企業、供應商、中間商、顧客、競爭者和公眾構成；影響力是指影響市場環境參與者的各種社會力量，如人口環境、經濟環境、自然環境、技術環境、政治法律環境和社會文化環境等。市場分析的主要內容包括購買者、購買對象、購買組織、購買目的、購買過程、購買時機、購買地點和影響購買的因素等。競爭者分析的主要內容包括誰是競爭者、競爭者的戰略、競爭者的目標、競爭者的優勢與劣勢、競爭者的反應模式等。

（二）設計行銷戰略

行銷機會分析是企業行銷戰略制定的依據。行銷戰略是企業在行銷活動系統中根據企業條件、外部市場機會和限制因素，在企業發展目標、業務範圍、競爭方式和資源分配等關係全局的重大問題上採取的決策，是企業選擇目標市場和制定行銷組合策略的指導。其內容為：①明確企業的任務或目的；②制定企業市場行銷戰略目標；

③確定戰略性業務單位；④評估目前的業務投資組合；⑤確定企業的新業務計劃。

（三）選擇目標市場

目標市場是企業決定進入的市場，是企業決定為之服務的顧客群體。企業要根據自身資源和市場環境條件確定目標市場，充分發揮優勢，增強競爭力，在充分滿足目標市場需求的條件下實現最大限度的利潤。

（四）制定行銷組合策略

企業確定了目標市場以後，必須運用一切能夠運用的因素去占領它。市場行銷因素是企業在市場行銷活動中可以控制的因素，分為產品（Product）因素、價格（Price）因素、分銷渠道（Place）因素和促銷銷售（Promotion）因素四大類。企業通過綜合協調地運用行銷因素以吸引顧客、贏得競爭。

（五）組織、執行和控制行銷努力

由於企業內部各部門往往強調各自業務的重要性並獨立開展活動，降低了整體市場行銷的效率，因此，必須建立一個能夠有效執行市場行銷計劃的組織，實現各部門之間的協調統一。行銷部門和行銷人員必須有效地執行行銷計劃，把計劃任務層層分解，落實到人，監督實施，檢查完成情況。對內要注意行銷部門和其他部門之間的整體配合，對外要動員經銷商、零售商、廣告代理商等給予有力的支持。行銷執行是將行銷計劃轉化為具體行動和任務部署，保證這些行動有效實施和完成以實現行銷目標的過程。一個好的行銷計劃如果執行不當，就不可能收到預期效果。有效的行銷執行要求將資源集中在對行銷計劃實現起關鍵作用的活動上，制定相關的行銷政策，建立完善的運作程序和有效的監控評估和改善體系，確保市場行銷目標實現。

第二節　行銷組織概述

行銷組織是企業為了制定和實施市場行銷計劃，實現市場行銷目標而建立起來的部門或機構。

近幾年來，企業市場行銷活動內容已經從單一的銷售功能演變成為複雜的功能群體，市場觀念也從生產觀念演變為行銷觀念、社會行銷觀念。伴隨著這個過程，企業的市場行銷組織也經歷了由低級向高級，由單一功能向複雜功能，由市場反應遲鈍向市場反應靈敏方向的發展。在西方發達國家，企業的市場行銷組織形式大體經歷了六種典型形式。

一、單純的銷售部門

20世紀30年代，占主導地位的經營思想是生產觀念，企業的市場行銷組織也與這種觀念相適應。企業只有財務、生產、銷售和會計四個職能部門，財務部門負責資金籌措和管理，生產部門負責產品製造或提供勞務，會計部門管理往來帳務和計算成本，銷售部門負責出售產品。有一名副總經理主管銷售，兼管市場研究和廣告宣傳等活動，

這些活動主要是聘請外部力量幫助。銷售部門的主要任務是將已經生產出來的產品銷售出去，對產品的品種、規格、數量、價格等問題幾乎不去過問。現階段的許多小公司仍然保持著這種組織形式。

二、銷售部門兼有行銷職能

20世紀30年代以後，隨著社會商品供應的增多和市場競爭壓力增大，企業的經營指導思想演變為銷售觀念，以強化銷售為中心，經常性地開展推銷、廣告、促銷和行銷研究活動。銷售部門的行銷職能不斷擴大並發展成為專門職能，主管銷售的副總經理就要聘用廣告經理、市場研究經理等執行行銷功能，並委派專門負責人統一規劃和管理行銷部門。

三、獨立的行銷部門

隨著市場競爭日趨激烈和企業業務的擴大，市場行銷調研、廣告和顧客服務等市場行銷工作大量增加且重要性日益增強，原先從屬於銷售部門執行附屬行銷職能的行銷部門已經難以履行職責，主管銷售的副總經理也沒有足夠的精力管好此項工作，設立一個獨立於銷售部門外的市場行銷部門已勢在必行。市場行銷部門由主管市場行銷的副總經理領導，與銷售部門平行。銷售部門主管主要考慮如何建立銷售隊伍、培訓銷售人員、運用適當的報酬和競賽等方式激勵銷售人員，提高銷售效率。市場行銷部門主管主要考慮影響產品銷售的因素有哪些，如何制定市場行銷戰略，如何細分市場和確定目標市場，公司的產品是否與顧客需求相適應，價格是否為顧客所接受，分銷渠道設計是否合理，分銷渠道如何開拓，渠道衝突如何處理，廣告投資是否得當，廣告設計是否有利於獲得顧客的注意和好感等。銷售部門與行銷部門互相配合，為企業發展發揮不同的職能。

四、現代行銷部門

雖然銷售部門和市場行銷部門需要密切配合，但是由於其職能不同和看問題角度不同，常常形成一種相互競爭和不信任的關係。銷售副總經理著重於眼前銷量，行銷副總經理著眼於長遠規劃；銷售副總經理不願銷售部門在企業中的地位下降，行銷副總經理則在制定長遠規劃和協調各職能部門步調實現顧客滿意方面尋求更大的權力。在這種情況下，必須樹立一個權威才能解決矛盾衝突。由於整體市場行銷的重要性遠遠大於單純的產品銷售，所以絕大多數公司選擇了提高市場行銷部門的級別，樹立市場行銷部門的權威，導致現代市場行銷部門的產生。市場行銷計劃、組織、執行與控制部門由市場行銷副總經理全面負責，管轄包括銷售在內的全部市場行銷功能。

五、現代行銷公司

如果僅僅擺正了市場行銷部門的位置，建立了出色的市場行銷部門，但是企業全體員工沒有樹立以客戶為中心的思想，其他各部門不積極配合，把市場行銷和開拓市場單純看作是市場行銷部門的事情，市場行銷職能就不可能有效地執行。只有全體員

工都樹立了以顧客為中心的現代市場行銷觀念，把滿足顧客需要，開拓和鞏固市場看成是每個人、每個部門的份內事務，積極自覺地配合行銷部門做好工作，市場行銷活動才能取得成功。這樣的公司才能成為現代市場行銷公司。

六、以過程和結果為基礎的公司

隨著企業市場行銷水準的提高和功能的增加，越來越多的市場行銷活動涉及許多不同的職能部門，需要跨部門實施。比如，一種新產品的設計、開發、市場研究、定價、渠道開拓、廣告促銷、獲得訂單、顧客關係的建立與維持就涉及了原材料採購、新產品開發、市場研究、生產、財務、人事、會計、銷售、行銷等各部門。以職能為基礎設立相關部門雖然能夠保證各項職能的正常發揮，但是會割裂市場行銷過程的整體性，甚至成為執行行銷職能過程中的障礙，也使得一些專項性的整體行銷活動沒有專門部門負責規劃。為此，現代許多公司建立了以過程和結果為基礎的組織機構。公司任命過程負責人，領導跨職能的工作小組，行銷人員、銷售人員和有關部門人員作為小組成員參加活動。參加小組的行銷人員與小組是實線聯繫，與行銷部門是虛線聯繫。每個小組定期對行銷人員進行成績評價，行銷部門則對行銷人員進行培訓、選派加入過程小組並評價其工作業績。

第三節　行銷組織類型

現代行銷的組織形式多種多樣，但都必須有適應市場行銷活動的四個基本方面：功能、地理區域、產品和顧客市場。

一、職能型組織

職能型組織是根據市場行銷職能分工建立的行銷組織。這是最常見的行銷組織形式。主要有五種行銷職能：行銷行政事務、廣告與促銷、銷售、市場行銷研究、新產品開發。這種組織形式的主要優點是分工明確，易於管理。但是，其效益低下的缺點也不可忽視：①沒有人或機構對任何產品或市場承擔責任，未受到有關職能部門偏愛的產品和市場可能被冷落，缺乏有效的計劃和行銷管理，不能收到應有的市場銷售效果。②各職能部門都要求獲得比其他部門更多的預算和更重要的地位，上級部門也難以協調。隨著公司產品品種的增多和市場的擴大，這種組織形式的缺點就越發突出。

二、地區型組織

地區型組織是指按照地理區域範圍安排銷售隊伍和其他行銷職能。在全國或更大範圍內銷售產品的企業常採用這種組織形式。比如某公司設立華東、華南、華北、西北、西南、東北等大區市場經理，在每個大區下設各省市的區域經理，再往下設立地區市場經理。由於不同地區的市場往往具有不同的需求特點，為了更好地管理各地的行銷渠道，為經銷商提供更好的激勵和服務，許多公司都採用了地區型的組織形式。

三、產品或品牌管理組織

(一) 產品或品牌管理組織的基本形式

產品或品牌管理組織是按照產品或品牌建立市場行銷組織，基本形式是產品管理部門由一名產品主管經理負責，下設幾個產品大類經理，產品大類經理之下再設各個具體產品經理。如果公司所生產的各類產品差異很大或品種數量太多，按功能設置的行銷組織難以處理，則採取這種組織形式是適宜的。產品管理組織於 1927 年最先出現於寶潔公司。當時一種新的肥皂產品銷售不佳，公司任命了一位年輕人專門負責其開發和銷售，他取得了成功。以後，寶潔公司又增設了其他的產品經理。這種組織形式並沒有取代職能型管理組織，只是增加了一個管理組織或管理層次。

產品和品牌經理主要承擔以下任務：制定產品的長期經營和競爭戰略；制定年度行銷計劃和開展市場研究；制定廣告促銷方案；對推銷人員和經銷商進行激勵；提出產品改進建議，適應不斷變化的市場需求。

產品管理組織的優點是：①產品經理能夠將行銷組合的各要素協調一致地加以運用；②產品經理能夠迅速地對市場問題作出反應；③由於有產品經理專管，主要的和次要的產品都不會受到忽視。

產品管理組織的主要缺點是：①產品經理的組織設置會增加企業組織內部的衝突或摩擦。產品經理在履行職責的過程中幾乎要與企業的各個職能部門發生聯繫，但是他們沒有獲得足夠權威取得廣告部門、銷售部門、生產部門和其他部門的配合，只能依靠協調和說服的方式，如果各職能部門不理解或不配合，就會發生衝突或摩擦。②產品經理要對產品行銷的全過程加以管理，涉及行銷的各項職能，但是又不可能在各項行銷職能如廣告、市場研究等方面都成為專家，從而影響行銷活動的效率。③由於產品種類較多，需要安排許多人負責，同時公司其他的職能性專業人員也會隨之增加，導致經營成本增加。④產品經理的職責是在全國或更大範圍內開展該產品的行銷，但是由於各地區市場需求特點不同造成市場分割，產品經理實際上難以制定全國性的行銷戰略而要更多地研究地區市場。

(二) 產品或品牌管理組織的改進形式

產品或品牌管理組織的改進形式是把設置產品經理改為設置產品管理小組。產品管理小組的結構又有三種類型，如圖 14-1 所示。垂直型產品管理小組由一個產品經理、一個助理經理和一個產品助理組成。三角型產品管理小組由一名產品經理和兩名專業的產品助理組成，兩名產品助理分別執行不同的行銷職能。水準型產品管理小組由一名產品經理加上幾名行銷和非行銷專業人員構成。

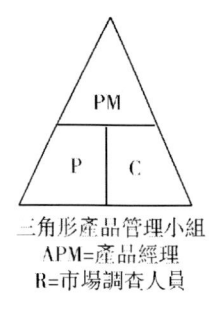

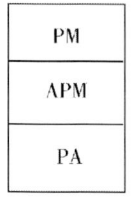

三角形產品管理小組
APM=產品經理
R=市場調查人員

垂直型產品管理小組
C=訊息溝通專家　PA=產品助理
PM=產品經理　F=財務會計專家

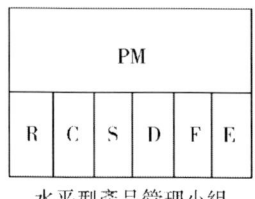

水平型產品管理小組
S=銷售經理
C=工程師　D=分銷專家

圖 14-1　產品小組三種類型

(三) 類目管理

類目管理是按照產品的類別設立組織部門，是品牌管理組織的改進形式。在按照品牌設立行銷組織的企業中，各品牌經理常常為了組織貨源和爭奪市場份額而互相交戰，以產品類目為基礎的組織形式就可避免這個缺陷。產品類目管理小組是跨職能的機構，由行銷、研究開發、促銷和財務等人員組成。類目管理小組與過程小組協同管理好每個產品大類，並與顧客小組一同致力於服務好每個顧客。

類目管理組織形式是一種產品驅動系統而非顧客驅動系統，不利於按照不同顧客需要開展有針對性的行銷活動。

四、市場管理組織

市場管理組織是指按照一定標準將顧客分為若干類別，為不同類別的顧客分別設立行銷管理組織。公司的產品往往賣給不同的顧客，比如食品的購買者有商場、飯店、工廠和各類機關團體。當顧客可以按照一定標準如購買行為、產品偏好等因素分為不同類別時，市場管理組織就是一種理想的形式。

市場管理組織的主要形式是為某類市場設立一名專職市場主管經理，下設若干市場經理（也稱為市場開發經理、市場專家或行業專家）。市場經理開展工作所需要的職能性服務由其他職能性組織提供。分管重要市場的市場經理還可以下轄幾名提供職能性服務的專業人員。

市場經理的職責與產品經理相類似，負責制定該市場的發展計劃、開展市場研究、明確所需產品類型與特點等。這種行銷組織形式的主要優點是：市場行銷活動是按照各類不同顧客的需求來統一組織，而不是集中於行銷職能、銷售區域或產品本身。在西方國家，越來越多的企業採用這種組織形式，認為這是實現「市場導向」的有效方法。

五、產品管理與市場管理組織

大公司的產品種類繁多，市場構成也十分複雜，行銷組織設置的困難更大，單純的產品管理組織或市場管理組織都不能完全解決問題。如果按照產品管理組織形式，產品經理難以熟悉極其分散的市場；如果採用市場管理組織形式，市場經理難以熟悉

各種產品。為解決這個問題，許多公司採用了產品管理與市場管理相結合的組織形式，如圖 14-2 所示。

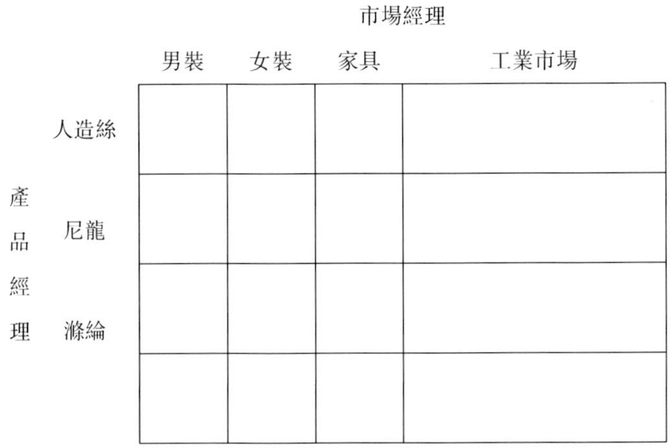

	市場經理			
	男裝	女裝	家具	工業市場
人造絲				
尼龍				
滌綸				

產品經理

圖 14-2　產品管理與市場管理組織制度

在這種行銷組織中，產品經理負責制定該產品的銷售規劃和產品改進，市場經理負責該市場的開發，雙方密切配合。

這種矩陣式管理組織的缺點是：①銷售隊伍如何組織？是按照產品類別來組織，還是按照市場類別來組織。市場行銷觀念側重於按照市場類別來組織。②誰負責制定各個產品在各個市場上的行銷方案，比如產品價格、銷售促進措施等。雙方發生分歧時，誰說了算。一般看法是，產品經理在價格制定上應當有最終決定權。

六、公司事業部組織

公司事業部組織是把產品管理部門升格為獨立的事業部，下設若干職能部門和服務部門。這種組織形式產生的問題是：公司總部是否還保留行銷部門。主要有三種觀點：

公司一級不設行銷部門。這種觀點認為，在各事業部設立行銷部門後，公司一級的行銷部門沒有什麼實際作用。

公司一級保持規模較小的行銷部門。其主要承擔的職能是：協助公司最高管理部門全面評價行銷機會；向事業部提供諮詢；幫助行銷力量不足或沒有設立行銷部門的事業部解決行銷方案問題；促進公司其他部門樹立市場行銷觀念。

公司一級建立強大的行銷部門。這類行銷部門除承擔前述的各項職能外，還向各事業部提供各種行銷服務，如專門的廣告服務、銷售促進服務、行銷研究服務、銷售隊伍建設與培訓服務和其他雜項服務等。

第四節　行銷部門與其他職能部門的關係

為了實現預定的市場行銷戰略與策略，企業各個職能部門必須在以顧客為中心的觀念指導下，相互協調，密切配合，形成高效運轉的有機整體，在這個過程中起中心作用的是行銷部門和主管行銷的副總經理。然而在當前大多數企業中，各職能部門之間是平行關係，行銷部門並不比其他部門擁有更多的權威，行銷副總經理必須依靠說服而不是指令來進行工作。各職能部門都較多地強調本部門任務的重要性，從自身利益的角度去開展工作，抵制滿足顧客利益的行動，導致許多錯綜複雜甚至是激烈的矛盾，降低了企業行銷效率。研究和理順市場行銷部門與其他職能部門的關係，建立以顧客為中心的組織結構，是解決矛盾的唯一出路。

一、行銷部門

行銷部門在公司中起核心作用，除策劃和協調公司的全部行銷活動外，還協調各部門之間的活動與關係。主要任務有：

（1）建立市場行銷信息系統。包括內部報告系統、行銷情報系統、行銷調研系統和行銷分析系統等，運用多種途徑與工具收集和處理市場信息，為行銷決策提供有力的依據。

（2）研究顧客需要。包括顧客對商品與服務的需求總量和需求結構、顧客購買行為、顧客需求現狀和發展趨勢等。

（3）研究企業所面臨的宏觀環境和競爭環境。宏觀環境包括人口環境、經濟環境、政治法律環境、科學技術環境、自然環境和社會文化環境。競爭環境包括現實競爭者和潛在競爭者等。

（4）根據顧客需求、宏觀環境和競爭環境研究制定市場行銷戰略，決定企業長期的發展方向和發展目標。運用一定的標準細分市場，界定子市場。

（5）根據細分市場特徵的有關數據衡量每個子市場的需求潛力和盈利可能性。

（6）根據企業目前的人、財、物條件評估進入有潛力的細分市場的可能性。

（7）選擇企業有能力進入的有利潤潛力的細分市場作為目標市場，制定占領該目標市場的行銷組合策略，分配必要的資源。

（8）衡量顧客滿意度和公司形象，制定提升顧客滿意度和改善公司形象的策略。

（9）不斷地收集與評估新產品構思，改進產品和服務。

（10）努力為顧客提供最好的問題解決辦法。

（11）在全公司進行行銷教育，幫助全體員工樹立現代市場行銷觀念，協調各部門的活動與相互關係，形成以顧客為中心的協調高效的管理體制。

二、行銷部門與研究開發部門

行銷部門與研究開發部門在公司裡往往代表著兩種不同的觀念。研究開發部門由

科學家和技術人員組成，多數奉行技術導向，以自己擁有的科學知識和專業技術為榮，關心技術難題的攻克而不太關心產品盈利，關心產品研製成功而不太關心成本，超然於企業和市場之外。而行銷部門人員則奉行市場導向，以熟悉市場為榮，重視產品成本和特色。行銷人員與研發人員都用消極的態度看待對方，行銷人員認為研發人員過分重視技術質量最大化而不是設計符合顧客需要的產品；研發人員則認為行銷人員過分重視銷售而不重視產品技術特點。解決問題的辦法是技術與行銷並重，實現兩個部門之間的有效協調，可採用以下方式：

（1）共同舉辦研討會，互相瞭解和尊重對方的想法、目標、工作作風和遇到的問題。

（2）將每一個新項目同時分配給研發人員和行銷人員，讓他們共同制定行銷計劃目標，並在研發全過程中密切合作。

（3）將行銷部門與研發部門的合作延續到銷售時期，包括制定複雜的技術手冊、舉辦展銷會、進行市場調查和提供售後服務。

（4）行銷部門與研發部門的工作由同一副總經理分管。

（5）由公司高層解決雙方的矛盾，制定明確的解決矛盾的程序與方法。

（6）協調與溝通可以使行銷部門與研發部門的觀念與能力都得到提升。

（7）研發部門應當做到：認識到自己的任務不是單純的發明創造，而是創造符合市場需求的產品；安排時間會見顧客和傾聽意見；不斷根據顧客反應和建議改進產品，提出新產品構思；對行銷部門、製造部門和其他部門提出的新產品開發建議持歡迎態度；以競爭者中最好的產品作為基準改進自己的產品，力爭使本公司的產品與服務成為同行業中最佳。

（8）行銷部門應當做到：不是單純用新的產品特性滿足顧客，而是要考慮技術實現的可能性。

三、行銷部門與製造部門和營運部門

(一) 行銷部門與製造部門

製造部門關注產品生產的順利進行，在規定的時間以規定的成本生產出規定數量和規定質量的產品。行銷部門則關注市場需求變化，對市場需求數量和需求結構作出預測。製造部門抱怨行銷部門預測不準，建議投產的花色品種太多，對顧客作出的承諾過多，令他們難以適應。行銷部門則抱怨生產部門生產能力不足，交貨延遲、質量下降、售後服務欠佳。生產部門每日面對的問題是機器故障、原材料供應不足、生產成本上升、生產效率下降、生產工人積極性不高等，對顧客需求與抱怨知之甚少。行銷人員面對的問題是顧客抱怨，而對生產過程的困難和生產成本的上升瞭解不多。

如何處理生產部門與行銷部門的關係受到公司市場觀念類型的支配。實行生產觀念的公司以增加產品產量和降低成本為中心開展企業的一切活動，傾向於生產批量大而品種單一的產品，對及時交貨和顧客服務並不重視。實行行銷觀念的企業以滿足顧客需求為中心開展企業的一切活動，有時不考慮生產批量和成本，導致企業經營成本大幅度上升。處理生產部門與製造部門矛盾的關鍵是採用生產與行銷平衡的觀念，雙

方通過密切溝通瞭解對方，共同確定公司的最大利益，制定行動計劃。雙方溝通的方式有舉行研討會、聯席會議、互派聯絡員、相互交換人員和增加接觸等。

生產部門要做到：認識市場需求變化與滿足顧客的重要性；拜訪客戶的工廠或購買者家庭以觀察用戶是怎樣使用公司產品的；為完成定期交貨的承諾而加班工作；邀請顧客參觀自己的工廠以樹立公司的良好形象；不斷地尋求提高生產效率和降低生產成本的途徑；不斷地提高產品質量，力爭實現零缺陷的目標；改進生產工藝，實現柔性生產，在有適量盈利的前提下為顧客定制產品。行銷部門要做到：瞭解生產過程，如彈性生產、準點生產、自動化、生產成本、質量管理等。

（二）行銷部門與營運部門

營運部門是指為顧客生產和提供服務的人員。其與工業企業生產有形產品的生產部門相對應。例如，在賓館，營運部門人員包括前臺接待員、門衛、服務員等。營運人員往往傾向於自己工作的方便性、輕鬆性和習慣性，較少考慮服務態度與質量；行銷人員則要求營運人員考慮顧客的方便性和舒適感，提供令顧客滿意的服務質量和服務態度。解決矛盾的方法是營運人員瞭解顧客需求與感受，樹立顧客導向；行銷人員瞭解營運人員的能力與心態，幫助他們改進能力和態度。

四、行銷部門與工程技術部門和採購部門

（一）行銷部門與工程技術部門

工程技術部門的任務是設計新產品和尋找新產品生產過程中的實用方法，熱衷於提高技術質量、降低產品成本和簡化工藝過程；而行銷人員熱衷於生產多種型號的產品滿足顧客需求，要求生產定制產品而不是標準產品，這時雙方就可能發生激烈衝突。解決問題的辦法是讓技術人員加入行銷隊伍，以便更好地同工程技術部門溝通。

（二）行銷部門與採購部門

採購經理喜愛大批量採購符合質量要求的產品，以降低採購成本，充分利用倉庫容積；而行銷人員要求在同一產品線中推出多種型號產品，這就必然減少採購批量，增加採購成本，同時導致商品庫存品種多而數量少。採購人員認為行銷人員提出過高的質量要求而增加成本，盲目樂觀的市場預測增加了庫存，並因倉促訂貨而被迫接受不利價格。行銷人員則認為採購人員僅僅注意降低成本和庫存而不注意市場需求變化。通過協調關係和改變觀念，採購部門應當做到：通過多種途徑尋找最佳供應商；與少數高質量的供應商建立長期業務關係；不會為了降低成本而降低原材料質量；保證供應的及時性。行銷部門應當做到：不提出不切實際的質量要求，不盲目地提高產品成本，及時準確地預測市場，幫助實現合理庫存。

五、行銷部門與財務部門和會計部門

（一）行銷部門與財務部門

財務部門熱衷於考核各部門創造的利潤，卻不願提供相應的費用支出。他們認為行銷人員沒有認真考慮行銷成本與收益的關係，沒有把成本用於更能盈利的方面，輕

易地用殺價去爭取市場，卻不知道如何通過定價去提高盈利，指責行銷人員「只知道價值卻不知道成本」。行銷人員則認為財務人員「只知道成本而不知道價值」，不知道投資於長期的市場開發，過分保守，過高估計風險，喪失許多寶貴的市場機會。解決問題的辦法是對行銷人員提供更多的財務知識培訓和對財務人員給予更多的行銷知識培訓，行銷人員更好地使用公司資金開發市場，財務人員更好地運用財務工具支持行銷戰略。財務人員應當做到：理解行銷費用是開拓市場和樹立公司形象的必要支出；根據顧客的財務要求制定財務服務策略與規則；迅速判斷顧客信用狀況。

（二）行銷部門與會計部門

會計人員指責行銷人員提供銷售報告拖拉，反感行銷人員與顧客達成特別條款交易，這類交易需要特別的會計手續，增加了工作量。行銷人員則反感會計部門在產品線各產品上分攤固定成本的做法，認為自己主管產品的實際盈利高於帳面盈利，因為會計部門給該產品分攤了較多的管理費用。他們還埋怨會計部門不能提供各個銷售地區、銷售渠道的銷售額和利潤率報告。解決問題的辦法是增加雙方的溝通，對行銷人員進行會計知識培訓，對會計人員進行行銷知識培訓。會計人員應當做到：定期提供公司在不同地區、不同渠道、不同細分市場的銷售量和盈利能力報告，定制顧客需要的發票，有禮貌和快速地提供服務。

第五節　行銷執行與控制

一、行銷執行

市場行銷執行是將行銷計劃轉化為行動和任務的過程，並保證這種任務的完成，以實現市場行銷計劃所制定的目標。一個優秀的市場行銷方案只有得到有效執行才能收到預期的效果。有效的市場行銷執行需要有四種技能：

1. 發現和診斷問題的技能

當行銷計劃的執行結果為達到預期目的時，就需要對計劃和執行之間的內在關係進行診斷：究竟是計劃不當造成的，還是執行不當造成的？計劃方面存在的具體問題是什麼？執行方面存在的具體問題是什麼？如何解決？

2. 對公司層次存在的問題作出評估的技能

行銷執行的問題可能發生在三個層次上：一是行銷職能，即各種行銷職能是否得到有效的發揮。例如，公司如何調動經銷商的工作積極性，如何使廣告宣傳更有創造性，銷售人員的銷售方法是否正確等。二是行銷規劃，即將各種行銷職能協調性地組合起來。公司對各種行銷職能是否整合成協調統一的整體，能否把產品有效地推向市場？三是行銷政策，即行銷政策是否有利於行銷計劃的執行。比如，公司是否制定政策促使全體員工樹立以顧客為中心的觀念等。

3. 行銷執行和評估技能

這是指有效地執行行銷計劃和政策的技能，包括分配、組織和相互配合。分配技

能指行銷經理在執行各項行銷職能、方案和政策時合理分配時間、費用和人員的技能。比如，舉辦一次展銷會需要多少費用、多少時間、多少人員，在租借場地、傳播信息、對外聯繫等細節方面的費用、時間和人員等如何分配等。組織技能指為完成行銷計劃而建立一個有效工作組織的技能，包括正式的和非正式的組織。相互配合技能指行銷人員借助於其他力量來完成自己工作的能力。「其他力量」包括公司內部的各種力量，如新產品開發部門、生產部門、財務部門、人事部門、市場研究部門等；也包括公司外部的各種力量，如市場研究公司、廣告公司、經銷商等。

4. 評價技能

市場行銷人員還需要運用監控技能來評價行銷活動的結果。

良好的行銷執行必然獲得良好的市場業績，然而良好的市場業績卻不一定意味著良好的行銷執行，也許是產品或戰略自身特殊的效果所致，公司應當在行銷計劃和行銷執行方面都力爭完美。

二、行銷控制

在行銷計劃的執行過程中可能會發生許多意外情況，行銷部門必須連續不斷地加以監督和控制。市場行銷控制包括年度計劃控制、盈利能力控制、效率控制和戰略控制，四種控制的實施部門、目的和方法都有所不同，見表14-2。

表 14-2　　　　　　　　　　市場行銷控制類型

控制類型	主要負責人	控制目的	方法
年度計劃控制	高層管理部門 中層管理部門	檢查計劃目標是否實現	銷售分析、市場份額分析、財務分析、市場基礎的評分卡分析
盈利能力控制	行銷審計人員	檢查公司在哪些方面盈利，在哪些地方虧損	盈利情況：產品、地區、顧客群、銷售渠道
效率控制	直線和職能管理層 行銷審計人員	評價和提高經費開支的效率	效率：銷售隊伍、廣告、促銷、分銷
戰略控制	高層管理者 行銷審計人員	檢查公司是否在市場、產品和渠道等方面找到最佳機會	行銷效益等級評價、行銷審計，行銷傑出表現，公司道德與社會責任評價

（一）年度計劃控制

年度計劃控制是指對公司在年度計劃中制定的銷售、利潤和其他目標的實現情況加以控制。年度計劃控制的中心是目標管理，包括四個步驟：在年度計劃中建立月份或季度目標，作為評價考核的基點；監控行銷計劃的執行過程和所取得的成績；對偏離計劃特別是嚴重偏離計劃的現象找出原因，採取改正行動彌合目標和實績之間的缺口，必要時改變行動方案，甚至改變目標本身。

年度控制計劃適用於組織的每一個層次。最高當局建立一年的銷售目標和利潤目標，分解成較低層次管理部門的具體目標，每個具體部門、產品經理、地區經理、市

場經理都要完成規定的目標。最高管理當局定期檢查、考核和分析,提出改進措施。年度計劃控制包括五項主要內容:銷售分析、市場份額分析、行銷費用——銷售額分析、財務分析和顧客滿意度追蹤。

1. 銷售分析

銷售分析是衡量計劃銷售額與實際銷售額之間的差距。主要分析方法有兩種:

(1) 銷售差距分析。其用於分析造成銷售差距的不同因素的影響程度。比如,公司年度計劃要求在第一季度銷售 5,000 個產品,每個產品 1,0 元,計劃銷售總額為 50,000 元。但是在季度末只銷售了 4,000 個產品,並且是每個產品 9 元,實際銷售總額為 36,000 元,銷售績效差額為 50,000 元-36,000 元=1,4,000 元,實際銷售額與計劃銷售額之比為 72%。這個差距中究竟有多少是由價格降低造成,多少是由銷量下降造成?可通過以下計算得出:

價格下降造成的差額 = (10-9)×4,000=4,000 (元)

價格下降減少收入占銷售績效差額的比率:4,000/1,4,000=28.6%

銷量下降造成的差額 = (5,000-4,000)×10=10,000 (元)

銷量下降減少收入占銷售績效差額的比率 = 10,000/1,4,000 = 71.4%。

大部分銷售差額是由於沒有完成銷售目標造成的,公司應當著重研究未完成銷售目標的原因。

(2) 微觀銷售分析。這是從不同產品、地區和其他方面分析未能完成銷售目標的原因。這項分析是將前面銷售差距分析得深入,為銷售差距找出具體原因。比如,分別計算不同地區的實際銷售量與計劃銷售量的差額與比率,找出究竟哪個地區績效最差,原因是什麼,是銷售人員缺乏工作積極性還是缺乏工作方法,是該地區居民收入水準下降,還是有強大的競爭者進入等。

2. 市場佔有率 (市場份額) 分析

銷售分析不反應企業在市場競爭中的地位,如果市場宏觀環境改善,會造成本企業和其他企業銷售額同步增長,雖然本企業銷售額增長,但是與競爭者的相對關係並無變化。市場佔有率分析則表明企業在競爭中的相對地位。一般情況下,市場佔有率上升,表示企業市場行銷能力增強,績效提高,在市場競爭中處於優勢;反之,則表明在競爭中失利。市場佔有率指標主要有三種:總的市場佔有率、服務市場佔有率和相對市場佔有率。

總的市場佔有率指本公司銷售在行業總銷售中所占的比例。使用這一指標涉及兩個問題:一是市場佔有率是用產品的銷售數量表示還是用銷售金額表示。用銷售數量表示指用產品的計量單位如件、臺、只、個等表示,這個指標的任何變化都反應了本企業與競爭企業在商品銷售量方面的變化。而用金額表示的市場佔有率的變化則是銷售量與價格綜合變動的反應。二是行業的範圍如何確定。行業範圍的劃定不同,企業的市場佔有率就不同。

服務市場佔有率指公司的銷售額占所服務市場的總銷售額的比例。服務市場指公司的行銷努力所能夠達到的市場。公司的服務市場佔有率總是大於其總的市場佔有率。公司的首要任務是盡力在服務市場處於領先地位,然後再不斷地增加產品線和銷售地

區，從而擴大服務市場。

相對市場佔有率指公司市場佔有率與最大競爭者市場佔有率的比值。相對市場佔有率超過100%的公司就是市場領先者。相對市場佔有率上升，說明本公司的市場增長速度快於最大競爭者。

一般而言，市場佔有率的升降表示公司行銷能力的高低，但是在下列情況下則不能作這種推斷：

（1）新的競爭者進入。當一個強有力的競爭者進入市場時，各公司的市場佔有率都可能下降，這並不表示企業的行銷管理水準下降。

（2）公司行銷戰略因素。有時公司市場佔有率的下降是公司戰略調整，如主動放棄某些產品而造成的。

（3）偶然因素的影響。如氣候的變化、消費風潮的起落、自然災害的發生、國際國內政治事件的發生等。

（4）外部環境因素的影響。外部環境因素對不同企業的影響是不同的。比如，國家提高了食品檢驗的合格標準，對聲譽卓著的大公司和生產條件差的小公司的影響是不同的，對大公司而言是機會，對小公司而言是威脅。

3. 行銷費用——銷售額分析

這是將公司的銷售與所支付的成本聯繫起來分析。這項分析是要求公司以較小的支出取得較大的銷售業績。

行銷費用——銷售額分析的計算公式為：行銷費用/銷售額。這項指標可分解為五項：銷售隊伍費用與銷售額之比、廣告費用與銷售額之比、促銷費用與銷售額之比、行銷研究費用與銷售額之比、銷售管理費用與銷售額之比。例如：銷售隊伍費用與銷售額之比為15%，廣告費用與銷售額之比為10%，促銷費用與銷售額之比為4%，行銷研究費用與銷售額之比為1%，銷售管理費用與銷售額之比為2%，則：

行銷費用與銷售額之比為：15%＋10%＋4%＋1%＋2%＝32%

行銷部門應當監控這些費用比率，適度波動是正常的，超出正常範圍的波動就要引起注意。

4. 財務分析

行銷費用與銷售額之比應當放在總體財務構架中分析，以判斷公司的總體財務狀況，是虧還是盈，公司主要盈利的是哪些產品，哪些地區等。財務分析的具體指標有：

資本淨值報酬率＝淨利潤/資本淨值＝資產報酬率×財務槓桿率

資產報酬率＝淨利潤/總資產＝淨利率×資產週轉率

淨利率＝淨利潤/淨銷售額

資產週轉率＝淨銷售額/總資產

財務槓桿率＝總資產/資本淨值

管理部門應當利用財務分析來判別影響公司資本淨值報酬率的各種因素。要提高資本淨值報酬率就要提高淨利潤與總資產之比，或提高總資產與資本淨值之比。因此，應分析資產構成並改善資產管理。

5. 以市場為基礎的評分卡分析

上述的控制側重於財務數據，並不全面，還要進行以市場為基礎的評價與控制，以反應應公司的業績和提供可能的預警信號。這項分析主要包括顧客績效評分卡分析和利益相關者績效評分卡分析。

(1) 顧客績效評分卡。它記錄公司歷年來以顧客為基礎的工作：

新顧客　　　　　目標市場偏好
不滿意顧客　　　相關的產品質量
失去顧客　　　　相關的服務質量
目標市場知曉率

如果通過分析發現有些指標出現嚴重問題，則要採取改進的措施。

(2) 利益相關者績效評分卡。公司要瞭解對公司業績有重要利益和影響的各類人員的滿意度，這些利益相關者包括公司員工、供應商、銀行、分銷商、股東等；為各個群體建立滿意的標準值，當某一或某些群體的不滿增加時，就應當採取改進行動。

(二) 盈利能力控制

盈利能力控制是對不同產品、地區、顧客群、分銷渠道和訂貨量的盈利率加以分析和控制。

1. 盈利率分析的方法

盈利率分析可通過以下步驟進行：

(1) 確定職能性費用。將銷售產品、廣告、包裝、運輸等活動發生的費用全部列出。

(2) 將職能性費用分攤到各個行銷實體。測量每一渠道的銷售所發生的職能性支出，與其行銷努力作比較。比如，總推銷費用是 6,000 元，銷售訪問是 300 次，平均每次訪問的費用為 20 元。商場廣告費用總額是 5,000 元，一共作了 100 個廣告，平均每個廣告成本為 50 元。

(3) 為每個行銷渠道編製一張損益表。以每個渠道的銷售占總銷售額的比例為依據，將所發生的行銷費用分攤到各個銷售渠道，從該渠道的毛利中減去這筆費用，就得到該渠道的利潤。

2. 確定改進方案

確定改進方案要考慮以下問題：購買者在多大程度上是根據零售商店的類型去選擇品牌，如果公司撤銷某些績效較差的渠道，原先的顧客會不會轉而從未撤銷的渠道中去購買？不同渠道的重要性及未來趨勢如何？向績效較差的渠道提供培訓和促銷幫助，能否增加其銷量？減少某些渠道的銷售訪問和廣告次數會不會減少銷量？

盈利能力分析表明了不同渠道、產品、地區或其他行銷實體的利潤情況。

(三) 效率控制

如果盈利能力分析揭示了公司在有關產品、地區或市場方面的利潤狀況不佳，接下來的問題就是制定有效的措施管理銷售隊伍、廣告、促銷和分銷等行銷活動，提高行銷效率。

1. 銷售隊伍的效率控制

其主要指標有：每個銷售人員平均每天進行銷售訪問的次數，銷售人員每次訪問平均所用時間，銷售人員每次訪問的平均收入，銷售人員每次訪問的平均成本，銷售人員每次訪問的招待費用，每 100 次訪問的訂貨單百分比，每一期新增顧客數目，每一期減少顧客數目，銷售隊伍成本占總成本的百分比等。通過銷售隊伍考核效率指標，公司能夠發現一些值得改進的地方。有的公司發現它的銷售隊伍訪問顧客的次數過於頻繁，就縮小了事業部銷售隊伍的規模，而沒有影響其產品銷售。有的公司發現它的銷售人員既搞銷售，又搞服務，就將服務工作交給工資較低的職員去做了。

2. 廣告效率

廣告效率是非常難以衡量的，主要考核指標有：每一種媒體接觸每千人的廣告成本，注意、看到和認識該廣告的人在其受眾中的百分比，消費者對於廣告內容和有效性的看法，受眾對產品態度的變化情況，由廣告所激發的詢問次數，每次廣告調查的成本。

3. 銷售促進效率

銷售促進包括數十種方法，其效率控制指標主要有：優惠銷售所占的百分比，一定銷售額中所包含的商品陳列成本，贈券的回收率，一次示範表演所引起的銷售額或詢問次數。

4. 分銷效率

其主要考核指標有：銷售網點的覆蓋面，銷售渠道中各級各類人員，如經銷商、代理商、經紀人等發揮的作用和潛力，分銷系統的矛盾衝突狀況與解決辦法，存貨控制、倉庫位置和運輸方式的效率。經常發生的問題是：當公司的銷售增長很快時，分銷的效率可能會下降，交貨能力下降，導致顧客不滿和銷售下降，公司沒有找到真正的原因是什麼，又增加銷售人員並加以激勵以增加訂單，如果銷售人員成功地增加了訂單，交貨時間更沒有保證。公司應當認識到真正的瓶頸在哪裡，應增加投資以改善生產和分銷能力等行銷職能性問題。

（四）戰略控制

戰略控制是指對企業的發展戰略及其與市場行銷環境的適應程度加以考核和控制。在複雜多變的市場環境中，原先制定的戰略目標、政策和措施有可能出現不適應或過時的現象，有必要運用一些方法重新評估和控制，使之與變化的環境相適應。主要的考核工具包括以下三方面：

1. 行銷效益考核

企業的行銷效益可以從行銷導向的五種主要屬性上反應出來：顧客哲學、整合行銷組織、足夠的行銷信息、戰略導向和工作效率。行銷效益考核可以根據這五種屬性為基礎設計行銷效益等級考核表，由行銷經理和有關部門經理填寫，然後將得分相加，就得到考核結果。

2. 行銷傑出企業考核

這是對行銷實踐最佳的優秀企業進行評價。考核的主要指標有：經營導向、產品

質量、市場細分狀況、產品對顧客需要的滿足程度、行銷組織對市場環境的適應程度、競爭戰略、企業在競爭中的地位、分銷渠道的建立、與分銷渠道的關係、利益相關者的滿足狀況等。

3. 道德與社會責任考核

企業在市場行銷活動中不能僅僅考慮自身的利益，還要考慮遵守社會道德準則和承擔社會責任。公司應當採用和發布書面的道德準則，建立道德行為規範，完全遵守國家法律和社會公認的道德準則。

美國市場行銷協會根據市場行銷的全過程從多方面制定了相應的道德準則，主要內容有：

（1）行銷責任。行銷者必須對自己活動的後果負責，在行銷活動中切實滿足所有相關的公眾、顧客、組織和社會。行銷者的職業行為必須遵循以下原則：不故意損害他人，遵守所有適用的法律和規章，準確地介紹他們受過的教育、培訓和經歷，積極支持、實踐和推廣道德原則。

（2）誠實和公正。誠實地為顧客、委託人、雇員、供應商、分銷商和公眾服務，建立公平的收支費用標準，包括日常的、慣例上的、法律上的行銷交易報酬或收費。行銷交易過程中各當事人的權利與責任：提供的商品和服務是安全的和符合使用期望的，提供的產品和服務的傳播無欺騙性，有關當事人在履行其責任、財務和其他方面是真誠的，有公正調換和重新修整不合格產品的一整套內部制度。

（3）在產品開發和管理方面。說明關於產品或服務使用中的實際風險，註明可能影響產品性質或消費者購買決策的產品主要成分，註明額外成本追加的特徵。

（4）在促銷方面。避免虛假和誤導的廣告，拒絕高壓操縱或誤導的銷售戰術，避免在促銷中應用欺騙或操縱。

（5）在分銷方面。不為牟取暴利而操縱產品，不在行銷渠道中使用強迫方法，不對轉售者的經營選擇施加不當的影響。

（6）在定價方面。不要參與價格協定，不搞掠奪性定價，告知所有與購買有關的全部價格。

（7）在行銷調研方面。禁止在調研偽裝下的銷售或資金籌措行為，不歪曲或刪改有關調研數據，維護調研成果的完整性，公正地對待外部的客戶和供應者。

（8）組織關係。在處理與其他人員，如員工、供應商或顧客的關係上，不應該採用不道德的方法。在職業關係上涉及特許信息時採用保密和匿名的方法；對合同和雙方協議及時地履行義務和責任；未經給予報酬或未經原創者或擁有者的同意，不得將他人成果占為己有或直接從中獲利；不操縱和利用形勢不公正地剝奪或損害其他組織，為自己謀取最大利益。

第六節　行銷審計

行銷審計是對公司或業務單位的市場行銷環境、目標、戰略和活動所作的全面的、系統的、獨立的和定期的檢查，以判定存在的問題和機會，提出行動計劃，提高公司的行銷業績。市場行銷審計是市場行銷控制的重要工具，是市場行銷戰略控制的重要構成部分。

一、行銷審計的特性

1. 全面性

市場行銷審計涉及企業全部主要的市場行銷活動，而不僅僅是產生問題之處。因為僅僅審計出現問題之處，可能會發生誤導，看不到真實的問題和原因。全面的行銷審計才能有效地找到公司行銷的真實問題與原因。

2. 系統性

行銷審計是對整個內部行銷活動和外部行銷環境的審計，包括行銷環境、內部行銷制度和各種具體的行銷活動，然後在此基礎上制定調整行動的計劃，以提高組織的整體行銷效益。

3. 獨立性

行銷審計有以下六種途徑：自我審計、交叉審計、上級審計、公司審計處審計、公司任務小組審計和局外人士審計。自我審計是行銷經理利用考核指標和考核表自己評價自己的行銷活動效益。這種審計缺乏客觀性和獨立性。一般而言，最好聘請外界經驗豐富的專業人士進行審計。

4. 定期性

市場行銷審計應當定期進行，不應在發生問題時才去審計。問題之所以發生往往是在順利的時候沒有進行審計。

二、行銷審計的內容

(一) 行銷環境審計

1. 宏觀環境審計

宏觀環境審計包括人口統計，如人口環境的發展變化對公司帶來的機會和威脅，公司應當採取的行動；經濟因素統計，如顧客的收入、儲蓄、信貸和產品價格等方面有哪些變化將影響公司，公司可採取哪些行動；生態因素審計，如公司所需要的資源和能源的成本和獲利性的前景如何，公司在環保方面發揮過什麼作用；技術因素審計，產品技術發生過哪些主要變化，公司在這些技術領域的地位如何，有何產品會替代本公司產品；政治因素審計，哪些政治和法律因素會影響公司的行銷戰略與策略，公司採取何種對策；文化環境審計，消費者的生活方式和價值觀發生了哪些變化，對本公司發生何種影響。

2. 任務環境審計

任務環境審計包括市場因素審計，如市場規模、成本、地理分銷和盈利狀況，細分市場的識別和確定；顧客因素審計，顧客和潛在顧客對本公司和競爭者的產品質量、服務、銷售隊伍、價格、聲譽等怎樣評價，不同的顧客群體如何作出購買決策；競爭者審計，如競爭者的目標、戰略與策略、優勢與劣勢、規模和市場佔有率等，哪些趨勢將影響未來的競爭和替代品；經銷商審計，如應當選擇哪些分銷渠道接近顧客，各種渠道的效率和成長潛力如何；供應商審計，原材料的可獲得性如何，供應商的銷售模式有哪些變化；輔助機構審計，如運輸的成本與可獲得性，倉儲的成本和可獲利性，財務資源的成本和可獲利性，廣告代理和行銷研究公司的效率等；公眾審計，公司在公眾中的形象，公眾為公司提供了哪些機會，造成哪些威脅，公司可採取哪些步驟。

(二) 行銷戰略審計

行銷戰略審計包括企業使命審計，如企業使命是否用市場導向的術語明確地表述，是否切實可行；行銷目標審計，如公司行銷目標能否有效地指導行銷計劃和衡量行銷實績，是否與公司的競爭地位、資源和機會相適應；行銷戰略審計，如行銷戰略是否適應競爭者戰略和經濟環境，是否適應產品壽命週期階段，競爭者的戰略與經濟狀況，市場細分和目標市場選擇是否適當，是否為目標市場制定了有效的市場行銷組合，實現行銷目標的資源是否充足。

(三) 行銷組織審計

市場行銷組織審計包括市場行銷組織正式結構的審計，如行銷主管人員是否有足夠的權力和責任，行銷活動能否按功能、產品、最終用戶和地區而有效地組織；行銷組織功能效率的審計，如行銷部門和銷售部門及其他各部門之間能否保持良好的溝通和工作關係，產品管理系統能否有效地運作；職能部門相互之間聯繫效率的審計，如行銷部門與製造、研究開發、採購、財務、會計以及法律等部門之間能否有效地溝通與協作，亟需解決的問題是什麼。

(四) 行銷制度審計

市場行銷制度審計包括行銷信息系統審計，如行銷信息系統能否提供關於顧客、潛在顧客、經銷商、競爭者、供應商以及各種公眾的真實、及時、足夠的信息，公司決策者有沒有開展所需要的市場行銷研究，有沒有正確地利用調研的結果；行銷計劃系統審計，如行銷計劃的制定是否有效，銷售定額的制定是否適當；行銷控制系統審計，如行銷控制程序能否保證季度、年度等目標的實現，行銷部門是否定期分析產品、市場、地區和分銷渠道的盈利情況和行銷成本；新產品開發系統審計，如公司是否很好地組織、激發、收集和篩選新產品構思，新產品開發投資是否進行適當的行銷研究和商業分析，推出新產品之前是否進行市場試銷。

(五) 行銷生產審計

行銷生產審計包括盈利率分析，如公司不同產品、市場、地區和分銷渠道相應的盈利率分析，利潤情況如何；成本效益分析，如不同行銷活動的成本情況如何，哪些

行銷活動還有可以降低成本的空間。

（六）行銷功能審計

行銷功能審計包括產品審計，如不同產品線的目標市場是什麼，能否滿足目標市場的需求，哪些產品線應當淘汰，哪些產品線應當增加，哪些產品線需要進一步改進；價格審計，如公司的價格目標、政策、戰略和定價程序是什麼？定價是否正確地考慮了成本、需求和競爭因素，顧客與經銷商對本公司產品的價格與質量有何看法；分銷審計，如公司的分銷網絡能否充分地覆蓋市場，渠道成員工作效率如何，可採取哪些激勵方法提高其工作積極性，有無必要改變分銷渠道；廣告審計，如廣告目標是否合理，廣告費用是否適宜，廣告預算如何確定，廣告主題及文案是否有效，廣告媒體是否適當，廣告效果如何；銷售促進和公共關係審計，如銷售促進預算是否足夠，各種銷售促進工具是否有效利用，公共關係及公共宣傳預算是否足夠，公共關係部門員工是否勝任；銷售隊伍審計，如銷售隊伍規模是否恰當，銷售隊伍是否按照地區、市場或產品因素而合理組織，銷售人員報酬水準和構成是否足以起到激勵作用，銷售隊伍的工作熱情、能力和努力狀況如何，銷售業績評價方式是否合理等。

【本章小結】

制定行銷計劃是市場行銷工作的基礎，在制定行銷計劃之前，應對宏觀環境、企業自身、消費者、競爭者、行業動向、市場等選用合適的方法進行分析。市場行銷計劃的主要內容應包括：計劃概要、目前市場行銷形勢、機會與問題分析、目標、行銷戰略與策略、行動方案、促銷方案、預計盈虧報表和控制。

隨著行銷環境的變化，行銷組織也按單純的銷售部門、兼有附屬職能的銷售部門、獨立的行銷部門、現代行銷部門、現代行銷企業的方向演變。行銷組織大體可分為專業化組織和結構性組織兩種，專業化組織主要包括職能型、產品型、市場型、地理型四種組織類型，結構性組織主要有金字塔型、矩陣型等類型。

市場行銷控制的原則主要有目標匹配、現金流動、例外事件、持續發展、標準合理及多重目標原則。市場行銷控制可用年度計劃、盈利能力控制、效率控制等方法。

【思考題】

1. 簡述獨立的行銷部門、現代市場行銷部門和現代市場行銷公司的特點。
2. 有效的市場行銷執行需要哪些技能？
3. 簡述市場行銷控制的基本方法和途徑。
4. 簡述市場行銷審計的主要內容。
5. 分析各種市場行銷組織形式的優缺點與適用條件。

國家圖書館出版品預行編目（CIP）資料

市場行銷學原理 / 何亮, 柳玉壽 主編. -- 第一版.
-- 臺北市：財經錢線文化, 2019.05
　　面；　公分
POD版

ISBN 978-957-680-338-3(平裝)

1.行銷學

496　　　　　　　　　　　　　　　108007221

書　　名：市場行銷學原理

作　　者：何亮、柳玉壽 主編

發 行 人：黃振庭

出 版 者：財經錢線文化事業有限公司

發 行 者：財經錢線文化事業有限公司

E - m a i l：sonbookservice@gmail.com

粉 絲 頁：　　　　　　網　址：

地　　址：台北市中正區重慶南路一段六十一號八樓815室
8F.-815, No.61, Sec. 1, Chongqing S. Rd., Zhongzheng Dist., Taipei City 100, Taiwan (R.O.C.)

電　　話：(02)2370-3310　傳　真：(02) 2370-3210

總 經 銷：紅螞蟻圖書有限公司

地　　址: 台北市內湖區舊宗路二段121巷19號

電　　話:02-2795-3656 傳真:02-2795-4100　　網址：

印　　刷：京峯彩色印刷有限公司（京峰數位）

　　本書版權為西南財經大學出版社所有授權崧博出版事業股份有限公司獨家發行電子書及繁體書繁體字版。若有其他相關權利及授權需求請與本公司聯繫。

定　　價：420元

發行日期：2019年05月第一版

◎ 本書以POD印製發行